8. Borkheider Seminar zur Ökophysiologie des Wurzelraumes

W. Merbach (Hrsg.)

Pflanzenernährung, Wurzelleistung und Exsudation

Borkheider Seminare zur Ökophysiologie des Wurzelraumes

Der Pflanzenbewuchs, das dazugehörige Wurzelsystem und der durchwurzelte Bodenraum nehmen eine Schlüsselstellung in terrestrischen Ökosystemen ein. Hier vollziehen sich komplizierte Wechselwirkungen zwischen Pflanzenstoffwechsel und Umweltfaktoren einerseits und (angetrieben durch die C-Lieferung der Pflanzen) zwischen Pflanzenwurzeln, Mikroben, Bodentieren, organischen C- und N-Verbindungen sowie mineralischen Bodenbestandteilen andererseits. Diese haben entscheidende Bedeutung für die Pflanzen- und Bodenentwicklung, die Nettostoff- und Nettoenergieflüsse sowie für die Belastungstoleranz von Pflanzen und Ökosystemen. Ihr Verständnis ist daher eine Voraussetzung für die Prognose, Abpufferung und Indikation von Umweltbelastungen, die Berechnung von Stoffflüssen sowie für ökologisch ausgerichtete Regulationsinstrumentarien. Trotz vieler Einzelkenntnisse sind aber derzeit Wirkungsgefüge und Regulationsmechanismen im Pflanze–Boden–Kontaktraum nur ungenügend bekannt, da in den meisten bisherigen Forschungsansätzen der Mikrobereich als „Nebeneinander" von Einzelelementen (z. B. von Strukturelementen, Nettostoffflüssen zwischen Grenzflächen, Biozönosepartnern) betrachtet wurde und kaum als Netzwerk funktionaler Kompartimente wechselnder Zusammensetzung. Abhilfe kann hier nur eine systemare Betrachtungsweise der Pflanze–Boden–Wechselbeziehungen auf der Basis einer *langfristig und interdisziplinär angelegten ökophysiologischen Forschung* schaffen, die auf die Aufklärung der mikrobiologischen, physiologischen, (bio)chemischen und genetischen Interaktionen im System Pflanze–Wurzel–Boden in Abhängigkeit von natürlichen und anthropogenen Einflußfaktoren ausgerichtet ist.

Die 1990 von der Deutschen Landakademie Borkheide (Krs. Potsdam-Mittelmark) und dem heutigen Institut für Rhizosphärenforschung und Pflanzenernährung des Zentrums für Agrarlandschafts- und Landnutzungsforschung (ZALF) Müncheberg ins Leben gerufenen *Borkheider Seminare zur Ökophysiologie des Wurzelraumes* wollen daher Wissenschaftler unterschiedlicher Fachgebiete mit dem Ziel zusammenführen, experimentelle Ergebnisse ohne Zeitdruck zu diskutieren und die Forschung enger zu verflechten. Das unveränderte Interesse an der Tagungsreihe – sie hat 1997 bereits das 8. Mal stattgefunden – spricht für sich selbst. Nachdem die ersten vier Tagungsbände (1990 bis 1993) im Selbstverlag herausgegeben wurden, hat seit dem 5. Band (Mikroökologische Prozesse im System Pflanze–Boden) die B. G. Teubner Verlagsgesellschaft Stuttgart/Leipzig diese Aufgabe übernommen. Dafür gebührt ihr der Dank des Herausgebers.

Wolfgang Merbach

Pflanzenernährung, Wurzelleistung und Exsudation

8. Borkheider Seminar zur Ökophysiologie des Wurzelraumes

Wissenschaftliche Arbeitstagung in Schmerwitz/Brandenburg vom 22. bis 24. September 1997

Herausgegeben von

Prof. Dr. Wolfgang Merbach

Institut für Bodenkunde und Pflanzenernährung der
Martin-Luther-Universität Halle–Wittenberg

und

Institut für Rhizosphärenforschung und Pflanzenernährung
im Zentrum für Agrarlandschafts- und Landnutzungsforschung
(ZALF) Müncheberg

1. Vorsitzender der Deutschen Gesellschaft für Pflanzenernährung

Springer Fachmedien Wiesbaden GmbH

Die Beiträge dieses Bandes wurden von Mitgliedern der Deutschen Gesellschaft für Pflanzenernährung sowie der Kommission IV der Deutschen Bodenkundlichen Gesellschaft begutachtet.

Gedruckt auf chlorfrei gebleichtem Papier.

Die Deutsche Bibliothek – CIP-Einheitsaufnahme

Pflanzenernährung, Wurzelleistung und Exsudation:
wissenschaftliche Arbeitstagung in Schmerwitz/Brandenburg vom
22. bis 24. September 1997 /
8. Borkheider Seminar zur Ökophysiologie des Wurzelraumes.
Hrsg. von Wolfgang Merbach. – Stuttgart ; Leipzig : Teubner, 1998
ISBN 978-3-8154-3509-0 ISBN 978-3-663-01125-5 (eBook)
DOI 10.1007/978-3-663-01125-5

Ursprünglich erschienen bei B.G. Teubner Verlagsgesellschaft , Leipzig 1998

Umschlaggestaltung: E. Kretschmer, Leipzig

Vorwort

Die Entwicklung **ressourcensparender, umweltschonender Verfahren der Landnutzung** im Sinne der „Nachhaltigkeit" (Sustainability) ist in den letzten Jahren weltweit wieder stärker in den Mittelpunkt des Interesses gerückt. Dieses Ziel erfordert auch eine **effektive pflanzliche Nährstoffaneignung und -verwertung** unter Nutzung **biologischer Erschließungsmechanismen**. Voraussetzung hierfür sind Kenntnisse über die kausalen naturwissenschaftlichen Zusammenhänge im System Pflanze-Boden. Dies schließt u.a. die Prozeßabläufe und Stoffumsetzungen in der Rhizosphäre sowie die Wechselwirkungen zwischen biotischen und abiotischen Komponenten im System Pflanze-Boden sowie ihre Beeinflußbarkeit ein. Trotz beachtlicher Einzelfortschritte ist man von einem umfassenden Verständnis der Rhizosphärenphänomene, ihrer Mechanismen, Regulation und Vernetzung und ihrer Bedeutung für die durchwurzelte Bodenzone noch immer weit entfernt. Abhilfe kann hier nur eine langfristig und interdisziplinär angelegte Forschung im Sinne einer Mikroöko(physio)logie des Wurzelraumes bringen.

Das **8. Borkheider Seminar zur Ökophysiologie des Wurzelraumes**, das in Schmerwitz (Krs. Potsdam-Mittelmark, Land Brandenburg) vom **22. bis 24. September 1997** stattfand, behandelte daher die Beziehungen zwischen **Wurzelleistung, Wurzelexsudation** und **Nährstoffaufnahme** unter Einschluß **mikrobieller Wirkungen** und **ökosystemarer Interaktionen**. Dies geschah vorrangig unter dem Aspekt einer **effektiveren Pflanzenernährung** durch bessere Erschließung der Nährstoffvorräte des Bodens. Im vorliegenden Band sind die gekürzten Fassungen der 31 in Schmerwitz gehaltenen Vorträge enthalten. Sie lassen sich den folgenden inhaltlichen Schwerpunkten zuordnen:

1. Kohlenstoff- und Stickstoffdynamik im System Pflanze-Boden unter besonderer Berücksichtigung der Mineralisierung und Immobilisation, der pflanzlichen N-Verwertung, der N-Verlagerung im Boden und gasförmiger N-Verluste (6 Vorträge),
2. Wurzelwachstum und Wurzelphysiologie in Abhängigkeit von abiotischen und biotischen Faktoren und ihr Einfluß auf Mineralstoff- und Wasseraneignung der Pflanzen (6 Vorträge),
3. Mikroben-Pflanzen Interaktionen, insbesondere biologische N_2-Fixierung, Mikrobenassoziationen und Mykorrhizen (5 Vorträge),
4. Stoffaufnahme und -umsatz durch Pflanzen(wurzeln), vor allem unter dem Aspekt der Mineralstoffmobilisierung durch pflanzliche Wurzelexsudate (6 Vorträge), und
5. Beeinflußbarkeit, Regulation und Wirkung der Wurzelexsudation unter Einschluß mikrobieller Sekundäreffekte (8 Vorträge).

Auch 1997 nahmen neben international ausgewiesenen Experten vor allem Nachwuchswissenschaftler/innen an der Tagung teil. Sie kamen aus Deutschland, Österreich und der Schweiz. Im Vordergrund standen wiederum experimentelle Originalarbeiten aus der Sicht sehr verschiedener Disziplinen, wobei Beiträge aus den Gebieten der Pflanzenernährung, Düngung, Öko- und Streßphysiologie, Ökotoxikologie, Bodenmikrobiologie, Bodenschutz, Phytopathologie sowie Wald- und Moorökologie dargeboten wurden. Dies war die Basis für eine interdisziplinäre Diskussion im Sinne der Einordnung der Einzelbefunde in das ökosystemare Gefüge im Pflanze-Wurzel-Boden-Kontaktraum. So konnte dem Gesamtanliegen der Borkheider Seminare entsprochen werden, nämlich grundlagen- und anwendungsorientierte Wissenschaftler zur ausführlichen Diskussion der experimentellen Resultate mit dem Ziel einer engeren Forschungsverflechtung zusammenzuführen.

Wie in den Vorjahren oblag die Organisation der Tagung dem Institut für Rhizosphärenforschung und Pflanzenernährung im Zentrum für Agrarlandschafts- und Landnutzungsforschung (ZALF) Müncheberg (Krs. Märkisch Oderland) in Verbindung mit der Deutschen Gesellschaft für Pflanzenernährung und der Kommission IV (Bodenfruchtbarkeit und Pflanzenernährung) der Deutschen Bodenkundlichen Gesellschaft. Allen diesen Institutionen ist zu danken. Besonderer Dank gebührt dabei Herrn Dr. D. Lüttschwager für seinen organisatorischen Einsatz bei der Vorbereitung und Durchführung der Tagung.
Gastgeber war auch 1997 wiederum das Seminar- und Tagungszentrum Schmerwitz, das die Tagungsräume, Unterbringung und Verpflegung sicherstellte. In diesem Zusammenhang haben wir besonders Frau Schmidt (Schmerwitz) für die ausgezeichnete organisatorische Abstimmung zu danken.
Bei der Fertigstellung des vorliegenden Buches haben Frau L. Wascher und Frau E. Mirus umfangreiche Schreib- und Korrekturarbeiten übernommen. Beiden sind wir dafür zu besonderem Dank verpflichtet.
Nicht zuletzt gebührt unser Dank Herrn Jürgen Weiß vom Teubner-Verlag für die verständnisvolle, kollegiale Zusammenarbeit.

Müncheberg/Halle, November 1997

W. Merbach

Inhalt

1 C- und N-Dynamik im System Pflanze-Boden

MÜNCHMEYER, U.; KOPPISCH, D.; AUGUSTIN, J.; MERBACH, W.; SUCCOW, M.
Untersuchungen zur Stickstoff-Netto-Mineralisierung unter Wald- und Wiesenstandorten des Niedermoores „Friedländer Große Wiese" in Mecklenburg-Vorpommern 13

RUPPEL, S.; AUGUSTIN, J.
Methode zur direkten N-Bestimmung in der mikrobiellen Biomasse des Bodens 21

LEICK, B.; ENGELS, C.
Emission von Ammoniak (NH_3) und Distickstoffoxid (N_2O) nach Ausbringung von Flüssigmist 29

BLANKENAU, K.
N-Umsatz im Boden während der Entwicklung von Mais in einem Gefäßversuch: Einfluß der Plazierung von ^{15}N-markiertem Ammoniumsulfat 37

KÖRSCHENS, M.
C- und N-Dynamik auf Löß-Schwarzerde - Ergebnisse von Feld- und Modellversuchen 45

MERBACH, W.; WURBS, A.; LATUS, C.
Influence of turnip on ^{15}N displacement in a sandy soil 53

2 Wurzelwachstum und Wurzelphysiologie

KRAKAU, U.
Zur Wurzelstruktur von typischen Kiefernökosystemen des nordostdeutschen Tieflandes 57

GROSCH, R.; SCHWARZ, D.
Auswirkungen eines Pathogenbefalles durch *Phytium aphanidermatum* auf die Wurzelmorphologie von Tomate 65

WALCH-LIU, P.; ENGELS, C.
Pflanzenartenunterschiede im Wurzelwachstum bei verschiedener N-Ernährung: N-Form-Effekt und/oder pH-Effekt? 73

STRASSER, O.; RÖMHELD, V.
Bedeutung des apoplastischen Eisens in den Wurzeln von Tomate und Gerste in Bodenkulturen für die Ernährung der Pflanze 80

ESCH, A.; KOSEGARTEN, H.
Einfluß von Ammonium, Nitrat und Bikarbonat auf den pH im Wurzelapoplasten von *Zea mays* L. 87

LÜTTSCHWAGER, D.; ENDE, H.-P.; FORKERT, J.; WULF, M.; RUST, S.; HÜTTL, R.F.
Zur Wurzelkonkurrenz in Kiefernökosystemen - Wasser als begrenzender Faktor ? 95

3 Mikrobielle Leistungen in der Rhizosphäre

SCHULZE; J.
Spielt die CO_2-Dunkelfixierung über Phosphoenolpyruvatcarboxylase eine Rolle bei der Luftstickstoffixierung? 103

HAWKINS, H.-J.; GEORGE, E.; RÖMHELD, V.
Beitrag der Mycorrhiza zur Aufnahme von anorganischem und organischem N in Weizen 109

ULLRICH, A.; MÜNZENBERGER, B.; HÜTTL, R.F.
Die Vitalität von Ektomycorrhizen der Kiefer (*Pinus sylvestris* L.) auf Rekultivierungsflächen des Lausitzer Braunkohlereviers 115

WIESE, J.; NEHLS, U.; HAMPP, R.
Untersuchungen zum Zuckertransport in der Ektomycorrhiza 123

REMUS, R.; RUPPEL, S.; MERBACH, W.
Untersuchungen zur Besiedlung von Weizen durch Enterobakterien 126

4 Stoffumsatz und Stoffaufnahme durch Pflanzenwurzeln

RÖMER, W.; PATZKE, R.; GERKE, J.
Die Kupferaufnahme von Rotklee und Weidelgras aus Cu-Nitrat-, Huminstoff-Cu- und Cu-Citrat-Lösungen 137

RÖMER, W.; CASTANEDA-ORTIZ, N.; GERKE, J.
Zum Phosphataneignungsvermögen von Gelblupine (*Lupinus luteus* L.) und Kichererbse (*Cicer arietinum* L.) auf zwei sauren, P-armen Böden Portugals 143

BULJOVČIĆ, Z.; ENGELS, C.
Wie verändert sich die physiologische Fähigkeit von Maiswurzeln zur ^{15}N-Nitrataufnahme bei geringen Bodenwassergehalten? 150

WAND, H.; MOORMANN, H.
Untersuchungen zum Einfluß von Helophyten beim Abbau phenolischer Verbindungen unter Hydroponikbedingungen 158

KAMH, M.; HORST, W.J.; CHUDE, V.O.
Mobilization of soil and fertilizer phosphate by cover crops 167

STEFFENS, D.; ZARHLOUL, K.
Das Aneignungsvermögen von Weißer Lupine und Sommerweizen für nichtaustauschbares Kalium 178

5 Wurzelexsudation: Beeinflußbarkeit und Funktionen

JUNG, C.; FUNK, F.; MÄCHLER, F.; FROSSARD, E.; STICHER, H.
Einfluß einer Kupferbehandlung auf die Exsudation von organischen Säuren bei *Helianthus annuus* 181

KELLER, H.; RÖMER, W.
Ausscheidung organischer Säuren bei Spinat in Abhängigkeit von der P-Ernährung und deren Einfluß auf die Löslichkeit von Cu, Zn und Cd im Boden 187

KNAUFF, U.; SCHERER, H. W.
Arylsulfatase-Aktivität im Kontaktraum Boden/Wurzeln bei verschiedenen landwirtschaftlichen Kulturpflanzen 196

RROCO, E.; STEFFENS, D.; MENGEL, K.
N-Abgabe von Sommerweizen in verschiedenen Entwicklungsstadien 205

SCHNEIDER, R.J.
Wurzelbürtige Verbindungen als Konjugationspartner von Pflanzenschutzmitteln in der Rhizosphäre? 213

NEUMANN, G.; GEORGE, E.; RÖMHELD, V.
Zur Regulation der P-Mangel-induzierten Abgabe organischer Säuren aus Proteoidwurzeln der Weißlupine 221

LEZOVIC, G.
Verhalten und Metabolisierung wasserlöslicher Wurzelabscheidungen in der Rhizosphäre 230

KAMH, M.; HORST, W.J.; AMER, F.; MOSTAFA, H.
Exudation of organic anions by white lupin (*Lupinus albus* L.) and their role in phosphate mobilization from soil 238

Verzeichnis der Teilnehmer 247

Autorenregister 251

Sachregister 252

1

C- und N-Dynamik im System Pflanze-Boden

Pflanzenernährung, Wurzelleistung und Exsudation.
8. Borkheider Seminar zur Ökophysiologie des Wurzelraumes.
(Ed. W. Merbach) B.G. Teubner Verlagsgesellschaft Stuttgart, Leipzig 1998, pp. 13-20

UNTERSUCHUNGEN ZUR STICKSTOFF-NETTO-MINERALISIERUNG UNTER WALD- UND WIESENSTANDORTEN DES NIEDERMOORES „FRIEDLÄNDER GROßE WIESE“ IN MECKLENBURG-VORPOMMERN

MÜNCHMEYER, U.[1),2)]; KOPPISCH, D.[1)]; AUGUSTIN, J.[2)]; MERBACH, W.[2)]; SUCCOW, M.[1)]

[1)] Ernst-Moritz-Arndt-Universität, Botanisches Institut und Botanischer Garten
Grimmer Str. 88 - D - 17487 Greifswald

[2)] Zentrum für Agrarlandschafts- und Landnutzungsforschung (ZALF) e.V., Institut für Rhizosphärenforschung und Pflanzenernährung, Eberswalder Str. 84 - D - 15374 Müncheberg

Abstract

In this study we investigated the effect of different land use (forest, grassland with different ground water levels) on the net mineralization of nitrogen in drained fen soils. The experimental sites were situated in the degraded, rich and deep layered fen „Friedländer Große Wiese“ (Mecklenburg-Vorpommern, NE-Germany). As expected besides the temperature especially the increase of soil air content enhanced nitrogen mineralization rates. The highest rates were found under birch forest (177 kg N * ha^{-1} for one vegetation period). But the results also show that the estimation of the net mineralization rates of nitrogen is not sufficient to understand the nitrogen dynamic of degraded fen sites in it's entirety.

Einleitung

In natürlichen Mooren laufen aufgrund der vollen Wassersättigung des Substrates und der dadurch entstehenden anaeroben Verhältnisse alle Stoffumsetzungsprozesse stark verlangsamt ab. Dies führte in den vom Mineralbodenwasser ernährten und in Mittel- und Osteuropa weit verbreiteten Niedermooren zu einer Akkumulation sowohl von Kohlenstoff- als auch von Stickstoffverbindungen. Durchschnittlich enthalten diese Böden 20 bis 120 t N * ha^{-1} (im Einzelfall bis zu 250 t N * ha^{-1}, KUNTZE 1988).

In den letzten Jahrzehnten wurden die Niedermoorstandorte intensiv landwirtschaftlich genutzt. Voraussetzung dafür waren tiefgehende Grundwasserabsenkung und intensive Bodenbearbeitung, die zu einer Beschleunigung der Mineralisierungsprozesse aufgrund der verbesserten Durchlüftung führten. Aus den primären Nährstoffsenken wurden Nährstoffquellen (SUCCOW 1988). Die resultierende Freisetzung von anorganischen Stickstoffverbindungen führt sowohl zur Belastung von Grund- und Oberflächengewässern (Auswaschung von NO_3^-, KUNTZE 1988) als auch der Atmosphäre (Emission des klimarelevanten Spurengases N_2O, AUGUSTIN et al. 1996). Untersuchungen zum N-Haushalt entwässerter Niedermoore liegen aber bislang nur spärlich vor. Dies gilt vor allem für die wichtigste N-Bilanz-Inputgröße, die Stickstoff-(Netto-)Mineralisierung. Besonders wichtig sind jedoch entsprechende Kenntnisse für die Beurteilung zukünftiger Nutzungsformen (Nutzungsauflassung, Wald auf entwässertem Niedermoor, Extensivierung, Wiedervernässung) hinsichtlich ihrer möglichen umweltgefährdenden bzw. umweltfreundlichen Wirkung (SUCCOW 1997). So wird z. B. für Waldstandorte auf entwässertem Niedermoor vermutet, daß die geringere Bodenverdichtung (SCHMIDT u. ROHDE 1986) und die stärkere Eigenentwässerung (höhere Transpirationsleistung der Gehölze) zu einer besseren Durchlüftung des Bodens und damit auch zu erhöhten Stickstofffreisetzungsraten führt (SUCCOW 1988). Im Gegensatz dazu ist die Wiedervernässung möglicherweise mit einer Verringerung der Stickstoff-Mineralisierung verbunden (SCHMIDT u. SCHOLZ 1993; KOERSELMAN u. VERHOEVEN 1995).

Ziel der hier vorgestellten Untersuchungen war es daher, den Einfluß von Nutzung und Grundwasserstand auf die Netto-Stickstoff-Mineralisierung in einem ausgewählten, degradierten Niedermoor zu ermitteln.

Material und Methoden

Untersuchungsstandorte

Die Untersuchungsstandorte befanden sich in der „Friedländer Großen Wiese“, einem vor den Entwässerungen als Durchströmungsmoor zu charakterisierenden Moorkomplex. Dieser liegt im südwestlichen Teil des Oderhaffstaubeckens in Mecklenburg-Vorpommern und gehört mit ca. 9300 ha Fläche zu den größten tiefgründigen Niedermooren Deutschlands (SUCCOW 1988). Als Folge der großflächigen Entwässerungen und der intensiven landwirtschaftlichen Nutzung weisen die vorhandenen Moorböden ($C_t \approx 50$ %; Gehalt an organischer Substanz ≈ 85 %) eine überwiegend starke Degradierung auf (bestimmt über Einheitswasserzahl nach SCHMIDT 1986). Die im einzelnen untersuchten Standorte sind in Tab. 1 aufgeführt.

Tab. 1: Charakterisierung der Untersuchungsstandorte im Gebiet der „Friedländer Großen Wiese“ (Mecklenburg-Vorpommern)

Nutzung/ Vegetation	mittlerer sommerlicher Grundwasserstand	Einheits-wasserzahl[1] (EW)* (0-10cm)	N_t-Gehalt (0-30 cm) % in TS**	pH-Wert (0-30 cm)	Trocken-rohdichte[1] (0-30 cm) g/100cm³
Wiese (extensive Nutzung)	>130 cm u. GOF***	1,89	3,4	5,0	28,8
Wiese (Sukzession)	ca. 40 cm u. GOF	1,87	3,4	5,9	30,3
Eichenwald	ca. 50 cm u. GOF	2,36	3,5	4,2	22,3
Moorbirkenwald	ca. 50 cm u. GOF	2,41	3,2	5,1	21,3

* EW > 2,2 = schwach vererdeter Torf ** TS = Trockensubstanz
EW >1,8 - 2,2 = stark vererdeter - vererdeter Torf *** u. GOF = unter Geländeoberfläche

Bestimmung der Netto-Stickstoff-Mineralisierung

Die Bestimmung erfolgte in Anlehnung an die sogenannte Beutel-Inkubationsmethode nach RUNGE (1970). Hierzu wurden jeweils aus 0-30 cm bzw. 30-60 cm Tiefe Bodenproben entnommen, vor Ort homogenisiert und ein Aliquot von ca. 150 g Boden in Polyethylenbeutel (Wandstärke: 50 µm, gasdurchlässig) verpackt (3 Wiederholungen). Die 6-wöchige Inkubation erfolgte in der Mitte des beprobten Bodenhorizonts (in 15 cm bzw. 40 cm Tiefe). Die Beprobung wurde in 3-wöchigen Abständen wiederholt, so daß sich stets 2 Probeserien zeitlich überlagerten. Am Anfang und am Ende der Bebrütung wurde der Gehalt an mineralischen Stickstoff-verbindungen (N_{min}-Gehalt = Gehalt an Ammonium und Nitrat) bestimmt (Extraktion mit 2 M KCl, photometrische Bestimmung nach KANDELER 1993). Die Netto-Stickstoff-Mineralisierungsrate ergibt sich aus der Differenz der am Ende und zu Beginn der Inkubation ermittelten N_{min}-Gehalte.

Bei der ausgewählten Untersuchungsmethode werden zwar die Stickstoffaufnahme durch Pflanzen als auch die Stickstoffauswaschung insbesondere von Nitrat verhindert, nicht aber die Stickstoff-Immobilisierung und die gasförmigen Stickstoff-Verluste durch Nitrifikations-/

[1] Die Bestimmung der Einheitswasserzahlen und die Trockenrohdichten wurden freundlicherweise von Dr. W. Schmidt und Frau Hantel (Moorversuchsstation Heinrichswalde) durchgeführt.

Denitrifikationsprozesse. Bei der Interpretation der Versuchsergebnisse ist daher immer die folgende Beziehung zu beachten:

$$\text{N-Netto-Mineralisierung} = \text{N-Brutto-Mineralisierung} - \left(\text{N-Immobilisierung} + \text{gasförmige N-Verluste (Nitrifikation; Denitrifikation)} \right)$$

Unter Berücksichtigung dessen bedeuten positive Werte, daß die Freisetzung von Stickstoff aus der organischen Substanz höher ist als die N-Festlegung durch Mikroorganismen (Immobilisierung) und die gasförmigen N-Verluste durch Nitrifikation- und Denitrifikationsprozesse. Bei einer negativen Differenz liegen genau umgekehrte Verhältnisse vor.

Bestimmung der Bodenfeuchte bzw. des Bodenluftgehaltes

Die Bodenfeuchte wurde jeweils zu Beginn und Ende einer Inkubationperiode (gravimetrisch, Trocknung bei 105 °C bis zur Gewichtskonstanz) ermittelt. Aus der Bodenfeuchte kann mit der folgenden Gleichung der Bodenluftgehalt berechnet werden:

$$\underset{[\text{Vol\%}]}{\text{Bodenluftgehalt}} = 100 - \underset{[\text{Vol\%}]}{\text{Trockensubstanzvolumen}} - \underset{[\text{Vol\%}]}{\text{Bodenfeuchte}}$$

Da sich die Inkubationsperioden jeweils um 3 Wochen überlagern, liegen für jeden Durchgang 3 Werte vor (z. B. Anfang des 1. Durchgangs; Beginn des 2. Durchgangs [=Mitte des 1. Durchgangs]; Ende des 1. Durchgangs [= Mitte des 2. Durchgangs = Beginn des 3. Durchgangs] usw.). Aus diesen Werten wurde jeweils ein mittlerer Bodenluftgehalt für jede Inkubationsperiode errechnet.

Sonstige Bodenparameter

Gesamt-C-Gehalt (C_t)	nach STEUBING u. FANGMEIER (1992) aus dem Glühverlust
Gesamt-N-Gehalt (N_t, Kjeldahl-N)	nach VDLUFA 1991
Gehalt an organischer Substanz	Glühverlust nach DIN 11542
pH-Wert	nach TGL 25 418/06
Trockenrohdichte	nach TGL 31 222/03
Einheitswasserzahl	nach SCHMIDT 1986

Ergebnisse und Diskussion

Wie aus Abb. 1 ersichtlich wird, war an allen Standorten der gleiche Verlauf der Netto-Stickstoff-Mineralisierung über die Vergetationsperiode zu verzeichnen. Mit zunehmenden mittleren Lufttemperaturen[2] (Daten nicht aufgeführt) kam es zu einer Erhöhung der Mineralisierungsraten. Der starke Abfall im letzten Durchgang kann auf den abrupten Rückgang der mittleren Lufttemperaturen ab September zurückgeführt werden.

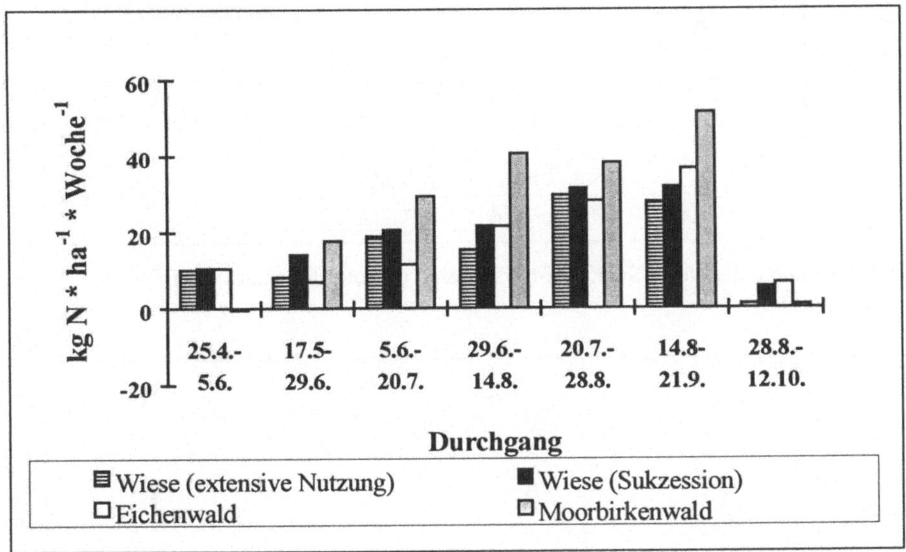

Abb. 1: Verlauf der Netto-Stickstoff-Mineralisierung in 0-30 cm Bodentiefe während der Vegetationsperiode 1995

Neben der Temperatur (Boden und Luft) erwies sich der Bodenluftgehalt als wichtige Einflußgröße (Abb. 2 und Abb. 3). Prinzipiell stiegen die Mineralisierungsraten mit zunehmenden Bodenluftgehalten an. Besonders deutlich war dies bei den Waldstandorten (Abb. 2). Daß am Standort „Moorbirkenwald“ trotz ähnlicher Grundwasserstände und Trockenrohdichten stets höhere Bodenluftgehalte als am Standort „Eichenwald“ auftraten, ist möglicherweise auf Unterschiede in der Bodenstruktur zurückzuführen (z. B. verringerte hydraulische Leitfähigkeit infolge ungünstigerer Porengrößenverteilung). Wie aus den am Standort „Wiese (extensive Nutzung)“ (Abb. 3) gewonnenen Befunden hervorgeht, schien es jedoch bei sehr hohen Bodenluftgehalten von mehr als 40 Vol% zu keiner weiteren Erhöhung der Netto-Stickstoff-Mineralisierungsraten zu kommen.

---

2 Die Bodentemperaturen konnten im Rahmen dieser Arbeit nicht kontinuierlich ermittelt werden.

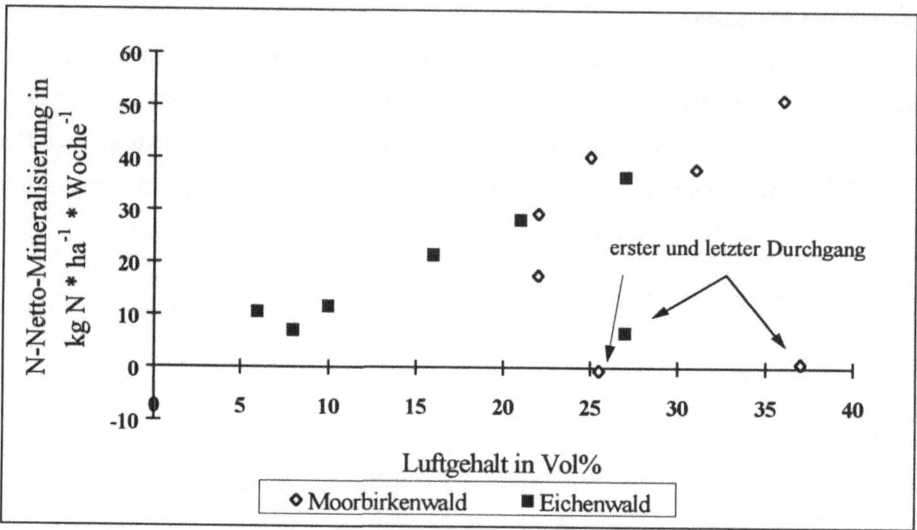

Abb. 2: Abhängigkeit der Netto-Stickstoff-Mineralisierung vom Bodenluftgehalt (Waldstandorte)

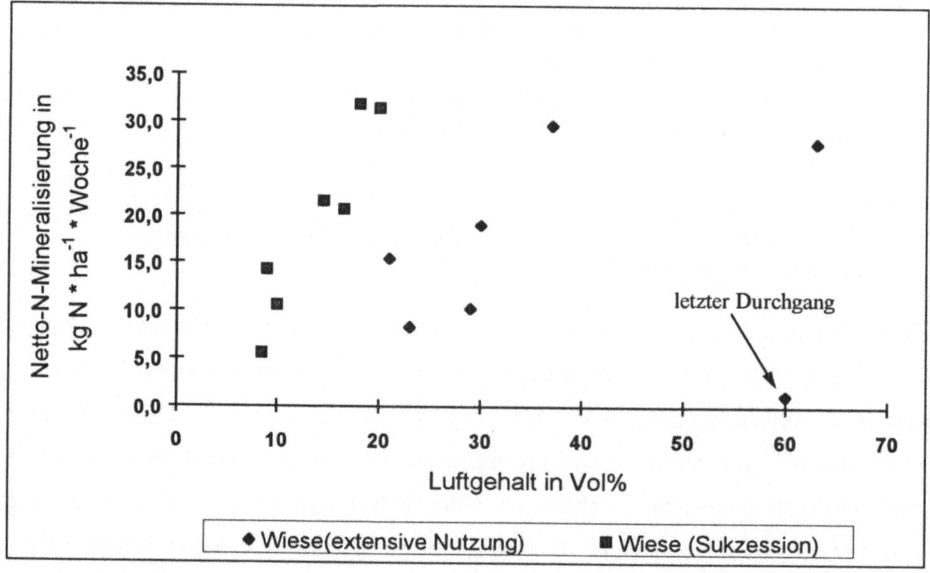

Abb. 3 Abhängigkeit der Netto-Stickstoff-Mineralisierung vom Bodenluftgehalt (Wiesenstandorte)

Darüber hinaus weist die auf den einzelnen Standorten sehr unterschiedliche Wirkung des Bodenluftgehaltes auf die N-Mineralisierung klar darauf hin, daß noch andere Faktoren Einfluß auf diesen Vorgang hatten. Vor allem der Pflanzenbewuchs, die Art der Bewirtschaftung, der pH-

Wert und der Degradierungsgrad des Bodens scheinen hierbei von Bedeutung zu sein. Eine endgültige Klärung dieser Zusammenhänge ist jedoch erst nach der Durchführung zielgerichter Modellexperimente möglich.

Die ermittelten Netto-Stickstoff-Mineralisierungsraten (Tab. 2) für die Wiesenstandorte lagen in etwa in derselben Größenordnung wie die Angaben anderer Autoren. So geben KÄDING et al. (1994) und OKRUZSKO (1989) für vergleichbare Niedermoorstandorte jährliche Raten von ca. 200 kg N * ha^{-1} bzw. 138 - 357 kg N * ha^{-1} an. Im Gegensatz dazu lagen die Mineralisierungsraten für die Waldstandorte deutlich unter der von OKRUSZKO (1989) für einen jungen Birkenwald ermittelten Rate von 570 kg N * ha^{-1} * a^{-1}. Diese Diskrepanzen dürften sich auf verschiedene Ursachen zurückführen lassen. Zunächst ist zu beachten, daß aufgrund der Verwendung einer Vielzahl von Untersuchungs- und Schätzmethoden kaum Möglichkeiten zum direkten Vergleich der Resultate verschiedener Autoren bestehen. Darüber hinaus weist auch die hier verwendete Beutel-Inkubationsmethode eine Reihe von Fehlerquellen auf (z. B. RÜCK 1993, RAISON et al. 1987). Erst nach weiterführenden, vergleichenden Experimenten kann daher entschieden werden, welche Methode sich überhaupt zur Gewinnung realer Angaben über die N-Mineralisierung auf Niedermooren eignet.

Tab. 2: Stickstoff - Netto - Mineralisierungsraten während der Vegetationsperiode 1995 in Abhängigkeit von der Bodentiefe

Standort	**Stickstoff - Netto - Mineralisierung in kg N * ha^{-1} vom 25.4. - 12.10.95**	
	in 0 - 30 cm Bodentiefe	in 30 - 60 cm Bodentiefe
Wiese (extensive Nutzung)	111,3	17,5
Wiese (Sukzession)	135,6	56,7
Moorbirkenwald	177,1	-49,8*
Eichenwald	121,9	-35,8*

* Aufgrund von methodischen Problemen konnte die untere Bodentiefe der Waldstandorte nur vom 29.6. - 12.10.95 beprobt werden.

Weiterhin machen die Resultate der Untersuchungen deutlich, daß die alleinige Bestimmung der Netto-Stickstoff-Mineralisierung nicht ausreicht, um den N-Haushalt von Niedermooren sicher beurteilen zu können. Das gilt insbesondere für die durch intensive N-Umsetzungsprozesse gekennzeichneten Waldstandorte (Tab. 2). Eine niedrige, z. T. auch negative Netto-Stickstoff-Mineralisierungsrate (Tab. 2, Spalte 3) bedeutet nicht automatisch eine niedrige N-Freisetzung. Sie kann im Gegenteil auch Folge hoher Verluste an gasförmigen N-Verbindungen oder einer starken N-Immobilisierung sein. Für eine abschließende Einschätzung der einzelnen Nutzungsvarianten hinsichtlich ihrer umweltgefährdenden Wirkung ist es daher dringend notwendig, die N-Umsetzungs- und Austragsprozesse möglichst umfassend zu untersuchen.

Dank

Diese Arbeit wurde durch das Bundesministerium für Bildung, Wissenschaft, Forschung und Technologie (BMBF; Projekt-Nr.: BEO - 0339556) gefördert.

Literaturverzeichnis

AUGUSTIN, J.; MERBACH, W.; SCHMIDT, W.; REINING, E.: Effect of changing temperature and water table on trace gas emission from minerotrophic mires. Angew. Bot. **70**, 45 - 51 (1996).

DIN 11542: Torf für Garten und Landwirtschaft - Eigenschaften, Prüfverfahren. Beuth Verlag GmbH, Berlin, Köln (1978).

KÄDING, H.; PETRICH, G.; SCHALITZ, G.; LEIPNITZ, W.: Untersuchungen zum N-Kreislauf während der Vegetationsperiode von Niedermoorgrünland. Arch. Acker- Pfl. Boden **38**, 315 - 322 (1994).

KANDELER, E.: Bestimmung von Ammonium und Nitrat. In: SCHINNER, F.; ÖHLINGER, R.; KANDELER, E.; MARGESIN, R. (Hrsg.): Bodenbiologische Arbeitsmethoden. 2. überarbeitete und erweiterte Auflage, Springer Verlag, Berlin, Heidelberg, 366 - 371 (1993).

KOERSELMAN, W.; VERHOEVEN, J. T. A.: Restoration of eutrophicated fen ecosystems, external and internal nutrient sources and restoration strategies. NNA-Berichte **2/95**, 85 - 94 (1995).

KUNTZE, H.: Nährstoffdynamik und Gewässereutrophierung. TELMA **18**, 61 - 72 (1988).

OKRUSZKO, H.: Wirkung der Bodennutzung auf die Niedermoorbodenentwicklung, Ergebnisse eines langjährigen Feldversuches. Zeitschrift für Kulturtechnik und Landentwicklung **30**, 167 - 176 (1989).

RAISON, R. J.; CONNELL, M. J.; KHANNA, P. K.: Methodology for studying fluxes of soil mineral-N in situ. Soil Biol. Biochem. **19**, No. 5, 521 - 530 (1987).

RÜCK, F.: Standortspezifische Stickstoffmineralisierung, jahreszeilicher Verlauf des Mineralstickstoffvorrates und der Nitratauswaschung in Böden des Wasserschutzgebietes Donauried. Hohenheimer Bodenkundliche Hefte **15**, Universität Hohenheim (1993).

RUNGE, M.: Untersuchungen zur Bestimmung der Mineralstickstoff-Nachlieferung am Standort. Flora, Abt. B; Bd. **159**, 233 - 257 (1970).

SCHMIDT, W.: Zur Bestimmung der Einheitswasserzahlen von Torf. Arch. Acker-Pflanzenbau Bodenkunde **30**, Heft 5, 251 - 257 (1986).

SCHMIDT, W.; ROHDE, S.: Untersuchungen zur Befahrbarkeit von Niedermoorgrasland. Arch. Acker-Pflanzenbau **30**, Heft 1, 37 - 44 (1986).

SCHMIDT, W.; SCHOLZ, A.: Das Niedermoor „Friedländer Große Wiese“, Landschaftsökologische Zielstellung und angelaufene Maßnahmen zur Erhaltung und Renaturierung. Naturschutz und Landschaftspflege in Brandenburg, Sonderheft für Niedermoore, 213 - 218 (1993).

STEUBING, L.; FANGMEIER, A.: Pfl.-ökol. Praktikum. 1. Auflg., Ulmer Verl., Stuttgart 205 S. (1992).

SUCCOW, M.: Landschaftsökologische Moorkunde. 1. Auflage, Urania Verlag, Jena. 340 S. (1988).

SUCCOW, M.: Nutzung, Nutzen und zukünftige Nutzbarkeit von Niedermooren. Studien und Tagungsberichte, Landesumweltamt Brandenburg, Bd. 11, 59 - 67 (1997).

TGL 25418/06: Chemische Bodenuntersuchungen - Bestimmung des pH-Wertes. Staatsverlag der DDR, Berlin (1975).

TGL 31222/03: Physikalische Bodenuntersuchungen - Dichte, Substanz- und Bodenvolumen. Staatsverlag der DDR, Berlin (1977).

VDLUFA: Handbuch der Landwirtschaftlichen Versuchs- und Untersuchungsmethodik (Methodenhandbuch), 1. Band, VDLUFA Verlag, Darmstadt (1991).

Pflanzenernährung, Wurzelleistung und Exsudation
8. Borkheider Seminar zur Ökophysiologie des Wurzelraumes.
(Ed. W. Merbach) B.G. Teubner Verlagsgesellschaft Stuttgart, Leipzig 1998, pp. 21-28

METHODE ZUR DIREKTEN N-BESTIMMUNG IN DER MIKROBIELLEN BIOMASSE DES BODENS

RUPPEL, S. [1]; AUGUSTIN, J. [2]

[1] Institut für Gemüse und Zierpflanzenbau Großbeeren/Erfurt e.V.
Theodor Echtermeyer Weg 1, D - 14979 Großbeeren
[2] Zentrum für Agrarlandschafts- und Landnutzungsforschung (ZALF) e.V., Institut für Rhizosphärenforschung und Pflanzenernährung, Eberswalder Str. 84, D - 15374 Müncheberg

Abstract

A dispersion and differential centrifugation technique for representatively sampling microorganisms from soil offers the possibility to deterime microbial bound nitrogen in soil and the C/N ratio in the microbial biomass by a direct method. The method of Hopkins (HOPKINS et al. 1991) was modified and their significance proved to make it useful for the determination of carbon and nitrogen in the separated soil microbial biomass. Using a calibration curve of added bacteria to soil and quartz sand the method was proved. Additionally the new method was compared to the traditional SIR method. First experiments using the modifyed dispersion and differential centrifugation method were done in a field experiment following $K^{15}NO_3$ fertilization (80 kg N ha^{-1} ,10% marked).

Einleitung

Mikrobiell gebundener Stickstoff ist ein wichtiger Parameter im N-Haushalt und bei der N-Bilanzierung. Als Voraussetzung zur Bestimmung der mikrobiellen N-Immobilisation im Boden ist es erforderlich, die Menge des mikrobiell gebundenen Stickstoffs direkt messen zu können. Methoden, wie die Fumigations-Inkubations-Methode (FI) (WU et al. 1996; JENKINSON; POWLSON 1976), die Fumigations Extraktionsmethode (FE) (JONASSON et al. 1996; OLFS; SCHERER 1996) oder die Messung der substratinduzierten Respiration (SIR) (MARTENS 1995; FRANZLUEBBERS et al. 1996; HEINEMEYER et al. 1990) zur Bestimmung des in der

mikrobiellen Biomasse gebundenen Stickstoffs, sind für eine N-Bilanzierung nur bedingt geeignet, da sie einerseits auf der indirekten Bestimmung des Biomasse-Kohlenstoffs basieren und andererseits der Stickstoffgehalt nur über ein angenommenes C/N Verhältnis berechnet werden kann (SIR Methode). Das C/N-Verhältnis in der mikrobiellen Biomasse kann jedoch in Abhängigkeit von den Umweltbedingungen und der Jahreszeit sehr stark schwanken (OLFS et al. 1991). Ob diese festgestellten Schwankungen auf methodische Ursachen zurückzuführen sind, oder sie unter natürlichen Bedingungen tatsächlich auftreten, ist bisher noch ungeklärt.
Daher soll eine Methode zur Separation der Mikroorganismen vom Boden mit direkter N-Bestimmung vorgestellt und mittels ^{15}N-Tracertechnik geprüft werden.

Material und Methoden

Modifizierte Dispersions- und differentielle Zentrifugationsmethode

Die Dispersions- und differentielle Zentrifugationsmethode von HOPKINS et al. (1991) wurde zu dem Zweck der nachfolgenden N-Bestimmung in der mikrobiellen Biomasse folgendermaßen modifiziert. Der stark stickstoffhaltige Ionenaustauscher und der stickstoffhaltige Puffer wurden durch 2M KCl-Lösung und Zitronensäure-Natriumhydrogenphosphatpuffer ersetzt.

1. Schritt: 5g Boden (Frischmasse) (parallel Trockenmasse bestimmen) mit 10 ml 0,1% Natrium-Cholat-Lösung mischen (auf dem Röhrchenschüttler 30 s), Zugabe von 10 ml 2 M Kaliumchlorid-Lösung (149 g l^{-1} dest. Wasser) und ca. 30 Glasperlen; auf Röhrchenschüttler kurz kräftig schütteln und weitere 2 h bei 5 °C auf dem Horizontalschüttler

2. Schritt: 3 min bei 10 °C zentrifugieren bei 2500 U min^{-1}, **Überstand 1 sammeln**

3. Schritt: Pellet rücksuspendieren in 10 ml Zitronensäure-Na_2HPO_4-Puffer (pH 7,4), mischen (Röhrchenschüttler 30 s), 1 h bei 5 °C schütteln

4. Schritt: 3 min bei 10 °C zentrifugieren bei 2500 U min^{-1}, **Überstand 2 sammeln**

5. Schritt: Pellet rücksuspendieren in 20 ml Na-Cholat-Lösung, 1 min im Ultraschallbad beschallen, weitere 10 ml Na-Cholat-Lösung zugeben und 1 h bei 5 °C schütteln

6. Schritt: 3 min bei 10 °C zentrifugieren bei 2500 U min^{-1}, **Überstand 3 sammeln**

7. Schritt: Überstand 1, 2 und 3 gemeinsam bei 5300 U min^{-1} und 5 °C zentrifugieren 30 min, **Pellet sammeln**, Überstand verwerfen

Prüfung der Quantifizierbarkeit der Bakterienseparation vom Boden

Hierfür wurden im Laborversuch Bakterien angezogen - Stamm *Serratia rubidea* in 50 ml Nährbouillon Standard I (Serva) bei 29 °C, 2 Tage bei 150 U min^{-1} im Schüttelinkubator - anschließend 2 X in steriler 0,05 M NaCl-Lösung gewaschen und auf 10^{10} cfu ml^{-1} Endkonzentration eingestellt. Diese Bakterien wurden in Konzentrationen von 10^7, 10^8, 10^9 und 10^{10} cfu ml^{-1} zu Boden bzw. Quarzsand in jeweils 4 Wiederholungen zugegeben, gut gemischt und 1 h bei 5 °C inkubiert (um eine Vermehrung der Organismen zu vermeiden, aber ein Anhaften an Bodenkolloide zu ermöglichen) und anschließend mit der Dispersions- und differentiellen Zentrifugationsmethode separiert bzw. mittels Substratinduzierter Atmungsmessung (SIR) der mikrobielle Biomasse C-Gehalt bestimmt.

Messung der $K^{15}NO_3$-Aufnahme durch die mikrobielle Biomasse im Feldversuch

Innerhalb eines 1993 angelegten Parzellenversuches (Blockanlage mit 4 Wiederholungen) auf schwach lehmigem Sandboden (N_t 0,13 %; C_t 1,16 %; pH 6,6; N_{min} 36 kg N · ha^{-1}) zur Stickstoffbilanzierung beim Anbau von Einlegegurken wurden 80 kg N ha^{-1} eines 10% markierten $K^{15}NO_3$- Düngers appliziert. Bodenproben (Schicht 0-30 cm) wurden im Zeitraum April bis September im zweiwöchigen Abstand entnommen und die Mikroorganismen nach der oben beschriebenen Methode separiert und C_{mic} nach der SIR-Methode bestimmt.

Messungen

Die Trockenmasse der Mikroorganismen wurde nach zweimaligem Waschen der separierten Mikroorganismen in steriler 0,05 M NaCl-Lösung und dem Trocknen der Pellets bei 60 °C bis zur Gewichtskonstanz bestimmt. N_t-Gehalt (% N gesamt) und ^{15}N-Gehalte in der Trockenmasse wurden mittels der Gerätekombination aus CHN Elementaranalysator (Vario EL) und NOI 6 PC gemessen. Die immobilisierte Dünger-N-Menge wurde wie folgt berechnet:

$$\text{Dünger-N (kg N ha}^{-1}) = {}^{15}\text{N-Menge in der MB (kg }^{15}\text{N ha}^{-1}) \times \frac{100\%}{\text{Dünger - }^{15}\text{N- Anreicherung (at\% }^{15}\text{N}_{exc.})}$$

Ergebnisse

Trockenmassebestimmung der Mikroorganismen in Bakterienreinkultur

Die Quantifizierung der N- und C- Menge, die in der mikrobiellen Biomasse gebunden ist, beruht bei der Separations- und differentiellen Zentrifugationsmethode maßgeblich auf der Bestimmung der Trockenmasse der Mikroorganismen. Daher soll die Nachweisempfindlichkeit am Beispiel des Bakterienstammes *Serratia rubidea* in Bakterienreinkultur geprüft werden.

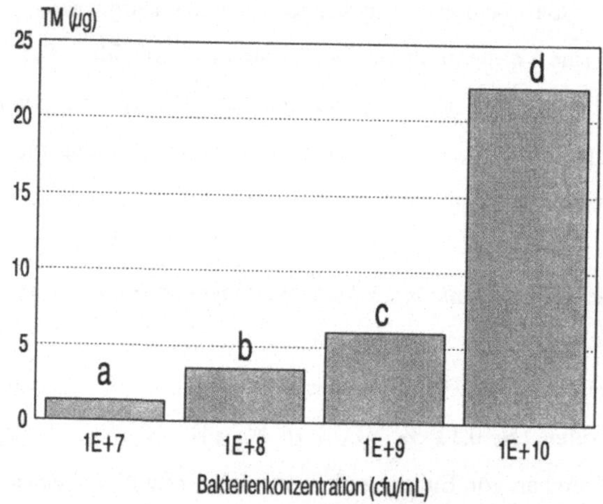

Abb. 1: Trockenmasse der Bakterien in Abhängigkeit von der Zellkonzentration in Reinkultur. Unterschiedliche Buchstaben kennzeichnen signifikante Unterschiede zwischen den Varianten bei P = 0,05.

Im Bereich zwischen 10^7 und 10^{10} Zellen ml^{-1} waren signifikante Unterschiede in der Trockenmasse der Bakterien meßbar (Abb. 1), das heißt, die Empfindlichkeit der Methode ist ausreichend, da im Boden Keimzahlen in diesem Bereich vorliegen.

Mikroorganismenseparation vom Boden

Die Prüfung der Wiederfindung der zum Boden zugesetzten Bakterienmengen nach Anwendung der Separationsmethode zeigte eine signifikante Korrelation zwischen dem zugesetzten Bakterientiter und der ermittelten Trockenmasse von r = 0,968*, wie sie auch zwischen der Trockenmasse und dem Bakterientiter in Bakterienreinkultur bestand (r = 0,986*). Diese Methode erlaubt eine Separation der Mikroorganismen vom Boden mit einer Standardabweichung von 15 % ohne Bakterienzusatz zum Boden (Abb. 2). Nach Zugabe der Bakterien zum Boden in Konzentrationen zwischen 10^7 und 10^{10} Zellen je g Boden kann die Standardabweichung bis auf 31 % ansteigen (Abb. 2).

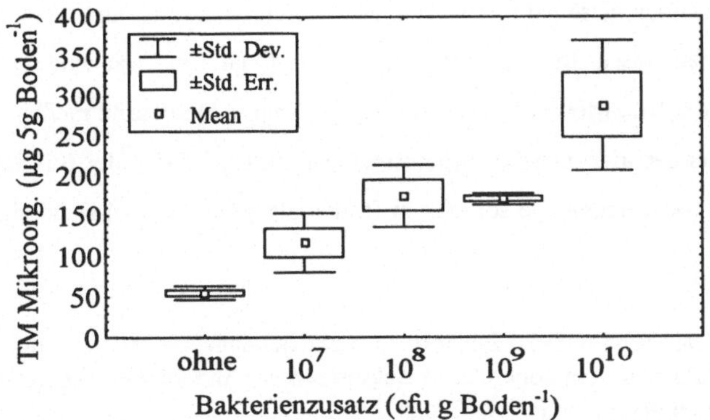

Abb. 2: Standardabweichung der Einzelwerte vom Mittelwert der Mikroorganismentrockenmasse des Bodens ohne Bakterienzusatz und nach Zugabe einer Bakterienkultur im Bereich zwischen 10^7 und 10^{10} cfu g $Boden^{-1}$.

Vergleich der Separationsmethode mit der SIR-Methode

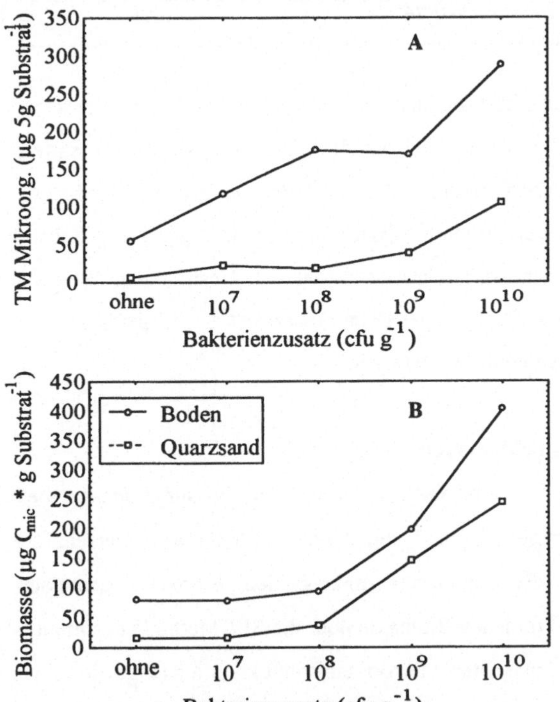

Abb. 3: Trockenmasse der separierten Mikroorganismen (A) und mikrobielle Biomasse C_{mic} (SIR) (B) nach Zugabe einer Bakterieneichreihe zum Boden bzw. Quarzsand.

Mit gesteigerter Menge der Bakterienzugabe war die Trockenmasse der separierten Mikroorganismen sowohl vom Boden als auch vom Quarzsand signifikant erhöht (Abb. 3A). Bereits die Zugabe von 10^7 Zellen zu Boden oder Quarzsand konnte so nachgewiesen werden. Dagegen ließ sich eine Zunahme der mikrobiellen Biomasse im Boden (SIR-Methode) signifikant erst nach der Zugabe von 10^9 Zellen nachgewiesen werden konnte (Ab. 3B), da die natürliche Mikroflora des Bodens sehr hoch war und somit die

Zugabe von Organismen diese natürliche Menge übersteigen mußte, um eine meßbar höhere Atmungsaktivität aufzuweisen. In dem relativ keimarmen Quarzsand war eine signifikant erhöhte Atmungsaktivität in der SIR-Methode bereits ab 10^8 Zellen je g Quarzsand meßbar (Abb. 3B).
Die Trockenmasse der separierten Mikroorganismen war zu C_{mic} (SIR), der Basalatmungsaktivität und der zugesetzten Bakterienmenge sowohl im Boden als auch im Quarzsand signifikant positiv korreliert (Tab. 1).

Tab. 1: Korrelation der separierten Mikroorganismentrockenmasse zu C_{mic}, der Basalatmungsaktivität der Mikroflora und dem zugesetzten Bakterientiter. Angabe des Korrelationskoeffizienten r, alle Korrelationen waren bei P = 0,05 signifikant.

Variable	TM der separierten Mikroorganismen aus dem Boden	TM der separierten Mikroorganismen aus dem Quarzsand
C_{mic} (SIR)	0,74	0,90
Basalatmung	0,82	0,74
Bakterientiter	0,76	0,86

Wie die Trockenmasse der separierten Mikroorganismen war auch die N-Menge der separierten Mikroorganismen signifikant zur Höhe der mikrobiellen Biomasse C_{mic} (bestimmt mittels SIR-Methode) korreliert (r = 0,797*). Jedoch stimmten die Größenordnungen der N-Mengen nicht überein. Mittels der Separationsmethode wurden im Quarzsand 0,3 bis 2 µg N je g Substrat und im Boden 1 bis 6 µg N je g Boden gemessen, während mittels C_{mic}-Bestimmung (SIR-Methode und Umrechnung auf N_{mic} im Verhältnis C/N wie 10/1) im Quarzsand 1 - 25 µg N je g Substrat und im Boden 8 bis 40 µg N je g Boden gemessen wurden.

Anwendung der Methode im ersten Feldversuch

In einem ersten Feldversuch sollte die mikrobiell immobilisierte N-Düngermenge bestimmt werden. Hierzu wurden im zweiwöchigen Abstand von April bis September einerseits die ^{15}N-markierte Düngermenge direkt in der separierten mikrobiellen Biomasse gemessen und andererseits die Änderungsrate der mikrobiellen Biomasse über die SIR Methode bestimmt.
Über die direkte ^{15}N-Messung in den separierten Mikroorganismen konnte nachgewiesen werden, daß im Zeitraum vom 20.06. bis zum 10.07. nur ein sehr geringer Anteil (maximal 2,9 kg N ha^{-1}) des Dünger N in die mikrobielle Biomasse immobilisiert wurde und daß im Jahresverlauf die Höhe der Immobilisation signifikanten Schwankungen unterlag (Abb. 4). Diese Dünger-N-Immobilisation war jedoch mit r = -0,091 nicht korreliert zur Änderungsrate der mikrobiellen

Biomasse-N-Gehalte, die über die substratinduzierte Atmungsmessung ermittelt wurden (berechnet anhand eines C/N Verhältnisses von 10/1).

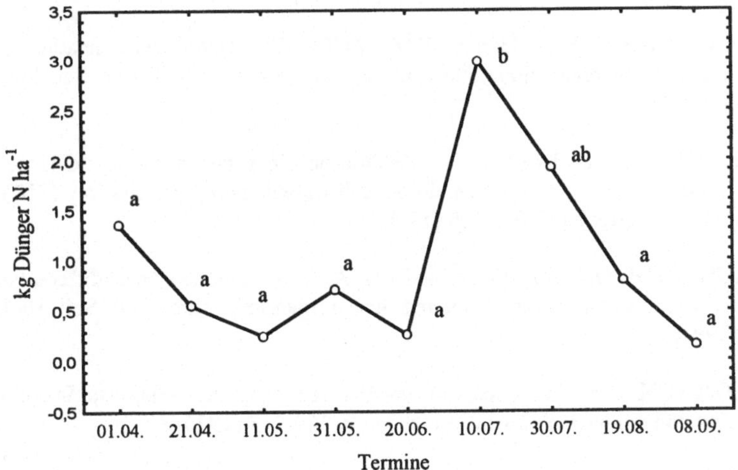

Abb. 4: Höhe der Dünger-N-Immobilisation in die mikrobielle Biomasse über den Jahresverlauf nach Applikation von 80 kg $K^{15}NO_3$. Unterschiedliche Buchstaben kennzeichnen signifikante Unterschiede, Newman Keuls Test P = 0,05.

Diskussion

In Bakterienreinkultur kann die Bakterienmenge in 10er-Potenzen im Bereich zwischen 10^7 und 10^{10} cfu ml^{-1} über die Trockenmasse sicher bestimmt werden.

Auf der Grundlage der erzielten Ergebnisse kann die modifizierte Separationsmethode zur direkten Ermittlung des mikrobiellen Biomasse-N-Gehaltes im Boden und zur direkten Bestimmung des immobilisierten Düngeranteils (wenn ^{15}N- markierter Dünger eingesetzt wurde) genutzt werden. Der Versuch mit zugesetzter Eichreihe einer Bakterienkultur zum Boden zeigt, daß Veränderungen im Ausmaß einer Zehnerpotenz in einem Bereich zwischen 10^7 und 10^{10} Zellen je g Boden signifikant nachgewiesen werden können. Der Vorteil der Separationsmethode ist eine direkte N-Bestimmung, die nicht auf der Abtötung und nachfolgenden Veratmung, wie in der Fumigations-Inkubations-Methode, oder auf der Veratmung von Glukose (SIR-Methode) basiert. Geprüft wurde diese Methode jedoch vorläufig nur anhand von Bakterien. Inwieweit Pilze, Kollembolen, Milben, Protozoen und andere Organismen, die den N-Kreislauf des Bodens ebenfalls beeinflussen (KEELING et al. 1995), mit erfaßt oder vernachlässigt werden, ist bisher nicht abzuschätzen.

Literaturverzeichnis

DREWS, G.: Mikrobiologisches Praktikum für Naturwissenschaftler. Springer Verlag, Berlin, Heidelberg, New York (1968).

FRANZLUEBBERS, A.J.; HANEY, R.L.; HONS, F.M.; ZUBERER, D.A.: Determination of microbial biomass and nitrogen mineralization following rewetting of dried soil. Soil Sci. Soc. Amer. J. **60**, 1133-1139 (1996).

HEINEMEYER, O.; KAISER, E.-A.; INSAM, H.: Kalibration eines neuen Meßsystems zur Erfassung mikrobieller Biomasse in Bodenproben durch substratinduzierte Respiration (SIR). VDLUFA Schriftenreihe **32** , Kongreßband 701-706 (1990).

HOPKINS, D.W.; MACNAUGHTON, S.J.; O`DONNELL, A.G.: A dispersion and differential centrifugation technique for representatively sampling microorganisms from soil. Soil Biol. Biochem. **23,** 217-225 (1991).

JENKINSON, D.S.; POWLSON, D.S.: The effects of biocidal treatments on metabolism in soil - V. A method for measuring soil biomass. Soil Boil. Biochem. **8,** 209-213 (1976).

JONASSON, S.; MICHELSEN, A.; SCHMIDT, I.K.; NIELSEN, E.V.; CALLAGHAN, T.V.: Microbial biomass C, N and P in two arctic soils and responses to addition of NPK fertilizer and sugar: Implications for plant nutrient uptake. Oecologia **106,** 507-515 (1996).

KEELING, A.A.; GRIFFITHS, B.S.; RITZ, K.; MYERS, M.: Effects of compost stability on plant growth, microbiological parameters and nitrogen availability in media containing mixed garden- waste compost. Bioresource.Technol. **54,** 279-284 (1995).

MARTENS, R.: Current methods for measuring microbial biomass C in soil: Potentials and limitations. Biol. Fertil. Soils **19,** 87-99 (1995).

OLFS, H.W.; HAHN, A.; SCHERER, H.W.; WERNER, W.: Vergleichende Untersuchungen zur Erfassung von mikrobiell gebundenem Stickstoff im Boden. VDLUFA- Schriftenreihe **33,** Kongreßband, 648-659 (1991).

OLFS, H.W.; SCHERER, H.W.: Estimating microbial biomass N in soils with and without living roots: Limitations of a pre-extraction step. Biol. Fert. Soils **21,** 314-318 (1996).

WU, J.; BROOKES, P.C.; JENKINSON, D.S.: Evidence for the use of a control in the fumigation-incubation method for measuring microbial biomass carbon in soil. Soil Biol. Biochem. **28,** 511-518 (1996).

Pflanzenernährung, Wurzelleistung und Exsudation.
8. Borkheider Seminar zur Ökophysiologie des Wurzelraumes.
(Ed. W. Merbach) B. G. Teubner Verlagsgesellschaft Stuttgart, Leipzig 1998, pp. 29-36

EMISSION VON AMMONIAK (NH_3) UND DISTICKSTOFFOXID (N_2O) NACH AUSBRINGUNG VON FLÜSSIGMIST

LEICK, B.; ENGELS, C.
Universität Hohenheim
Institut für Pflanzenernährung
D - 70593 Stuttgart

Abstract

The effect of the application technique on emissions of NH_3 and N_2O after fertilization of winter wheat with liquid cattle manure was investigated in the field. NH_3 emission was measured either with a wind tunnel or with a micrometeorological method. N_2O emission was determined by a closed chamber method. In comparison to broadcast application of manure on the top of a wheat crop, band application directly at the soil surface with trailing hoses decreased the NH_3 losses by about 25 %. However, band application was associated with an increase in the duration and peak of N_2O emission. It is concluded that band application may improve infiltration of manure into the soil and thus decrease NH_3 emission. But, high local concentration of manure in the soil may create conditions favourable to N_2O emission.

Einleitung

Über 90 % der Gesamtemission von Ammoniak (NH_3) in der BRD stammen aus landwirtschaftlichen Quellen. Ammoniak wird während der Lagerung von tierischen Fäkalien sowie im besonderen Maße während bzw. nach der Ausbringung freigesetzt. Bei der herkömmlichen breitflächigen Ausbringung mit Prallteller variieren die NH_3-Verluste stark in Abhängigkeit von Boden, Oberflächenbeschaffenheit und Witterungsverhältnissen (Temperatur, Lichteinstrahlung, Niederschlag) sowie Flüssigmisteigenschaften (Trockensubstanzgehalt). Die NH_3-Verluste können 20-80 % des im Flüssigmist enthaltenen NH_4^+-N betragen (HORLACHER und MARSCHNER 1990). BRASCHKAT et al. (1997) kommen zu dem Ergebnis, daß vor allem der Trockensubstanzgehalt des Flüssigmistes ein wichtiger Faktor für die NH_3-Verluste ist, wobei ein hoher Trockensubstanzgehalt das Eindringen des Flüssigmistes in den Boden behindert und somit die NH_3-Verluste erhöht. Zur Minderung der NH_3-Emission bietet sich neben der Wasserzugabe zum Flüssigmist auch eine verbesserte Ausbringungstechnik an. So kann durch Injektion des Flüssigmistes in den Boden die NH_3-Emission fast vollständig unterbunden werden (MANNHEIM et al. 1995). Inwieweit eine bodennahe plazierte Flüssigmistausbringung mit Schleppschlauch zu einer Verminderung der NH_3-Emission führen kann, ist dagegen weniger klar (MANNHEIM et al. 1995).

Nach ISERMANN (1994) sind 81 % der anthropogenen N_2O-Emission auf die Landwirtschaft zurückzuführen. Die N_2O-Emission aus dem Boden wird durch hohe Bodenwassergehalte, geringe Sauerstoffverfügbarkeit und hohe Verfügbarkeit an leicht abbaubarer organischer Substanz und mineralischem Stickstoff im Boden stark erhöht (BEAUCHAMP 1997). Plazierte Ausbringung von Flüssigmist mittels Injektor oder Schleppschlauch könnte somit in den Bodenzonen, die mit hohen Flüssigmistmengen in Kontakt kommen, zu einem Anstieg der N_2O-Emission führen.

Im Rahmen einer vom Landwirtschaftsministerium Baden-Württemberg finanzierten Untersuchung wurde auf Praxisflächen überprüft, ob durch Flüssigmistausbringung mit Schleppschlauch im Vergleich zum Prallteller die NH_3-Emission verringert wird und die N_2O-Emission aus dem Boden verändert wird.

Material und Methoden

IHF-Methode

Die IHF-Methode (Integrated **H**orizontal **F**lux) ist eine mikrometeorologische Methode zur Messung der NH_3-Emission unter Feldbedingungen. Diese Methode beruht auf der Messung des horizontalen Massenflusses von Ammoniak, das von einer begüllten Fläche an die Atmosphäre abgegeben wird. Zur Ermittlung der Emissionsrate wurden in der Mitte eines quadratischen Versuchsfeldes (2500 m^2) in acht verschiedenen Höhen (0,3 m bis 5,5 m) kontinuierlich Luftproben mit einer Durchflußrate von 5 $l \cdot min^{-1}$ durch mit H_2SO_4 gefüllte Gaswaschflaschen geleitet. In dieser sauren Lösung liegt das in der Atmosphäre vorhandene NH_3 als NH_4^+ vor. Dieses wurde am Technicon-Autoanalyzer nach der Methodenvorschrift (TECHNICON 1984) analysiert. Auf den gleichen Höhen wurden die Windgeschwindigkeiten gemessen. Die Berechnung des NH_3-Fluxes erfolgte aus der Multiplikation der Windgeschwindigkeit in den verschiedenen Höhen und der entsprechenden NH_3-Konzentration abzüglich der Hintergrundkonzentration.

Windtunnel-Methode (WT)
Im Gegensatz zur mikrometeorologischen Methode wird hier der Luftraum über der Versuchsfläche (2 m^2) von der Umgebungsluft getrennt. In Strömungsrichtung setzt sich der WT aus folgenden Teilen zusammen: Lufteinlaß, Beruhigungsstrecke, Versuchsfläche, Mischelement, Axialventilatoren zur Erzeugung eines Luftstromes sowie Luftauslaß. Die Strömungsgeschwindigkeit im WT wurde an die vorherrschende Außenwindgeschwindigkeit angepaßt. Zur Bestimmung der NH_3-N-Konzentration wurde ein Teil des Luftstromes kontinuierlich vor der Versuchsfläche (Hintergrundkonzentration) und am Tunnelauslaß (mit NH_3 befrachtete Probeluft) entnommen und wie oben beschrieben behandelt. Die Berechnung der Emissionsrate ergibt sich auch hier aus der Multiplikation der Ammoniak-Konzentration und der Windgeschwindigkeit. Die Methoden sind bei MANNHEIM (1996) ausführlich beschrieben.
Klimadaten, wie Luftfeuchte, Lufttemperatur, Nettoeinstrahlung, Niederschlag, Windrichtung und Windgeschwindigkeit, wurden kontinuierlich erfaßt.

„Closed chamber“ -Methode
Die N_2O-Gasflüsse wurden mit der „Closed chamber"-Methode (MOSIER 1989) erfaßt. Dabei wurde ein Teil der Versuchsfläche mit Meßkammern (0,126 m^2 Grundfläche, 8 Wiederholungen) für eine bestimmte Zeitdauer (60 min) unter vollständiger Unterbindung des Luftaustausches mit der Außenatmosphäre abgedeckt. Während dieser Zeit erfolgte eine N_2O-Anreicherung. Aus dem Konzentrationsanstieg über die Zeit und unter Berücksichtigung des Kammervolumens und der Fläche wurde mit Hilfe einer linearen Regression der Gasfluß bestimmt. Die manuelle Probenahme erfolgte einmal täglich mit zuvor evakuierten und mit Septen gasdicht verschlossenen Probeflaschen. Die Gasproben wurden am Gaschromatographen (HP 5890) mittels eines ECD (Elektroneneinfangdetektor) analysiert.
N_{min} (NH_4^+-N; NO_3^--N) wurde ebenfalls täglich in 0-10 cm Bodentiefe ermittelt. Die N-Gehalte wurden nach Extraktion von 30 g feldfrischer Bodenprobe mit 300 ml 0,0125 M $CaCl_2$-Lösung am Autoanalyzer bestimmt.

Flüssigmistanalyse

NH_4^+-N wurde nach Vorschrift des VDLUFA-Methodenbuch (1973) bestimmt. Der TS-Gehalt wurde nach Trocknung bei 105°C bis zur Gewichtskonstanz gravimetrisch ermittelt. Die potentiometrische Messung des pH-Wertes erfolgte unmittelbar vor der Ausbringung.

Versuchsvarianten

Bei der Pralltteller-Ausbringung wurde der Flüssigmist unter Druck über einen Pralltteller hinter einem Tankwagen auf einen Winterweizenbestand (4-Blatt-Stadium) breitflächig verteilt. Beim Einsatz des Schleppschlauches wurde der Flüssigmist bodennah in Bandform im Abstand von 25 cm auf die Versuchsfläche ausgebracht. Die NH_3-Emission wurde bei diesen Varianten mit der IHF-Meßtechnik ermittelt. Als Vergleichsmessung wurde im Windtunnel (WT) Flüssigmist manuell mit Gießkannen in Bandform (Schleppschlauch) abgelegt. Bei allen Varianten wurde Rinderflüssigmist mit einem pH-Wert von 6,7 und einem TS-Gehalt von 6,2 % verwendet. Die Ausbringungsmenge betrug 28 m^3 ha^{-1}. Bei einem NH_4^+-N-Gehalt von 1,27 kg m^{-3} ergab sich somit eine NH_4^+-N-Zufuhr von 35,6 kg ha^{-1}.

Ergebnisse und Diskussion

NH_3-Emission

Die NH_3-N-Emission nach Ausbringung von Rinderflüssigmist mit dem Pralltteller (IHF) betrug 35 % des ausgebrachten NH_4^+-N (Tab. 1). Im Vergleich dazu lagen die NH_3-N-Verluste bei der Schleppschlauch-Ausbringung (IHF) bei nur 26 % des ausgebrachten NH_4^+-N. Dies entsprach einer Verringerung der Ammoniak-Emission um 25 %.

Tabelle 1: NH_3-N-Emission aus Rinderfrischgülle bei unterschiedlichen Ausbringungsverfahren auf Winterweizen; Meßzeitraum: 12.05.97-21.05.97

Ausbringung	Metechnik	NH_3-N-Emission		
		[kg N ha^{-1}]	[% des ausgebrachten NH_4^+-N]	Verringerung im Vgl. zum Pralltteller[%]
Pralltteller	IHF	12,4	35	-
Schleppschlauch	IHF	9,3	26	25
Schleppschlauch	WT	8,9	24	31

Ähnliche Ergebnisse wurden mit dem WT erzielt, womit die Vergleichbarkeit der beiden Meßmethoden gegeben ist und Ergebnisse von MANNHEIM et al. (1995) diesbezüglich bestätigt werden können. Die insgesamt geringen N-Verluste bei beiden Ausbringungsverfahren lassen sich möglicherweise über den relativ niedrigen Trockensubstanzgehalt (6,2 %) und einer daraus resultierenden guten Infiltration in den Boden erklären. Desweiteren wirkten sich die Witterungsverhältnisse am Tage der Flüssigmistausbringung emissionsmindernd aus. Geringe Lufttemperaturen (14,5 °C) sowie eine niedrige Lichteinstrahlung (247 Wm^{-2}) bewirkten geringe Temperaturen auf der Oberfläche des Flüssigmistes und somit auch geringere NH_3-Partialdrücke, verbunden mit niedrigen Emissionsraten.

Der zeitliche Verlauf der Ammoniak-Emission ist in Abbildung 1 dargestellt. Unmittelbar nach der Ausbringung emittierte beim Prallteller mehr Ammoniak als beim Schleppschlauch. Dies ist damit zu erklären, daß bei der Prallteller-Ausbringung eine größere emissionswirksame Oberfläche vorlag. Beim Schleppschlauch wurden ca. 25 % der Bodenoberfläche mit Flüssigmist bedeckt. Die niedrigere Emission beim Schleppschlauch-Verfahren läßt sich auch mit dem Einfluß des hohen Pflanzenbestandes (15-20 cm) auf das Mikroklima erklären. Die Plazierung des Flüssigmistes in den Pflanzenbestand führte zur Verringerung der Nettoeinstrahlung und der Windgeschwindigkeit an der Oberfläche des Flüssigmistes. Nach BRASCHKAT et al. (1997) steigen die NH_3-Emissionen mit zunehmenden Nettoeinstrahlungen. Zusätzlich begünstigt das Schleppschlauch-

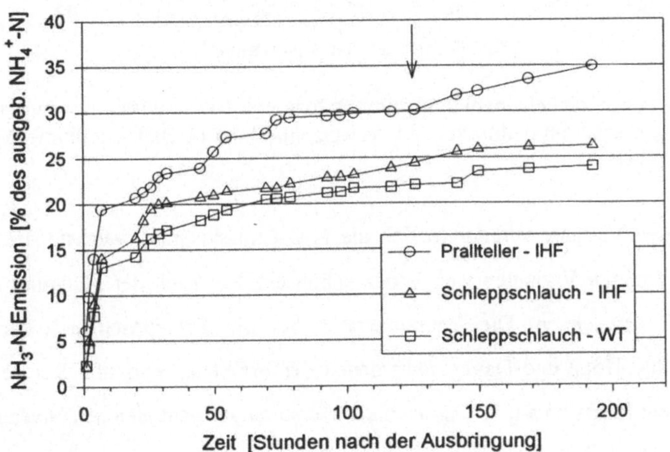

Abbildung 1: NH_3-N-Emission nach Ausbringung von Rinderflüssigmist mit Prallteller und Schleppschlauch in einen Winterweizenbestand (4-Blatt-Stadium): Kumulative NH_3-Emissionskurven in % des ausgebrachten NH_4^+-N (Pfeil: 5 mm Niederschlag); Meßzeitraum: 12.05.97 - 21.05.97

Verfahren ein schnelleres Eindringen des Flüssigmistes in den Boden, so daß das NH_4^+ aus dem Flüssigmist im Boden gebunden wird und somit nicht mehr als NH_3 emittieren kann.

N_2O-Emission

Die N_2O-Emissionsraten lagen bei allen drei Versuchsvarianten vor der Düngung bei ca. 70-80 µg N_2O m^{-2} h^{-1} (Abb. 2). Vergleichbare N_2O-Hintergrundemissionen aus Ackerböden (Mais) vor der Düngung wurden auch bei LESSARD et al. (1996) und SCHMIDT (1997, pers. Mitteilung) gefunden.

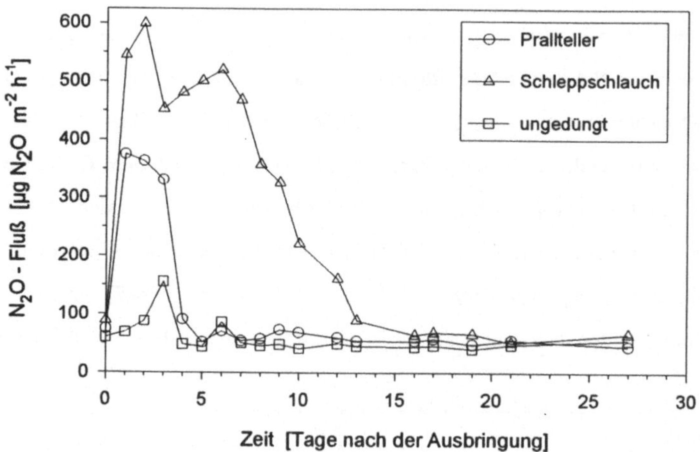

Abbildung 2: N_2O-Flußraten bei einem ungedüngten bzw. mit Rinderflüssigmist mit verschiedenen Ausbringungsverfahren gedüngten Winterweizenbestand (4-Blatt-Stadium); Meßzeitraum: 12.05.97 - 08.06.97

Bei der ungedüngten Variante veränderte sich die N_2O-Emissionsrate während der Versuchzeit kaum. Bei den gedüngten Varianten war jedoch schon ein Tag nach der Düngung eine erhöhte N_2O-Emission zu verzeichnen. Die Emissionsraten bei der Schleppschlauch-Variante lagen, bezogen auf absolute Höhe und Dauer, über denen der Prallteller-Variante. Bei der Prallteller-Ausbringung war die Emission am 5. Tag nach der Düngung auf dem gleichen Niveau wie bei der ungedüngten Variante, bei der Schleppschlauch-Ausbringung erfolgte dies erst ca. 13 Tage nach dem Düngungsereignis.

Nach FIRESTONE und DAVIDSON (1989) ist die N_2O-Bildung infolge Nitrifikation und Denitrifiktion abhängig vom NH_4^+- bzw. NO_3^--Gehalt des Bodens. Nitrat stammt entweder aus bodenbürtigen Quellen oder aus der Nitrifikation des zugeführten Ammoniums aus dem Flüssigmist. Die NH_4^+-Gehalte des Bodens (Abb. 3) lagen bei der Schleppschlauch-Variante höher als bei den übrigen Varianten, weil infolge der geringeren NH_3-Verluste (Abb. 1) mehr NH_4^+-N in den Boden eindringen konnte. Während des Versuches nahmen die NH_4^+-N-Gehalte durch Nitrifikation zugunsten steigender Nitrat-Gehalte ab (Abb. 3).

Die hohen N_2O-Emissionsraten kurz nach der Ausbringung sind somit wahrscheinlich auf die Nitrifikation des Flüssigmist-NH_4^+ zurückzuführen, während mit zunehmender Versuchsdauer die N_2O-Emissionen aus der Denitrifikation resultieren.

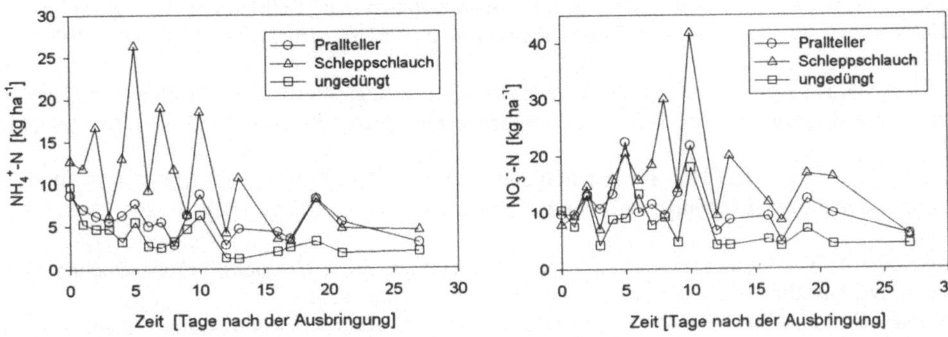

Abbildung 3: NH_4^+-N-Gehalte und NO_3^--N-Gehalte im Boden (0-10 cm) bei einem ungedüngten bzw. mit Rinderflüssigmist mit verschiedenen Ausbringungsverfahren gedüngten Winterweizenbestand (4-Blatt-Stadium); Meßzeitraum: 12.05.97 - 08.06.97

Die höhere N_2O-Emission bei der Schleppschlauch-Variante ist auch darauf zurückzuführen, daß neben Stickstoff auch Kohlenstoff-Verbindungen und Wasser mit dem Flüssigmist in den Boden infiltrieren. Diese Bodenbedingungen können sich fördernd auf die mikrobielle N_2O-Bildung auswirken (RICE et al. 1988).

Die Ergebnisse zeigen, daß mit einer veränderten Ausbringungstechnik die Ammoniak-Emission nach der Flüssigmistausbringung unter den hier gegebenen Bedingungen reduziert werden kann. Jedoch kann diese NH_3-Verminderung mit einem Ansteigen der N_2O-Emission einhergehen.

Literaturverzeichnis

BEAUCHAMP, E.G.: Nitrous oxide emission from agricultural soils. Can. J. Soil Sci. **77** (2), 113-123 (1997).

BRASCHKAT, J.; MANNHEIM, T.; MARSCHNER, H.: Estimation of ammonia losses after application of liquid cattle manure on grassland. Z. Pflanzenernähr. Bodenk. **160**, 117-123 (1997).

BRASCHKAT, J.; MANNHEIM, T.; HORLACHER , D. ; MARSCHNER, H. : Measurement of ammonia emissions after liquid manure application: I. Construction of a windtunnel system for measurements under field conditions. Z. Pflanzenernähr. Bodenk. **156**, 393-396 (1993).

FIRESTONE, M.K.; DAVIDSON, E.A.: Microbiological basis of NO and N_2O production and consumption in soil. In: Andreae, M.O. und Schimel, D.S. (Hrsg.): Exchange of trace gases between terrestrial ecosystems and the atmosphere, 7-21, Wiley-Verlag, Chichester, England (1989).

HORLACHER, D. ; MARSCHNER, H.: Schätzrahmen zur Beurteilung von Ammoniak-Verlusten nach Ausbringung von Rinderflüssigmist. Z. Pflanzenernähr. Bodenk. **153**, 107-115 (1990).

ISERMANN, K.: Agriculture`s share in the emission of trace gases affecting the climate and some cause-oriented proposals for sufficiently reducing this share. Environ. Pollution **83**, 95-111 (1994).

LESSARD, R.; ROCHETTE, P.; GREGORICH, E.G.; PATTEY, E.; DESJARDINS, R. L.: Nitrous oxide fluxes from manure-amended soil under maize. Environ. Qual. **25**, 1371-1377 (1996).

MANNHEIM, T.: Ammoniakemission von landwirtschaftlichen Versuchsflächen: Quellen und Minderungsmaßnahmen. Dissertation, Universität Hohenheim (1996).

MANNHEIM, T.; BRASCHKAT, J.; MARSCHNER, H.: Reduktion von Ammoniakemissionen nach der Ausbringung von Rinderflüssigmist auf Acker- und Grünlandstandorten: Vergleichende Untersuchungen mit Prallteller, Schleppschlauch und Injektion. Z. Pflanzenernähr. Bodenk. **158**, 535-542 (1995).

MOSIER, A.R.: Chamber and isotope techniques. In: Andreae, M.O. und Schimel, D.S. (Hrsg.): Exchange of trace gases between terrestrial ecosystems and the atmosphere, 175-187, Wiley-Verlag, Chichester, England (1989).

RICE, C.W.; SIERZEGA, P.E.; TIEDJE, J.M.; JACOBS, L.W.: Stimulated denitrification in the microenvironment of a biodegradable organic waste injected into soil. Soil Sci. Soc. Am. J. **52**, 102-108 (1988).

TECHNICON: Methodenvorschrift für den Autoanalyser II (1984).

VDLUFA: Methodenhandbuch Band II. Verlag J. Neumann (1973).

Pflanzenernährung, Wurzelleistung und Exsudation.
8. Borkheider Seminar zur Ökophysiologie des Wurzelraumes.
(Ed. W. Merbach) B.G. Teubner Verlagsgesellschaft Stuttgart, Leipzig 1998, pp. 37- 44

N-UMSATZ IM BODEN WÄHREND DER ENTWICKLUNG VON MAIS IN EINEM GEFÄßVERSUCH: EINFLUß DER PLAZIERUNG VON ^{15}N-MARKIERTEM AMMONIUMSULFAT

BLANKENAU, K.
Hydro Agri, Institut für Pflanzenernährung und
Umweltforschung Hanninghof, Hanninghof 35
D - 48249 Dülmen

Abstract

The impact of placement application (PA) of ^{15}N labelled ammoniumsulphate on N turnover in soil was investigated in a pot trial with maize. As a control treatment ammoniumsulphate was mixed homogeneously (HA) into the soil to simulate broadcast application. In treatment HA 19.7 % of the applied fertilizer N was immobilised while for PA only 6.3 % were found in soil organic N pools at the end of the experiment (day 78). 6.6 % (HA) and 10.5 % (PL) of the immobilised ^{15}N were bound as microbial biomass N (N_{mic}). Immediately after N application 10% of the fertilizer ^{15}N was already immobilised in HA. After 22 days, nitrification was completed and no further immobilisation of ^{15}N occurred. Hence, between day 49 and day 78 when about 90 % of dry matter of maize was produced and a large C input by roots was expected (which is assumed to stimulate microbial activity) immobilisation of ^{15}N was nil. In contrast, immobilisation occurred throughout the experiment for treatment PA. At the end of the experiment still 28% of ^{15}N was recovered as N_{min} (almost all of it as $NH_4{}^+$).Thus for both treatments N immobilisation corresponded to NH_4^+ contents in soil.

Zusammenfassung

In einem Gefäßversuch mit Mais wurde der Einfluß einer plazierten Applikation (PA) von ^{15}N markiertem Ammoniumsulfat auf die Umsetzung von Dünger-N untersucht. Als Kontrolle zur Simulation einer breitwürfigen N-Applikation dienten Gefäße, in die die gleiche Düngermenge

homogen in den Boden eingearbeitet wurde (HA). Am Ende des Versuches (nach 78 Tagen) waren 19,7 % des applizierten Dünger-N in Variante HA immobilisiert, während in PA nur 6,3 % in organischen Boden-N-Fraktionen festgelegt wurden. In HA wurden 6,6 % des immobilisierten Dünger-N als mikrobielle Biomasse N (N_{mik}) nachgewiesen, in PA 10,5 %. Der N_{mik}-Pool stellt demnach nur einen schwachen Indikator für eine Immobilisation von Dünger-N dar.
Bereits zu Versuchsbeginn waren 10 % des Dünger-N in HA immobilisiert. Bis 22 Tage nach Versuchsbeginn wurden weitere 9,7 % festgelegt, womit die ^{15}N-Immobilisation abgeschlossen war. Ebenso war der verbliebene Dünger-N vollständig nitrifiziert. Im letzten Drittel der Versuchsperiode (Tag 49 - 78), in der der Mais 90 % der Trockenmasseerträge bildete, erfolgte demnach keine weitere Immobilisation von Dünger-N mehr. Eine Förderung der mikrobiellen ^{15}N-Immobilisation durch wurzelbürtige C-Verbindungen konnte daher ausgeschlossen werden. In den Gefäßen, in denen der Dünger plaziert ausgebracht wurde, erfolgte eine stetige ^{15}N-Immobilisation zwischen Versuchsbeginn und -ende. Hier wurden noch 28 % des eingesetzten Düngers hauptsächlich in Form von Ammonium gefunden. Die Immobilisation von Dünger-^{15}N erfolgte in beiden Düngevarianten nur,so lange der mineralische N als NH_4^+vorlag.

Einleitung

Das Wachstum der meisten ackerbaulich genutzten Kulturen wird vor allem durch N limitiert. Daher ist der Einsatz von Dünger-N zur intensiven landwirtschaftlichen Produktion von Nahrungsmitteln unerläßlich. Mit dem Erntegut werden jedoch in der Regel deutlich weniger als 100 % des eingesetzten Düngemittel-N vom Feld abgefahren. LAMMEL und KUHLMANN (1992) fanden in Untersuchungen mit Winterweizen und Wintergerste, daß der N-Entzug mit dem Korn nur 30-40 % des ausgebrachten Dünger-N betrug. Selbst unter zusätzlicher Berücksichtigung des N in Ernterückständen variiert die Aufnahme von Dünger-N zwischen 33 und 96 % (APPEL 1994). Da die N_{min}-Werte zur Ernte bei einer ökonomisch optimalen N-Versorgung in der Regel nicht erhöht sind (BAUMGÄRTEL et al. 1989; ENGELS 1993), verbleiben somit bis zu 67 % des Dünger-N, die von Bodenmikroorganismen immobilisiert oder als NO_3^- ausgewaschen bzw. als N_2/N_2O denitrifikativ freigesetzt wurden. Eine Verbesserung der N-Effizienz könnte demnach erreicht werden, wenn Düngerimmobilisation und -verluste minimiert würden und so die N-Verfügbarkeit für die Pflanze erhöht wird. So wird seit längerem die Möglichkeit diskutiert, durch eine plazierte Ausbringung von ammoniumhaltigen Düngern die N-Verfügbarkeit zu erhöhen und N-Verluste zu verringern (u. a. HIMKEN 1995; MAIDL und

FISCHBECK 1989). Wegen der konzentrierten Ausbringung des Ammonium-Stickstoffs entsteht eine im Vergleich zur breitwürfigen Applikation geringere Kontaktzone, so daß u. a. deutlich weniger Mikroorganismen Zugriff auf den Dünger-N haben. Durch die hohe Salzkonzentration bzw. den hohen Ammoniakgehalt wird die Bodenmikroflora zusätzlich gehemmt bzw. abgetötet (WETSELAAR et al. 1972). Nitrifikation und damit einhergehende Nitratauswaschung so wie Denitrifikation und N-Immobilisation könnten gehemmt bzw. deutlich verringert sein.

Ziel der vorgestellten Untersuchung war es daher, mit Hilfe des Einsatzes von ^{15}N-markiertem Ammoniumsulfat in einem Gefäßversuch mit Mais zu testen, ob die plazierte Ausbringung von Ammonium-N die N-Immobilisation und die Nitrifikation im Vergleich zu einer homogen in den Boden eingearbeiteten Düngung verringert. Ferner sollte überprüft werden, ob die N-Immobilisation im Laufe der Pflanzenentwicklung zunimmt, da aus früheren Versuchen abgeleitet wurde, daß wurzelbürtige C-Verbindungen von den Mirkoorganismen zum Einbau von Mineral-N in organische Zellsubstanzen verwendet werden (BLANKENAU et al. 1996).

Material und Methoden

Der Versuch wurde mit 24 Gefäßen (Maße: 57,5 cm Breite, 45 cm Höhe und 5 cm Tiefe) durchgeführt, in die jeweils 16,8 kg lehmiger Sand eingefüllt wurde (Abb. 1).

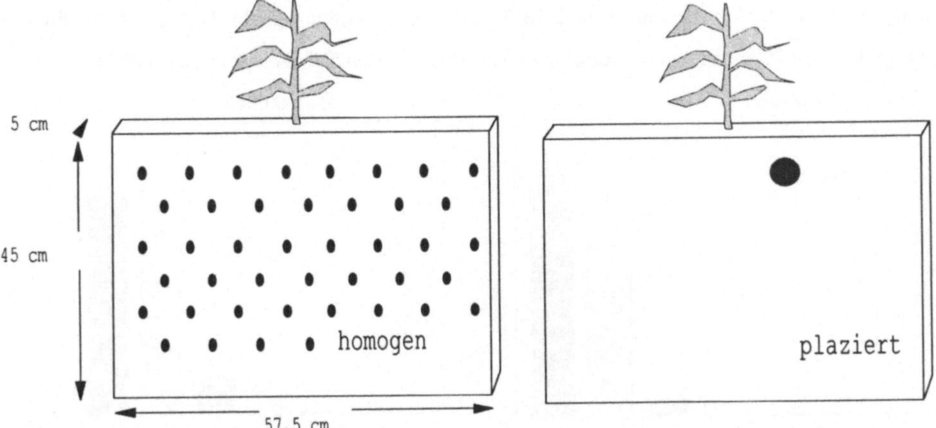

Abb. 1: Schematische Darstellung des Versuchsaufbaus

Der Boden besaß einen C_t-Gehalt von 1,2 %, einen N_t-Gehalt von 0,08 % und einen pH-Wert von 5,6. Nach Applikation einer Grunddüngung mit P, K, Mg und Spurenelementen erhielten 12 Gefäße 1200 mg N als ^{15}N- markiertes (10,2 at%) Ammoniumsulfat homogen (HA) in den Boden eingemischt zur Simulation einer breitwürfigen Düngerapplikation. In die restlichen 12 Gefäße wurde der N-Dünger plaziert ausgebracht (PA). Vorgekeimter Mais (Sorte *Fanion*) wurde in die Gefäßmitte eingesetzt. Der Boden wurde über die gesamte Versuchsdauer bei 60 % der maximalen WK gehalten. Die Temperatur wurde im Gewächshaus auf 22 °C +/- 2 °C eingestellt. Eine Zusatzbeleuchtung erfolgte mit 150 klux/ Tag.

Zu Versuchsbeginn, nach 22, 49 und 78 Tagen wurden je Behandlung 3 Gefäße aufgearbeitet. Dazu wurde der gesamte Boden eines Gefäßes homogenisiert und eine Teilprobe (0,5 kg) entnommen. Bodenproben wurden nach Extraktion mit 0,05 M K_2SO_4-Lösung photometrisch auf N_{min} (NH_4^+- und NO_3^--N) untersucht. Mikrobieller Biomasse-N (N_{mik}) wurde mit der Fumigations-Extraktions-Methode nach BROOKES et al. (1985), modifiziert nach MÜLLER et al. (1992), bestimmt. Die ^{15}N-Anreicherung in N_{min} und N_{mik} wurde nach Probenvorbereitung mittels Diffusionsmethode nach BROOKS et al. (1989) massenspektrometrisch ermittelt. Boden-N_t und Pflanzen-N sowie deren ^{15}N-Abundanz wurden nach Dumas-Aufschluß mit einem Gas-Isotopen-Massenspektrometer bestimmt. Bei den Ernten am 22. und 49. Tag wurde nur der N im Aufwuchs und zum Versuchsende (78 Tage) auch der N in den Wurzeln ermittelt.

Ergebnisse und Diskussion

Sowohl die Trockenmassebildung als auch die N-Aufnahme der Pflanzen erfolgte für beide Behandlungen zu ca. 90% zwischen 49 und 78 Tagen Versuchsdauer (Abb. 2). Die Werte für die plaziert gedüngten Pflanzen waren jedoch zu allen untersuchten Terminen deutlich größer.

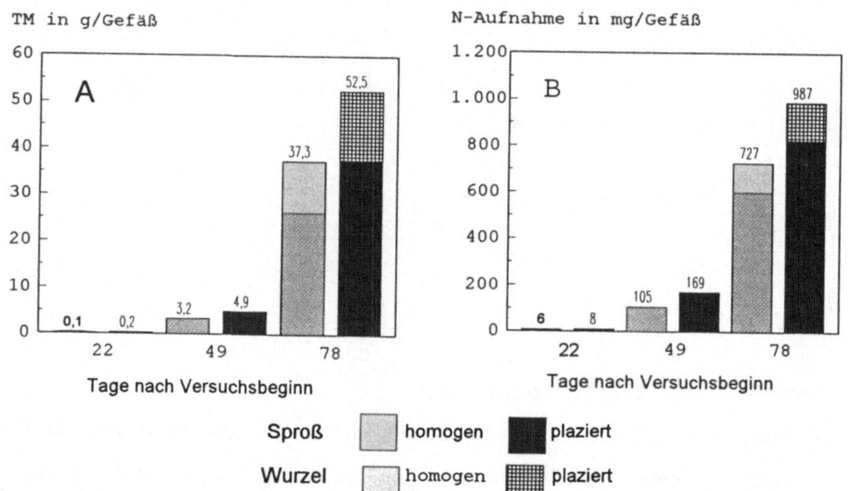

Abb. 2: Verlauf der Trockenmasseerträge (A) und der N-Aufnahme (B) von Mais in Abhängigkeit von der Düngerapplikation

Tab. 1: ^{15}N-Wiederfindung in der Pflanze und ausgesuchten Bodenfraktionen in Abhängigkeit von der Düngerapplikation (Angaben in % der applizierten Menge)

	homogen	plaziert
Pflanze (Aufwuchs + Wurzel)	49,7	60,7
N_{min}	32,4	28,0
Pflanze + N_{min}	**82,1**	**88,7**
Biomasse-N (N_{mik})	1,3	0,6
organischer N	18,4	5,7
N-Immobilisation	**19,7**	**6,3**
Gesamt-^{15}N-Wiederfindung	**101,8**	**95,0**

Die ^{15}N-Wiederfindung in Pflanze (Aufwuchs + Wurzel) und N_t im Boden lag nach 78 Tagen für die Variante HA bei 101,8 % und für die Variante PA bei 95 % (Tab. 1). Somit könnten gasförmige Verluste nach plazierter Düngung aufgetreten sein. Die Verluste liegen jedoch innerhalb der meßanalytisch bedingten Genauigkeit. Die in Pflanze (Aufwuchs plus Wurzel) und N_{min} wiedergefundenen ^{15}N-Mengen waren mit 82,1 % für HA und 88,7 % für PA in beiden Varianten relativ hoch. Dabei lagen 32,4 % (HA) und 28 % (PA) des applizierten ^{15}N mineralisch vor, wobei der Stickstoff in der Variante HA nur als NO_3^- und in PA fast ausschließlich als NH_4^+ vorlag (nicht dargestellt). Die geringere Wiederfindung von ^{15}N in Pflanze + N_{min} für HA wird durch die deutlich höhere N-Immobilisation von 19,7 % des zugefügten Dünger-N im Vergleich zu 6,3 % nach plazierter N-Ausbringung erklärt (Tab. 1). Eine Fixierung von $^{15}NH_4^+$ an Tonminerale konnte nicht nachgewiesen werden (nicht dargestellt).

In HA konnten bereits zu Versuchsbeginn 10 % des Dünger-N nicht mehr im N_{min} nachgewiesen werden (Abb. 3). Da zum Versuchsende der gesamte Dünger-N im System wiedergefunden wurde, kann abgeleitet werde, daß diese 10 % immobilisiert wurden. Weitere 9,7 % wurden bis zum 2. Probenahmetermin mikrobiell festgelegt. Anschließend erfolgte keine weitere Abnahme der ^{15}N-Wiederfindung in Pflanze + N_{min}. Zwischen 49 und 78 Tagen, als das Pflanzenwachstum am intensivsten war und der größte C-Input über die Wurzeln erwartet wurde, erfolgte demnach keine Förderung der mikrobiellen Festlegung von mineralischem ^{15}N durch wurzelbürtige C-Verbindungen. Somit war die ^{15}N-Immobilisation in HA bereits nach 22 Tagen Versuchsdauer abgeschlossen. In PA war die N-Immobilisation zwar insgesamt niedriger, jedoch verlief sie stetig bis zum Versuchsende nach 78 Tagen.

Die Veränderungen der NH_4^+-N-Gehalte im Boden (Abb. 4) zeigen für beide Varianten den gleichen Verlauf wie die Abnahme der ^{15}N-Wiederfindung in Pflanze + N_{min} (als Maß der zunehmenden N-Immobilisation; Abb. 3). In HA war die Nitrifikation nach 22 Tagen abgeschlossen. In PA lagen auch nach 78 Tagen noch 30 % des Dünger-N als Ammonium vor. Demnach erfolgte eine Immobilisation von ^{15}N nur, wenn der mineralische N als NH_4^+ vorlag.

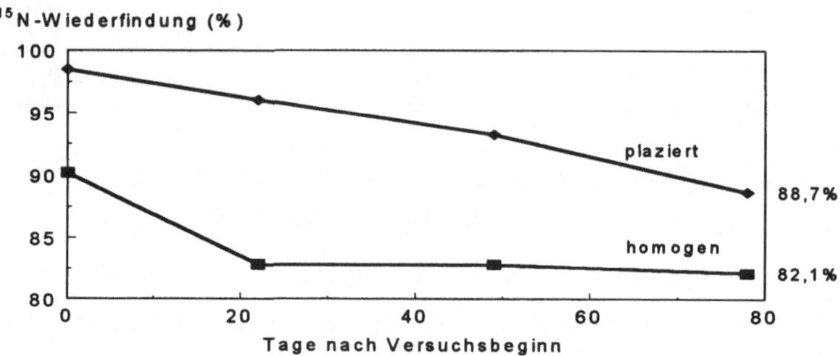

Abb. 3: Verlauf der ^{15}N- Wiederfindung (Pflanze + N_{min}) in Abhängigkeit von der Düngerapplikation

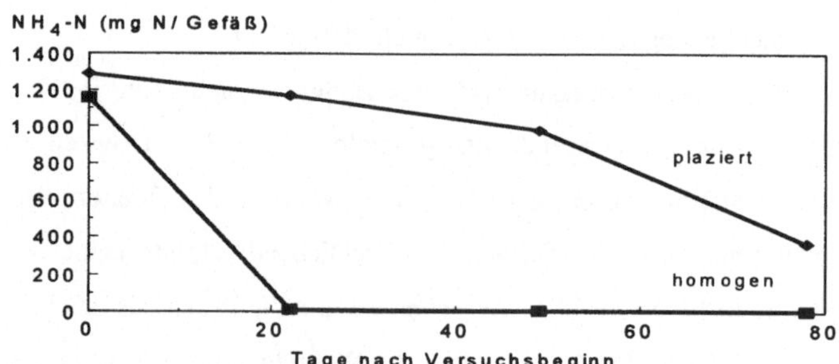

Abb. 4: Verlauf der NH_4^+-N -Mengen in Abhängigkeit von der Düngerapplikation

Die Ergebnisse bestätigen die Annahme, daß durch die plazierte Ausbringung von Dünger-Stickstoff der N-Umsatz durch die Mikroorganismen reduziert wird. Auch in Untersuchungen von WETSELAAR et al. (1972) zur Wirkung einer Düngerplazierung auf die Nitrifikation konnte gezeigt werden, daß die Oxidation des Ammonium gehemmt ist. Im vorliegenden Versuch war zudem die Festlegung von ^{15}N nach plazierter Düngung deutlich geringer als nach homogener Ausbringung von Ammoniumsulfat. Daß die N-Immobilisation in beiden Varianten nur erfolgte, wenn der Dünger-N als NH_4^+ vorlag, steht im Einklang mit Untersuchungen von RECOUS et al. (1988) und POWLSON (1986), die eine bevorzugte Immobilisation von NH_4^+ gegenüber NO_3^- feststellen konnten. Ist jedoch genügend C vorhanden, so erfolgt auch eine Immobilisation von NO_3^- (ZAGAL und PERSSON 1994). ENGELS (1993) und BLANKENAU et al. (1996) folgerten aus Feldversuchen mit Winterweizen und Wintergerste, daß Mikroorganismen C-Verbindungen, die von der Pflanze über die Wurzeln in den Boden exsudiert werden, zur Immobilisation von Dünger-N nutzen können. Dies konnte für die vorliegende Untersuchung mit Mais jedoch nicht gezeigt werden, obwohl den Mikroorganismen in beiden Varianten bis zum Versuchsende noch 28 % bzw. 32,4 % des gedüngten Stickstoffs in mineralischer Form zur Verfügung standen. Aus Gefäßversuchen mit ^{14}C-markiertem CO_2 (LILJEROTH et al. 1994) kann jedoch abgeleitet werden, daß in Weizenbeständen größere Mengen Wurzel-C freigesetzt werden (die mikrobiell verfügbar sind) als unter Mais. So wurden 19-26 % des von Weizenpflanzen assimilierten C über die Wurzeln in den Boden entlassen, während unter Mais nur 12-14 % gefunden wurden. Wintergetreide wird ferner zu Entwicklungsstadien gedüngt, zu denen bereits Wurzeln gebildet worden sind, so daß hier ein höheres N-Immobilisationspotential auch für NO_3 vorliegen könnte.

Für den dargestellten Versuch bleibt festzuhalten, daß plaziert gedüngte Pflanzen über ein höheres N_{min}-Angebot verfügen können, da der Zugriff für die Mikroorganismen deutlich verringert wird. Somit werden N-Immobilisation und Nitrifikation reduziert, wodurch auch die Gefahr einer Nitrat- Auswaschung abnimmt.

Danksagung

Ich bedanke mich bei Herrn Prof. H.W. Scherer sowie bei Carmen Berg, Agrikulturchemisches Institut der Universität Bonn, für die Bestimmung der Fixierung von $^{15}NH_4^+$ bzw. für die Durchführung der ^{15}N- Analysen.

Literaturverzeichnis

APPEL, T.: Relevance of soil N mineralization, total N demand of crops and efficiency of applied fertilizer N for fertilizer recommendations for cereals - Theory and application. Z. Pflanzenernähr. Bodenk. 157, 407-414 (1994).

BAUMGÄRTEL, G.; ENGELS, T.; KUHLMANN, H.: Wie kann man die ordnungsgemäße N-Düngung überprüfen? DLG-Mitteilungen 104, 472-474 (1989).

BLANKENAU, K.; OLFS, H.W.; LAMMEL, J.: The effect of increasing N supply on net N mineralization in soils under barley and fallow. In: B. Diekkrüger, O. Heinemeyer u. R. Nieder (Hrsg.) "Transactions of the 9th Nitrogen Workshop", 193-196; Schmidt Buchbinderei & Druckerei, Braunschweig (1996).

BROOKES, P.C.; LANDMAN, A.; PRUDEN, G.; JENKINSON, D.S.: Chloroform fumigation and the release of soil nitrogen: a rapid direct extraction method to measure microbial biomass nitrogen in soil. Soil Biol. Biochem. 17, 837-842 (1985).

BROOKS, P.D.; STARK, J.M.; McINTEER, B.B.; PRESTON, T.: Diffusion method to prepare soil extracts for automated nitrogen-15 analysis. Soil Sci. Soc. Am. J. 53, 1707-1711 (1989).

ENGELS, Th.; KUHLMANN, H.: Effect of the rate of fertilizer on net mineralisation of N during and after cultivation of cereal and sugar beet crops. Z. Pflanzenernähr. Bodenkd. 156, 149-154 (1993).

HIMKEN, M.: Einfluß plazierter N-Düngung zu Mais und Kartoffeln auf die N-Effizienz und das Sproß- und Wurzelwachstum. Verlag Ulrich E. Grauer Stuttgart (1995).

LAMMEL, J.; KUHLMANN, H.: Bewertung der N-Effizienz aus ökologischer und ökonomischer Sicht. In: BAD (Hrsg.) "Wirtschaftlichkeit der Düngung unter künftigen Rahmenbedingungen der Agrar- und Umweltpolitik", 117-127; BAD Frankfurt/Main (1992).

LILJEROTH, E.; KUIKMAN, P.; VAN VEEN, J.A.: Carbon translocation to the rhizosphere of maize and wheat and influence on the turnover of native soil organic matter at different soil nitrogen levels. Plant Soil 161, 233-240 (1994).

MAIDL, F.X.; FISCHBECK, G.: Neue Wege einer gezielteren Stickstoffdüngung zu Mais. Landw. Forsch. 42, VDLUFA Kongreßband 30, 143-148 (1989).

MÜLLER, T.: Zeitgang der mikrobiellen Biomasse in der Ackerkrume einer mitteleuropäischen Löß-Parabraunerde. Eine Ursache für die Mineralisation und Immobilisation des Bodenstickstoffs? Dissertation Göttingen (1992).

POWLSON, D.S.; PRUDEN, G.; JOHNSTON, A.E.; JENKINSON, D.S.: The nitrogen cycle in the Broadbalk Wheat Experiment: Recovery and loss of ^{15}N-labelled fertilizer applied in spring and inputs of nitrogen from the atmosphere. J. Agric. Camb. 107, 591-609 (1986).

RECOUS, S.; FRESNEAU, C.; FAURIE, G.; MARY, B.: The fate of labelled ^{15}N urea and ammoniumnitrate applied to a winter wheat crop. I. Nitrogen transformations in soil. Plant Soil 112, 205-214 (1988).

WETSELAAR, R.; PASSIOURA, J.B.; SINGH, B.R.: Consequences of banding nitrogen fertilizers in soil. Plant Soil 36, 159-175 (1972).

ZAGAL, E.; PERSSON, J.: Immobilization and remineralization of nitrate during glucose decomposition at four rates of nitrogen addition. Soil Biol. Biochem. 26, 1313-1320 (1994).

Pflanzenernährung, Wurzelleistung und Exsudation.
8. Borkheider Seminar zur Ökophysiologie des Wurzelraumes.
(Ed. W. Merbach) B. G. Teubner Verlagsgesellschaft Stuttgart, Leipzig 1998, pp. 45-52

C- UND N-DYNAMIK AUF LÖß-SCHWARZERDE - ERGEBNISSE VON FELD- UND MODELLVERSUCHEN

KÖRSCHENS, M.

UFZ - Umweltforschungszentrum Leipzig-Halle GmbH

Sektion Bodenforschung Bad Lauchstädt

Hallesche Str. 44

D - 06246 Bad Lauchstädt

Abstract

Carbon and nitrogen are the most important elements for soil formation, soil fertility, yield and trace gas exchange with the atmosphere. Quantification of the dynamics of both is very difficult, because of the high spatial and temporal variability.

The basis for the following investigations is the Static Fertilization Experiment Bad Lauchstädt which started originally in 1902. In 1977, after 75 years, the difference in the C and N content between the various treatments amounted up to 0.66 % C. All treatments had reached a steady state. In one part of the experiment these differences have been used to quantify the effect of different C and N levels in soil in combination with two levels of FYM and 5 levels of mineral N fertilizer on yield and direction of C and N changes. Additional two model experiments were included.

The results allow following conclusions:

1. All calculations concerning soil organic matter require a differentiation in at least two fractions, one of which is quasi „inert“, the other mineralizable and mainly determined by management conditions.
2. The change in carbon content of side affects almost exclusively the mineralizable portion and goes very slowly.
3. In the soil carbon- and nitrogen-content have a very narrow ecological optimum. In Central Germany this optimum is between 0.2 and 0.6 % of mineralizable C and 0.02 and 0.06 % N.

4. If the management system changes, the direction of the carbon and nitrogen content change, depending on the initial level. The same treatment can induce an increase in C_{org} when starting at a low level and a decrease when starting at a high level.
5. In the Static Experiment between „Nil“ and „highest fertilization“ differences of 0.66 % C and 0.06 % N in the soil have adjusted. Using these extreme treatments as new starting levels for an opposite management, changes of 500 kg C and 50 kg N can be observed under the given site conditions.
6. The new equilibrium will be reached after 40 to 60 years.
7. Under bare fallow C net accumulation in the soil due to the application of FYM is only 50 % compared to a crop rotation.

Einleitung

Die Aufklärung der C- und N-Dynamik im Boden ist im Hinblick auf die Bedeutung beider Elemente für Bodenbildung, Bodenfruchtbarkeit und Ertrag sowie für den Spurengashaushalt der Atmosphäre von großem Interesse. Bisherige Ergebnisse (KÖRSCHENS 1997a u. 1997b) lassen sich in folgenden Prämissen zusammenfassen:

1. Für alle Betrachtungen zum o. g. Thema ist nur der umsetzbare C- bzw. N-Gehalt von Interesse. Er ist weitgehend unabhängig vom Gesamtgehalt und liegt unter den Standortbedingungen Mitteleuropas bei praxisüblicher Bewirtschaftung zwischen 0,2 und 0,6 % C_{org} bzw. 0,02 und 0,06 % N_t.
2. Gesamtgehalte sagen nichts über den Versorgungszustand des Bodens aus. Angaben zur Dynamik oder zur Mineralisierung in Relation zu den jeweiligen Gesamtgehalten sind deshalb ohne Aussagewert.
3. Veränderungen der C- und N-Gehalte im Boden verlaufen sehr langsam und erfordern auf Grund ihrer sehr hohen räumlichen und zeitlichen Variabilität sowie methodisch bedingter Schwierigkeiten einen sehr großen Aufwand für eine ausreichend genaue Quantifizierung.

Eine ausreichend genaue Quantifizierung der Dynamik der C- und N-Gehalte blieb bisher unbefriedigend. Nachfolgende Ergebnisse aus Modell- und Dauerfeldversuchen sollen einen Beitrag zur Abhilfe leisten.

Material und Methoden

Experimentelle Grundlage der Untersuchungen waren:

1. Der Statische Düngungsversuch Bad Lauchstädt nach Erweiterung der Versuchsfrage im Jahre 1978. Im Zeitraum 1902 bis 1977 hatten sich Unterschiede im C_{org}-Gehalt von bis zu 0,66 % eingestellt, das Fließgleichgewicht war auf allen Prüfgliedern erreicht (KÖRSCHENS et al. 1994). Diese große Differenzierung im C_{org}- und N_t-Gehalt wurde genutzt, um einen dreifaktoriellen Versuch mit den Prüffaktoren
   - C_{org} -Gehalt (6 Stufen , 1,6 bis 2,25 %)
   - Organische Düngung (2 Stufen: „ohne“ und „30 t/ha Stalldung jedes 2. Jahr“)
   - Mineral-N-Düngung (5 Stufen: 0; 42,5; 85; 127,5; 170 kg/ha N im Durchschnitt der Fruchtarten)

   anzulegen.
2. Ein von ANSORGE 1956 angelegter Modellversuch (ANSORGE 1966). Boden von vier ausgewählten Düngungsvarianten des Statischen Düngungsversuches mit extremen Unterschieden im C_{org}- und N_t- Gehalt wurde in Betonringe gefüllt und der Einfluß unterschiedlicher Behandlungen, u. a. Schwarzbrache ohne jede Düngung, geprüft.
3. Ein 1984 angelegter Feldmodellversuch zur Prüfung des Einflusses extrem hoher Stalldungmengen auf Ertrag, N-Ausnutzung und Bodeneigenschaften mit den Aufwandmengen: 0, 50, 100 und 200 t/ha · a Stalldung unter Schwarzbrache und unter Pflanzenbewuchs im Rahmen einer unregelmäßigen Fruchtfolge.

Der Boden in Bad Lauchstädt ist eine Löß-Schwarzerde mit 21 % Ton. Die mittleren Jahresniederschläge betragen 484 mm, die Jahresdurchschnittstemperatur 8,7 °C.

Die Probenahme in den unter 1. und 3. aufgeführten Versuchen erfolgte jährlich von allen Parzellen, die Untersuchungen auf C_{org} (trockene Verbrennung nach STRÖHLEIN) und N (nach KJELDAHL) nach den standardisierten Methoden.

Ergebnisse

Abb. 1 zeigt den C_{org}-Gehalt der sechs Hauptvarianten. Nach 75jähriger Versuchsdauer hatte sich das Fließgleichgewicht in allen Varianten eingestellt. Die C_{org}-Gehalte der verschiedenen Düngungsstufen lagen zwischen 2,24 und 1,61 % mit einer Differenz von 0,63 % C_{org}. Nach Unterlassung jeglicher Düngung näherten sie sich im Zeitraum von 1978 bis 1996 auf eine Differenz von 0,37 % C_{org} (2,03 bzw. 1,66) an, wobei alle ehemals organisch gedüngten Prüfglieder einen signifikanten Rückgang von 0,012 % C_{org} jährlich, entsprechend 480 kg/ha bzw.

0,0013 % N_t, entsprechend 52 kg/ha · a zu verzeichnen hatten. Die vormals nur mineralisch gedüngte Variante zeigt noch keine Veränderung, die Nullparzelle einen geringfügigen Anstieg. Die Ursache dafür ist in den in diesem Zeitraum stark angestiegenen Erträgen, insbesondere bei Getreide, zu sehen, auf der Nullparzelle u. a. auch eine Folge der angestiegenen atmogenen N-Einträge.

Zur Verdeutlichung der großen Variabilität der C- und N-Gehalte sind in der Abbildung 1 die Meßwerte aufgeführt.

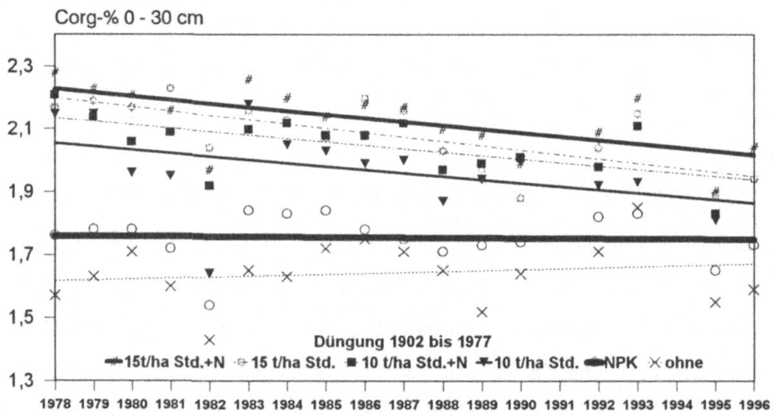

Abb. 1: Veränderungen der C_{org}-Gehalte im Statischen Düngungsversuch Bad Lauchstädt nach Erweiterung der Versuchsfrage. Fruchtfolge: Kartoffeln, W.-Weizen, Z.-Rüben, S.-Gerste, ab 1978 ohne jede Düngung

Abb. 2 gibt die C-Dynamik für vier ausgewählte Prüfglieder mit sehr unterschiedlichen Gehalten nach einheitlicher Mineraldüngung wieder. Das Niveau der vormals organisch gedüngten verringert sich auch hier signifikant, die vor und nach der Erweiterung mineralisch gedüngte Variante bleibt erwartungsgemäß unverändert, da sich hier die Düngung gegenüber der vorausgegangenen Periode nicht geändert hat. Die Nullvariante steigt nach Einsetzen der Mineraldüngung leicht an. Die gleiche Reaktion zeigt auch hier der N_t-Gehalt. Der Rückgang der ehemals hoch gedüngten Prüfglieder wird im Vergleich zu „ohne Düngung" (Abb. 1) durch die Mineraldüngung ab 1978 geringfügig gebremst, er beträgt hier nur 0,01 % C_{org} (440 kg/ha · a) bzw. 0,0009 % N_t (36 kg/ha · a).

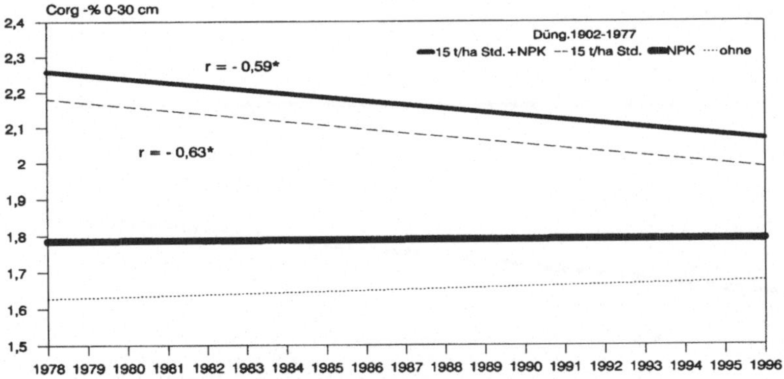

Abb. 2: C-Dynamik in Abhängigkeit vom Ausgangsniveau 1978 (nach unterschiedlicher Düngung 1902 bis 1977) im Durchschnitt von 5 N-Stufen (85 kgN/ha · a) im Statischen Düngungsversuch Bad Lauchstädt nach Erweiterung der Versuchsfrage

Ganz anders reagieren C_{org} und N_t, wenn zusätzlich 30 t/ha Stalldung jedes zweite Jahr gegeben werden (Abb. 3). Die vormals organisch gedüngten Varianten bleiben jetzt nahezu im Fließgleichgewicht auf Grund der unveränderten Düngung, während die Nullvariante und auch die Mineraldüngungsvariante auf Grund des ab 1978 zusätzlich verabreichten Stalldungs einen deutlichen, signifikanten Anstieg in der gleichen Größenordnung wie der Rückgang in den Abbildungen 1 und 2 zu verzeichnen haben. Er beträgt 0,011 % C_{org}, entsprechend 440 kg/ha · a und 0,0009 % N_t, entsprechend 35 kg/ha · a. Die C-Akkumulation des eingesetzten Stalldungs beträgt in diesem Zeitraum rund 35 %. Die Ergebnisse ausgewählter Prüfglieder sind in Tab. 1 zusammengestellt.

Tabelle 1

Signifikante Veränderungen der C_{org}- und N_t-Gehalte im Boden (kg/ha jährlich in 0-30 cm Tiefe) nach Umstellung der Düngung in einem Teil des Statischen Düngungsversuches Bad Lauchstädt

Düngung 1902-1977	Düngung 1978-1996	C_{org}	N_t
15 t/ha · a Stalld.+NPK	ohne	- 480	- 50
15 t/ha · a Stalld.	ohne	- 560	- 35
15 t/ha · a Stalld.+ NPK	NPK	- 420	- 35
15 t/ha · a Stalld.	NPK	- 430	- 25
Ohne	15 t/ha·a Stalld. + NPK	+ 430	+ 40
NPK	15 t/ha·a Stalld. + NPK	+ 440	+ 35

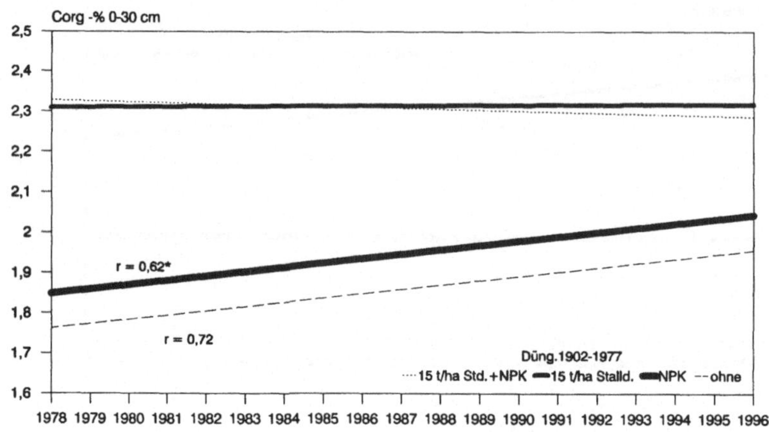

Abb. 3: C-Dynamik in Abhängigkeit vom Ausgangsniveau 1978 (nach unterschiedlicher Düngung 1902 bis 1977) im Durchschnitt von 5 N-Stufen (85 kgN/ha·a) und 30 t/ha Stalldung jedes zweite Jahr im Statischen Düngungsversuch Bad Lauchstädt nach Erweiterung

In dem Betonringversuch, 1956 mit Boden unterschiedlicher Düngungsvarianten aus dem Statischen Düngungsversuch angelegt, ergibt sich eine analoge Verringerung der C_{org} - und N_t-Gehalte, die in diesem Falle unter Schwarzbrache etwas schneller verläuft. Der C_{org} -Gehalt nimmt im Verlaufe von 40 Jahren um 0,015 %, entsprechend 600 kg/ha · a, der N_t- Gehalt um 0,0017 %, entsprechend 680 kg/ha · a ab (Abb. 4).

Die in diesem Falle gewählte lineare Beziehung dient nur der Vereinfachung der Darstellung und zum Vergleich mit den vorangegangenen Untersuchungen. Es kann davon ausgegangen werden, daß der Verlauf der Regressionsfunktion vor dem Erreichen des neuen Fließgleichgewichtes sich diesem asymptotisch annähert.

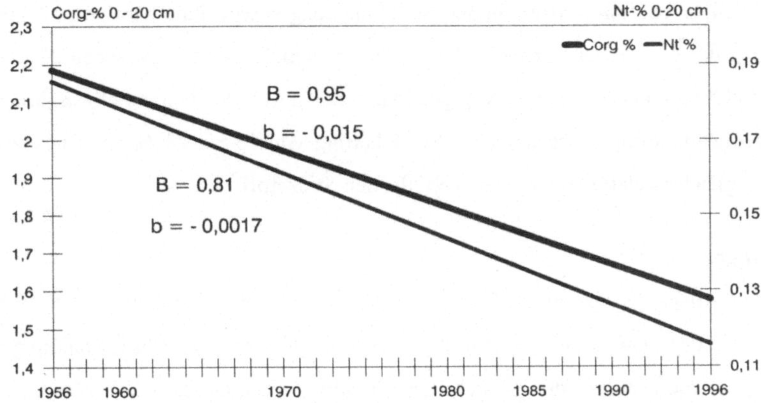

Abb. 4: Dynamik der C_{org}- und N_t-Gehalte nach Unterlassung jeglicher Düngung unter Schwarzbrache auf Löß-Schwarzerde (Düngung 1902 bis 1955 15 t/ha·a Stalldung + NPK) im Betonringversuch

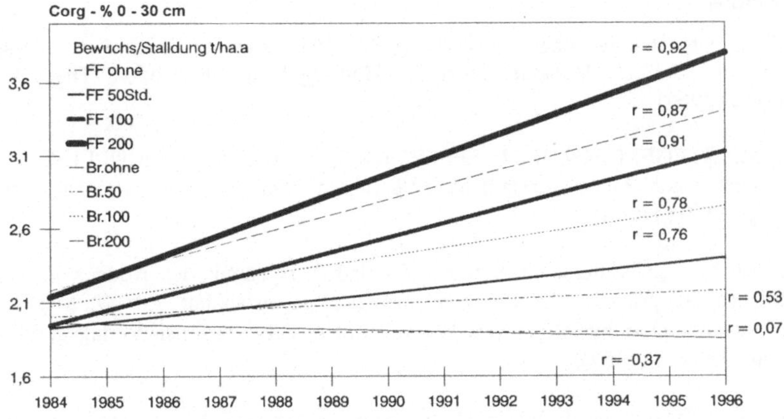

Abb. 5: Entwicklung der C_{org}- Gehalte in einem Feldmodellversuch mit extrem hohen Stalldunggaben in Abhängigkeit von Düngung und Bewuchs auf Löß-Schwarzerde in Bad Lauchstädt

In dem Feldmodellversuch mit extrem hohen Stalldungmengen wird innerhalb von 13 Jahren ein schneller Anstieg der C_{org}-Gehalte erreicht. Mit Pflanzenbewuchs werden zwischen 35 und 49 % der mit dem Stalldung eingebrachten C-Menge akkumuliert (Abb. 5). Unter Schwarzbrache, bei intensiver Bodenbearbeitung, wird nur eine Anreicherung von 15 bis 28 % der eingesetzten C-Menge erreicht, gleiche Relationen ergeben sich für den Stickstoff.

Schlußfolgerungen

1. Bei extremen Ausgangsgehalten im C_{org} - bzw. N_t- Gehalt mit Differenzen von 0,65 % bzw. 0,06 %, wie sie den Unterschieden zwischen „ungedüngt" und „15 t/ha·a Stalldung +NPK" entsprechen, werden unter den gegebenen Standortbedingungen bei Umstellung auf gegenläufige Bewirtschaftung jährliche Veränderungen von 500 kg/ha C und 50 kg/ha N erreicht.
2. Bis zum Erreichen des neuen Fließgleichgewichtes werden 40 bis 60 Jahre benötigt.
3. Unter Schwarzbrache werden im Vergleich zur Fruchtfolge nur etwa 50 % der C- und N-Akkumulation erreicht, dies läßt hohe gasförmige N-Verluste vermuten.

Literaturverzeichnis

ANSORGE, H.: Untersuchungen über die Wirkung des Stallmistes im „Statischen Düngungsversuch" Lauchstädt. 2. Mitt.: Veränderungen des Humusgehaltes im Boden. Thaer-Archiv, Berlin, 10, 401-412 (1966).

KÖRSCHENS, M.; STEGEMANN, K.; PFEFFERKORN, A.; WEISE, V.; MÜLLER, A.: Der Statische Düngungsversuch Bad Lauchstädt nach 90 Jahren. B.G. Teubner Verlagsgesellschaft, Stuttgart, Leipzig, 179 S., (1994).

KÖRSCHENS, M.: Langzeituntersuchungen zur C- und N-Dynamik des Bodens im Gefäßversuch. In: Rhizosphärenprozesse, Umweltstreß und Ökosystemstabilität. Ed. W. Merbach, 7. Borkheider Seminar zur Ökophysiologie des Wurzelraumes. B.G. Teubner Verlagsgesellschaft Stuttgart, Leipzig, 109-117 (1997).

KÖRSCHENS, M.: Abhängigkeit der organischen Bodensubstanz (OBS) von Standort und Bewirtschaftung sowie ihr Einfluß auf Ertrag und Bodeneigenschaften. Arch. Acker-Pfl. Boden., 41, 435-463 (1997).

Pflanzenernährung, Wurzelleistung und Exsudation.
8. Borkheider Seminar zur Ökophysiologie des Wurzelraumes.
(Ed. W. Merbach) B.G. Teubner Verlagsgesellschaft Stuttgart, Leipzig 1998, p. 53

INFLUENCE OF TURNIP ON ^{15}N DISPLACEMENT IN A SANDY SOIL

MERBACH, W.[1)]; WURBS, A.[2)]; LATUS, C.[2)]

Zentrum für Agrarlandschafts- und Landnutzungsforschung (ZALF) e. V.,

[1)] Institut für Rhizosphärenforschung und Pflanzenernährung

[2)] Institut für Landnutzungssysteme und Landschaftsökologie

Eberswalder Straße 84

D - 15374 Müncheberg

Abstract

In field plot experiments (Müncheberg; *albic luvisol*) the uptake of double-labelled ^{15}N ammonia nitrate applied in early spring (50 kg · ha^{-1}; 10 at-% $^{15}N_{exc.}$) to turnip (*Brassica rapa* L.) was tested. To investigate how the ^{15}N, temporarily conserved in the intermediate crop, could be exploited by the subsequent crop maize (*Zea mays* L.), the above-ground (^{15}N-labelled) plant matter was applied to unlabelled plots in subsequent spring. The following results were achieved:

1. Turnip took up about 33 % of the applied ^{15}N until the beginning of winter. About 40 % were found in the upper 30 cm of the soil, another 10 % had been displaced into deeper soil layers.
2. In early spring of the subsequent year the above-ground compartments of the catch crop still contained 20 % of the applied ^{15}N amount. The rest remained in the soil, preferably again in the upper 30 cm.
3. More than 30 % of the $^{(15)}$N originating from the intermediate crop were retrieved in the subsequently planted maize at late milk (R3) stage. Maize met about 11 % of its N-demand from of this source.

2

Wurzelwachstum und Wurzelphysiologie

Pflanzenernährung, Wurzelleistung und Exsudation.
8. Borkheider Seminar zur Ökophysiologie des Wurzelraumes.
(Ed. W. Merbach) B. G. Teubner Verlagsgesellschaft Stuttgart, Leipzig 1998, pp. 57-64

ZUR WURZELSTRUKTUR VON TYPISCHEN KIEFERNÖKOSYSTEMEN DES NORDOSTDEUTSCHEN TIEFLANDES*

KRAKAU, U.
Bundesforschungsanstalt für Forst- und Holzwirtschaft
Institut für Forstökologie und Walderfassung
Möllerstraße 1
D - 16225 Eberswalde

Abstract

Rooting conditions of tree typical Scots pine forests of the German north-eastern lowlands are compared in this study. In contrast to beech or spruce the pine fine root distribution between stems seems to be regular although clustered. The poorest stand shows the highest fine root biomass with a strong concentration in the organic layer and a good depth development. Considering antropogenic nitrogen impact with aggressive invasion by *Calamagrostis*-species, the pine fine root biomass is reduced in the organic layer, but increased in the lower horizons.

Zusammenfassung

Die Bewurzelungsverhältnisse von drei für das nordostdeutsche Tiefland typischen Kiefernforstökosystemen werden verglichen. Im Gegensatz zu Fichte oder Buche scheint die Kiefer den gesamten Zwischenstammbereich nahezu gleichmäßig, wenn auch clusterartig, mit ihren Feinwurzeln zu erschließen. Der ärmste Standort und zugleich naturnaheste Waldbestand weist die höchste Feinwurzelmasse auf. Er zeigt eine starke Auflagendurchwurzelung und eine gute Tiefenerschließung. Bei einseitigem antropogenem Stickstoffeintrag und damit verbundener

*Die hier vorgestellten Untersuchungen sind Teil des Verbundprojektes „Waldökosystemforschung Eberswalde - Einfluß von Niederschlagsarmut und erhöhtem Stickstoffeintrag auf Kiefern-, Eichen- und Buchen- Wald- und Forstökosysteme des nordostdeutschen Tieflandes und Ableitung von Handlungsempfehlungen zur langfristigen Sicherung der Waldstabilität", das vom Bundesministerium für Bildung, Wissenschaft, Forschung und Technologie (BMBF) unter dem Förderkennzeichen 0339500C gefördert wird

Vergrasung durch *Calamagrostis*-Arten reduziert sich die Feinwurzelmasse in der Auflageschicht zugunsten der darunter liegenden Horizonte.

Einleitung

Im Rahmen des Projektes „Waldökosystemforschung Eberswalde“ werden typische Wald- und Forstökosysteme des nordostdeutschen Tieflandes insbesondere hinsichtlich ihrer Nettoprimärproduktion sowie ihres Wasser- und Stoffhaushaltes untersucht. Das nordostdeutsche Tiefland ist geprägt von kontinentalen Klimabedingungen mit jährlichen Niederschlägen um 500 - 600 mm und von regional erheblichen Stickstoffeinträgen aus Industrie und Landwirtschaft. Durch Betrachtung aller Ökosystemkompartimente und ihr Zusammenführen im Rahmen von Ökosystemmodellierungen sollen u.a. Stabilitätskriterien für Waldökosysteme und, darauf aufbauend, Vorschläge für zukünftige Baumartenzusammensetzungen erarbeitet werden.

Bei den Wurzeluntersuchungen an insgesamt sechs 60-bis 80jährigen Kiefernbaumbeständen geht es zum einen darum, die Schwankungsbreite in der Bewurzelung auf Flächen mit unterschiedlicher natürlicher Nährstoffausstattung zu erfassen. Zum anderen soll dem Einfluß atmogener Stickstoffeinträge auf ursprünglich gleich gut mit Nährstoffen versorgten Standorten nachgegangen werden. Als zentrales Problem erweist sich dabei die mit Stickstoffeintrag und Bestandesauflichtung einhergehende starke Vergrasung der Bestände durch Drahtschmiele (*Avenella flexuosa*) sowie vor allem durch Sandrohr (*Calamagrostis epigejos*) und die damit verbundene Gefahr der verschärften Wurzelkonkurrenz (HOFMANN, HEINSDORF, KRAUß 1990; BOLTE und ANDERS 1995).

Neben der Wurzelvorratsermittlung (insbesondere der Kiefernfein- und der Bodenvegetationswurzeln) in ihrer vertikalen Verteilung geht es darum, wie sich die Kiefernfeinwurzeln der ausgewählten Ökosysteme in wesentlichen Strukturparametern (Wurzellängendichte, Verzweigungsgrad) und in ihrem jährlichen Umsatz unterscheiden.

Die auch hier angewendete Standardmethode ist die saisonale Bohrstockbeprobung, wie sie u.a. bei MURACH und WIEDEMANN (1988) beschrieben ist. Wegen der hohen Streuungen der Wurzelmassen in den an zufallsverteilten Transekten entnommenen Bohrkernen ist die Bestimmung von bestandesbezogenen Wurzelvorräten problematisch. Es stellte sich die Frage, ob die gefundenen Wurzelmassen von der Position der Entnahmepunkte zu den Kiefernstämmen abhängen, bzw. ob es im Zwischenstammbereich der Kiefern horizontale Verteilungsmuster gibt. So haben beispielsweise NIELSEN und MACKENTHUN (1990) für die Fichte ein Modell entwickelt, das die zu erwartende Feinwurzeldichte in Abhängigkeit von Entfernung und

Grundfläche der benachbarten Bäume voraussagt. In vielen Feinwurzeluntersuchungen erfolgt die Beprobung in der Annahme, im Kronenrandbereich ein Feinwurzelmaximum zu finden.
Um einen Überblick über die Durchwurzelung im Zwischenstammbereich zu erhalten, wurde einmalig in den Beständen eine Wurzelgrube zwischen den Stammfüßen zweier benachbarter Bäume angelegt, über deren Auswertung hier berichtet werden soll.

Untersuchungsflächen und Methoden

Nachfolgende Tabelle zeigt eine Übersicht der hier vorgestellten drei Kiefernbestände.

Tab.1 : Beschreibung der Untersuchungsflächen

Flächenbezeichnung	Kienhorst	Hubertusstock	Bayerswald
Vegetationstyp	Blaubeer-Kiefernforst	Himbeer-Drahtschmielen-Kiefernforst	Sandrohr-Kiefern-forst
Bodentyp	Sand-Eisenpodsol	Podsol-Braunerde	Podsol-Braunerde
Humusform	Rohhumus	rohhumusartiger Moder	typischer Moder
Oberbodennährkraft (Standortsgruppe*)	arm bis ziemlich arm (A2 bis Z2)	mittel (M2)	mittel (M2)
dominierende Bodenvegetationsarten	Blaubeere, Drahtschmiele	Drahtschmiele, Sandrohr	Sandrohr, Waldreitgras

*) Einordnung nach der forstlichen Standorterkundung (KOPP und SCHWANECKE 1994)

Die Flächen Kienhorst und Hubertusstock befinden sich in der Schorfheide, einem Gebiet mit historisch und aktuell relativ niedrigen Einträgen; die Fläche Bayerswald hat sich durch hohe N-Einträge in der Nähe eines Stickstoffdüngemittelwerkes bei Schwedt vom Himbeer-Drahtschmielen-Kiefernforst zum Sandrohr-Kiefernforst entwickelt.
Die Wurzelgrube wurde in gerader Verbindung zwischen den Stammfüßen zweier benachbarter Bäume in einer Breite von 0,70 m und einer Tiefe von 1,60 m und darüber hinaus noch bis zum jeweils entgegengesetzten Kronenrand bis 1,00 m Tiefe ausgehoben. Die Bäume wurden „bestandesrepräsentativ" so ausgewählt, daß sie etwa dem Grundflächenmittelstamm entsprachen und eine je nach Bestandesdichte mittlere Entfernung in Ost-West-Richtung zueinander aufwiesen. Aus der Auflageschicht wurden vor Beginn der Arbeiten ca. 17 Stechzylinder entlang der Grube entnommen. Der Bodenaushub im Zwischenstammbereich wurde über eine Breite von

30 cm, getrennt in drei Sektionen (2 x Unterkronen-, 1 x Zwischenkronenbereich) in, 10 cm - Tiefenstufen ausgesiebt und zur Wurzelmassebestimmung verwendet.

An den beiden glatten Profilwänden der Grube wurde im 10 x 10 cm - Raster die Anzahl der angeschnittenen Kiefernwurzeln getrennt nach Durchmesserklassen kartiert. In der Tiefe ab 1,00 m wurde ein etwas gröberes Raster von 20 x 20 cm angewendet.

Die Profilwandmethode wurde im Eberswalder Raum u.a. von HAUSDÖRFER (1957) und TÖLLE (1969) angewendet; sie ist ebenfalls bei BÖHM (1979) beschrieben.

Ergebnisse und Diskussion

1. Horizontale Verteilung der Kiefernfeinwurzeln im Zwischenstammbereich

Trotz unterschiedlicher Feinwurzelintensitäten zeigt die relative Wurzelverteilung auf den drei Flächen ein etwa gleiches Erscheinungsbild. In Abbildung 1 ist es exemplarisch für die Fläche Kienhorst abgebildet.

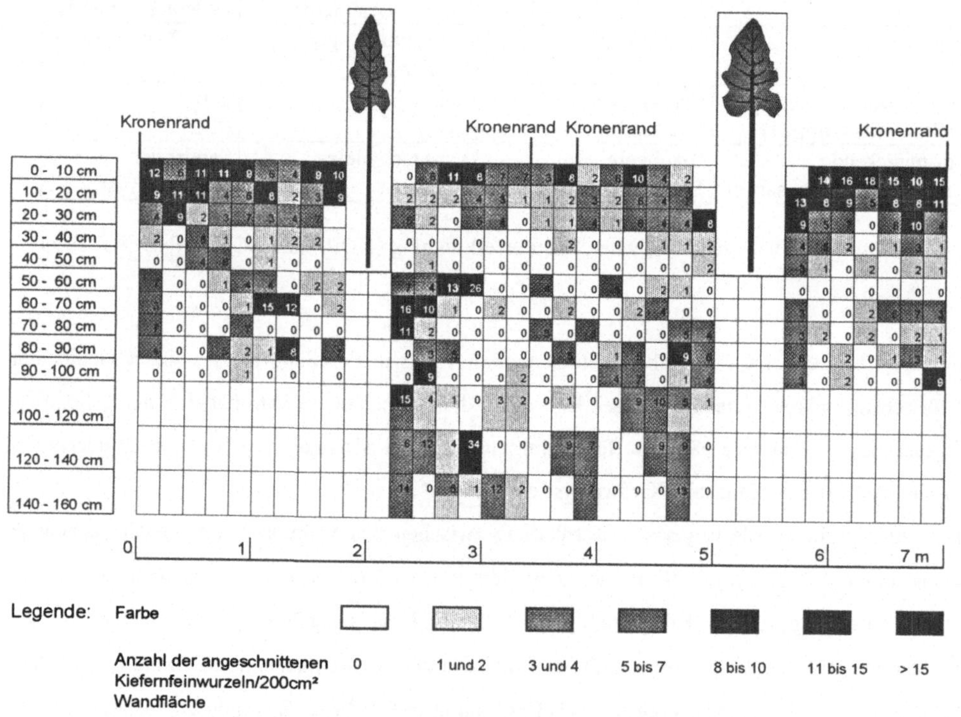

Abb.1: Kartierung der Kiefernfeinwurzelenden (d<1mm) an der Profilwand der Fläche Kienhorst (Darstellung vom 10 x 10 cm- Raster auf 20 x 10 cm vereinfacht)

In Abhängigkeit von der Lage zum Stamm läßt sich kein deutliches Wurzelmaximum oder -minimum erkennen. Der Zwischenstammbereich scheint nahezu vollständig, wenn auch clusterartig, von Feinwurzeln erschlossen zu sein. Ähnliche Verteilungsmuster finden sich auch bei HAUSDÖRFER (1957) und bei TÖLLE (1996), obwohl beide nur die Zwischenflächendurchwurzelung untersuchten.

Weiteren Aufschluß über die „Gleichmäßigkeit“ der Feinwurzelverteilung bei der Kiefer sollte der Vergleich der Wurzelmassen in den drei Sektionen der Wurzelgrube erbringen, wie er in Abbildung 2 für die Fläche Hubertusstock dargestellt ist.

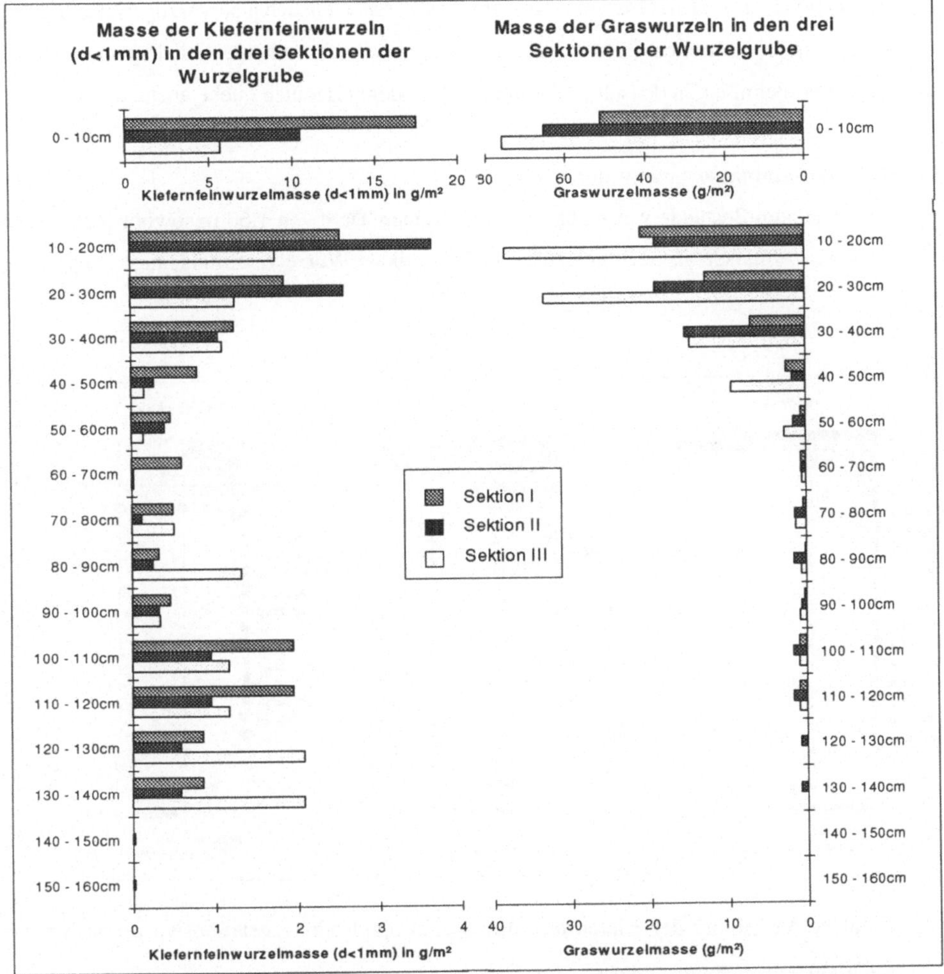

Abb. 2: Vergleich der Wurzelmassen der drei Sektionen der Wurzelgrube in Abhängigkeit von der Tiefe für die Fläche Hubertusstock

Für die beiden hier dargestellten Wurzelfraktionen ist ein indifferentes Verhältnis von Zwischenkronensektion (II) und Unterkronensektionen (I und III) festzustellen. Die Unterschiede zwischen I und III bewegen sich in denselben Größenordnungen wie die zwischen II und III bzw. II und I. Ob sich die höheren Kiefernfeinwurzelwerte für die Zwischenkronensektion II in den Tiefen 20 - 40 cm und die geringeren Werte in den Tiefen ab 70 cm als charakteristisch erweisen, muß noch durch entsprechende Auswertung der anderen Wurzelgruben überprüft werden. Deutlich ablesbar sind hingegen komplementäre Beziehungen zwischen Kiefern- und Graswurzeln: die Sektion mit dem geringsten Anteil an Kiefernwurzeln enthält in der Regel die meisten Graswurzeln. Verdrängungsreaktionen zwischen Gras- und Kiefernwurzeln scheinen sich also vorzugsweise in horizontaler Richtung zu vollziehen. Für vertikale Verdrängungen gibt es keine Anhaltspunkte - beide Arten wurzeln vornehmlich in denselben „attraktiven" Bodenhorizonten (siehe auch Abb.3).

2. Vertikale Wurzelmasseverteilung

Die drei untersuchten Bestände weisen bis zur untersuchten Tiefe von 1,60 m sowohl verschieden hohe Gesamtwurzelmassen als auch unterschiedliche vertikale Wurzelverteilungsmuster auf (siehe Abb.3).

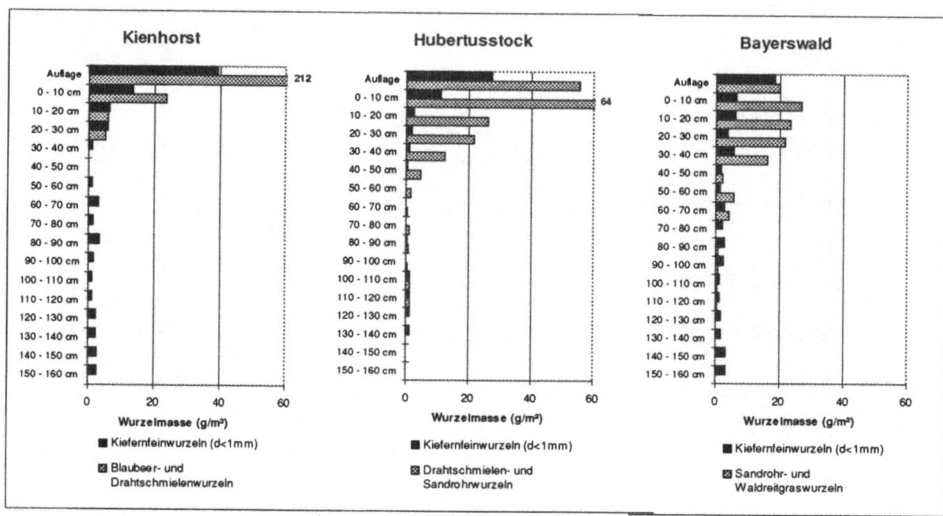

Abb.3: Vertikale Verteilung der Kiefernfeinwurzel- und der Bodenvegetationswurzelmassen auf den drei Untersuchungsflächen

Kienhorst als ärmste Fläche hat für Kiefer- und Bodenvegetationswurzeln die größten Vorräte. Bei den Kiefernfeinwurzeln zeigt sich eine starke Konzentration in der Auflageschicht und gleichzeitig eine relativ gute Tiefendurchwurzelung. Beides wird bei TÖLLE (1996) für arme Standorte bestätigt. Beim nährstoffreicheren Standort Hubertusstock nimmt die Kieferngesamtwurzelmasse ab, auch die Tiefe wird nicht mehr so gut erschlossen. Das Gras wurzelt bis zu einer Tiefe von 50 cm in beträchtlich höheren Massen als die Kiefer. (Sämtliche Graswurzelangaben beziehen sich auf die Wurzeln ohne Stolonen.) Die Graswurzeln haben in Hubertusstock und Bayerswald ihr Maximum im Ah-Horizont, in Kienhorst dagegen, auch wenn man die Drahtschmielenwurzeln getrennt von den Blaubeerwurzeln betrachtet, in der Auflage.

In Bayerswald sind die Kiefernfeinwurzeln im Vergleich zu Hubertusstock in der Auflage und im Ah-Horizont reduziert, in den darunter liegenden Horizonten jedoch verstärkt. Die Tiefendurchwurzelung ist vergleichbar mit der von Kienhorst, also ebenfalls verstärkt. Die Gesamtfeinwurzelmasse ist gegenüber Hubertusstock etwas erhöht.

3. Struktur der Kiefernfeinwurzeln in der Auflage

Die kleinste der getrennt erfaßten Kiefernfeinwurzelfraktionen mit einem Durchmesser unter 0,5 mm hat in der Auflage nicht nur massenmäßig, sondern in noch stärkerem Maße in ihrer Ausdehnung und Verzweigung den größten Anteil. In Tabelle 2 sind wesentliche Strukturparameter dieser Wurzelfraktion zusammengestellt.

Tab. 2: Strukturparameter der Kiefernfeinwurzeln (d<0,5mm) aus der Auflageschicht

		Kienhorst	Hubertusstock	Bayerswald
Masse lebender Feinwurzeln	g/m²	26,62	18,40	14,68
Masse toter Feinwurzeln	g/m²	13,05	4,75	5,62
Kiefernfeinwurzellänge	m/m²	388,35	251,05	278,61
Anzahl der Wurzelspitzen (vital und subvital)	$10^3/m^2$	71,61	46,29	50,09
Bio-/ Nekromasse		2,04	3,88	2,61
Länge / g Feinwurzelmasse	m/g	14,59	13,64	18,98
Spitzen / g Feinwurzelmasse	n/g	2571,95	2405,03	3261,42
Spitzen / lfd. Feinwurzelmeter	n/m	184,41	184,38	179,79

Obwohl in Bayerswald die Masse lebender Feinwurzeln gegenüber Hubertusstock leicht reduziert ist, sind Feinwurzellänge und Anzahl der Spitzen etwas erhöht, was sich in den auch im Vergleich mit Kienhorst höheren Quotienten Länge bzw. Anzahl der Spitzen pro Gramm Feinwurzelmasse widerspiegelt. Die Feinwurzeln werden also länger und dünner. Auf den Verzweigungsgrad hat diese Entwicklung offenbar keinen Einfluß; er ist mit Werten um 180 Spitzen pro laufenden Feinwurzelmeter auf den drei Flächen gleich.

Vergleichbare Abbauraten der Wurzelnekromasse vorausgesetzt, ist der Feinwurzelumsatz auf dem armen Standort Kienhorst am größten. Der reichere Standort Hubertusstock sichert den Feinwurzeln längere Lebenszeiten. Unter einseitigem Stickstoffeintrag in Bayerswald wird der Umsatz wieder erhöht.

Literaturverzeichnis

BÖHM, W.: Methods of studying root systems. Springer-Verlag New York (1979).

BOLTE; A.; ANDERS, S.: Zur Rolle der Bodenvegetation bei der Destabilisierung stickstoffbelasteter Kiefernforstökosysteme. Beitr. Forstwirtsch. u. Landsch.ökol. 29/4, 151-155 (1995).

HAUSDÖRFER, H.: Die Durchwurzelung unter Kiefer an zwei Standorten des Choriner Sanders. Archiv f. Forstwesen 6, 811-827 (1957).

HOFMANN, G.; HEINSDORF, D.; KRAUß, H.: Wirkung atmogener Stickstoffeinträge auf Produktivität und Stabilität von Kiefern-Forstökosystemen. Beiträge für die Forstwirtschaft 24/2, 59-73 (1990).

KOPP, D.; SCHWANECKE, W.: Standörtlich - naturräumliche Grundlagen ökologiegerechter Forstwirtschaft, Berlin (1994).

MURACH, D.; WIEDEMANN, H.: Forschungsbericht - Dynamik und chemische Zusammensetzung der Feinwurzeln von Waldbäumen als Maß für die Gefährdung von Waldökosystemen durch toxische Luftverunreinigungen. Berichte des Forschungszentrums Waldökosysteme, Reihe B, Bd. 10, 1-278 (1988).

NIELSEN, C. Ch. N.; MACKENTHUN, G.: Die horizontale Variation der Feinwurzelintensität in Waldböden in Abhängigkeit von der Bestockungsdichte. Allg. Forst- u. J.-Ztg., 162, 5/6, 112-119 (1990).

TÖLLE, H.: Untersuchungen über Ernährung und Wachstum mittelalter Kiefernbestände auf grundwassernahen und -fernen Standorten im nordostdeutschen Tiefland. Promotion an der Deutschen Akademie der Landwirtschaftswissenschaften zu Berlin, Eberswalde (1969).

TÖLLE, H.; TÖLLE, R.: Feinwurzeln mittelalter Kiefern - Wurzelatlas. Technische Universität Berlin, Selbstverlag (1996).

Pflanzenernährung, Wurzelleistung und Exsudation.
8. Borkheider Seminar zur Ökophysiologie des Wurzelraumes.
(Ed. W. Merbach) B.G. Teubner Verlagsgesellschaft Stuttgart, Leipzig 1998, pp. 65-72

AUSWIRKUNGEN EINES PATHOGENBEFALLES DURCH *PYTHIUM APHANIDERMATUM* AUF DIE WURZELMORPHOLOGIE VON TOMATE

GROSCH, R.; SCHWARZ, D.
Institut für Gemüse- und Zierpflanzenbau Großbeeren/Erfurt e.V.
Theodor-Echtermeyer-Weg 1
D - 14979 Großbeeren

Abstract

Root pathogens as *Pythium spp.*, *Phytophthora spp. and Fusarium spp.* are causing problems in soilless culture systems. The chemical pest control options are limited. Therefore, the use of bacterial microorganisms to control pathogens should be testedes on alternative.

Up to now the correlation between results of *in vitro* and *in vivo* selection of microorganism are not satisfying. Since *in vitro* methods allow no certain selection of effective microorganisms, an *in vivo* screening test is to be developed. In a first step, the screening system was used to investigate the influence of the pathogen *Pythium aphanidermatum (P. a.)* on the root morphology of tomato (*Lycopersicon esculentum*). The treatments investigated were 6 different inoculum levels (0.1 to 1000 oospores per ml nutrient solution) at 3 different day/night temperature levels of 25/20°C, 30/25°C and 35/25°C.

Except for the lowest inoculum level at 25/20°C, the specific and the total root length per plant were significantly reduced in all variants. But at the 25/20°C temperature level, the root dry weight was reduced significantly only at an inoculum level of 100 oospores per ml or higher. No significant effect on root diameter was found. However, the root morphology of tomato was influenced already by an low inoculum amount of 0.1 oospores per ml. We have to test in further experiments whether root length is also useful as a measuring parameter for the assessment of the influence of bacterial microorganisms against *P. a.*

Zusammenfassung

In erdelosen Kultursystemen können Wurzelpathogene (*Pythium spp.*, *Phytophthora spp.*, *Fusarium spp.*) erhebliche Probleme verursachen. Eine chemische Bekämpfung ist nur eingeschränkt möglich, daher ist der Einsatz bakterieller Mikroorganismen zur Pathogenunterdrückung als alternative Möglichkeit zu prüfen.

In vitro Methoden erlauben keine sichere Auswahl von wirksamen Mikroorganismen, so daß ein Screeningverfahren *in vivo* erarbeitet werden soll. Zunächst ist es notwendig, den Einfluß des Pathogens *Pythium aphanidermatum (P. a.)* auf die Wurzelmorphologie der Tomate (*Lycopersicon esculentum*) zu untersuchen. Dies erfolgte in Abhängigkeit unterschiedlicher Inokulumstufen (0,1 bis 1000 Oosporen/ml Nährlösung) unter verschiedenen Temperaturbedingungen (25/20 °C; 30/25 °C; 35/25 °C).

Mit Ausnahme der niedrigsten Inokulumstufe bei 25/20 °C wurde in allen Varianten und geprüften Temperaturbedingungen die spezifische Wurzellänge als auch die Wurzellänge je Pflanze signifikant reduziert. Unter den Temperaturbedingungen von 25/20 °C wurde die Wurzeltrockenmasse jedoch erst bei einer höheren Inokulumstufe signifikant im Wachstum reduziert. Keine deutliche Beeinflussung war im Wurzeldurchmesser festzustellen. Somit wird durch *P. a.* die Wurzelmorphologie bereits nach Inokulation geringer Oosporenzahlen beeinflußt. In weiteren Versuchen ist zu prüfen, ob sie als Meßgröße zur Beurteilung der antagonistischen Wirkung von bakteriellen Mikroorganismen gegen *P. a.* herangezogen werden kann.

Einleitung

In erdelosen Kultursystemen können Wurzelpathogene (*Pythium spp.*, *Phytophthora spp.*, *Fusarium spp.*) unter Umständen erhebliche Probleme verursachen (VAN ASSCHE u. VANGHEEL 1994). Zur Bekämpfung dieser Erreger stehen kaum chemische Pflanzenschutzmittel zur Verfügung, daher ist der Einsatz bakterieller Mikroorganismen in erdelosen Kultursystemen eine alternative Möglichkeit, Wurzelpathogene zu unterdrücken.

Bisher existieren keine Screeningverfahren *in vitro*, die eine sichere Auswahl bakterieller Mikroorganismen für die Anwendung gegen *Pythium sp.* in Hydroponik erlauben (PAULITZ et al. 1992). So wurde es für notwendig erachtet , ein Screeningverfahren *in vivo* zu erarbeiten. Mit Hilfe dieses Screeningverfahrens sollte es möglich sein, in kurzer Zeit anhand sicherer Meßgrößen die Interaktionen Pathogen - Pflanze, Antagonist - Pflanze und Antagonist - Pathogen einzuschätzen.

Im hier dargestellten Modellsystem sollten zunächst die Interaktionen zwischen dem Pathogen *P. aphanidermatum* an der Tomate in Abhängigkeit unterschiedlicher Inokulumstufen insbesondere auf die Wurzelmasse, Wurzellänge je Pflanze, spezifische Wurzellänge und den mittleren Wurzeldurchmesser sowie den Wasserverbrauch untersucht werden. Ziel der Untersuchungen ist, zu prüfen, ob Meßgrößen der Wurzelmorphologie für die Beurteilung der Wirksamkeit bakterieller Mikroorganismen gegen *P. a.* herangezogen werden können. Entsprechende Ergebnisse zur Wirkung von bakteriellen Mikroorganismen liegen bisher nur in Bezug auf die Gesamtwurzellänge von PAULITZ et al. (1992) vor.

Material und Methoden

Versuchsaufbau

Die Untersuchungen wurden in Klimakammern bei einer Belichtungsstärke von 40 klux (600 $\mu mol\ m^{-2}\ s^{-1}$), einer -dauer von 16 h und einer Tag/Nachttemperatur in den entsprechenden Versuchen von 25/20°C und 30/25°C bzw. 35/25°C durchgeführt. Die relative Luftfeuchtigkeit betrug während der Belichtungszeit 70 % und in der Dunkelphase 90 %.

Jeweils drei Jungpflanzen wurden in belüftete Container (2 l) gesetzt, wobei jede Variante 4 Wiederholungen umfaßte, die randomisiert angeordnet waren.

Die Zusammensetzung der Nährlösung entsprach den Empfehlungen nach VOOGT und BLOEMHARDT (1994). Der EC-Wert der Nährlösung wurde in allen Versuchen auf 2,5 dS m^{-1} und einem pH-Wert von 5,6 eingestellt.

Die in Quarzsand ausgesäten Pflanzen wurden nach 5-7 Tagen in Paletten pikiert und im 1- bis 2-Blattstadium in die Container gesetzt.

In Tabelle 1 sind die Inokulumstufen von *P. a.*, die unter den genannten Temperaturbedingungen geprüft wurden, aufgeführt.

Tab. 1: Untersuchte Inokulumstufen von *P. aphanidermatum*

Varianten	Oosporenzahl je ml Nährlösung
1	0
2	0,1
3	1
4	10
5	100
6	1000

Inokulation von *P. aphanidermatum*

Da der Erreger in Form von Oosporen unter natürlichen Bedingungen überdauert und das Infektionspotential sich hieraus aufbaut, wurde die Inokulation von *P. a.* mit Oosporen vorgenommen. Die Produktion der Oosporen erfolgte in Möhrensaft-Brühe (30 ml Saft in 1 l Aqua dest), der mit frischen Myzelscheiben von *P. a.* beimpft und bei 28°C im Schüttelinkubator inkubiert wurde. Vor der Inokulation wurden die Oosporen von der Möhrensaft-Brühe separiert und in physiologische Kochsalzlösung (0,3 %) aufgenommen.

Messungen

Während des Versuches wurde der Wasserverbrauch alle 2 bis 3 Tage durch Wägen ermittelt. Zum Versuchsende wurde aus jeder Wiederholung eine repräsentative Wurzelprobe entnommen und die spezifische Wurzellänge ermittelt (TENNANT 1975). Mit diesem Wert erfolgte die Kalkulation der Gesamtwurzellänge. Der mittlere Wurzeldurchmesser errechnete sich aus 10 zufällig in der repräsentativen Probe gemessenen Einzelwerten.

Ergebnisse

In der Abbildung 1 sind die Ergebnisse der Wurzeltrockenmasse der Tomate in Abhängigkeit von der inokulierten Oosporenzahl von *P. a.* unter verschiedenen Temperaturbedingungen dargestellt. Unter den Temperaturbedingungen von 35/25°C wurde die Wurzeltrockenmasse im Versuchszeitraum von 14 Tagen in allen Inokulumstufen signifikant reduziert. Dagegen verursachte bei der Temperaturstufe von 30/25°C die Inokulation ab einer Oospore und bei 25/20°C erst ab 100 Oosporen je ml Nährlösung eine signifikante Reduktion .

Die Wurzellänge je Pflanze wurde unter den Temperaturbedingungen 35/25°C und 30/25°C in allen Inokulumstufen deutlich signifikant vermindert. Bei 25/20°C erfolgte die Verminderung jedoch erst nach Inokulation mit mindestens einer Oospore je ml Nährlösung (Abb. 2). Die Wurzellänge ist somit ein sensiblerer Meßwert als die Wurzelmasse. Ihre Reduktion ist nicht nur durch die reduzierte Wurzeltrockenmasse bedingt. Die Ergebnisse zeigen, daß das Wurzelpathogen *P. a.* auch die spezifische Wurzellänge, also die Wurzellänge je Einheit Trockenmasse beeinflußte (Abb. 3). Unter den Temperaturbedingungen von 25/20°C wurde die spezifische Wurzellänge bereits nach Inokulation von 1 Oospore je ml Nährlösung signifikant reduziert, während die Wurzeltrockenmasse erst durch die Inokulation von 100 Oosporen je ml Nährlösung signifikant vermindert wurde.

In Abhängigkeit von den geprüften Inokulumstufen sowie Temperaturbedingungen war kein deutlicher Einfluß auf den mittleren Wurzeldurchmesser zu beobachten. Lediglich zu Versuchsende war bei der Temperaturstufe 35/25°C (Tab. 2) ein signifikanter Unterschied im Durchmesser der Kontrollvariante und der Variante mit höchster Inokulumstufe festzustellen.

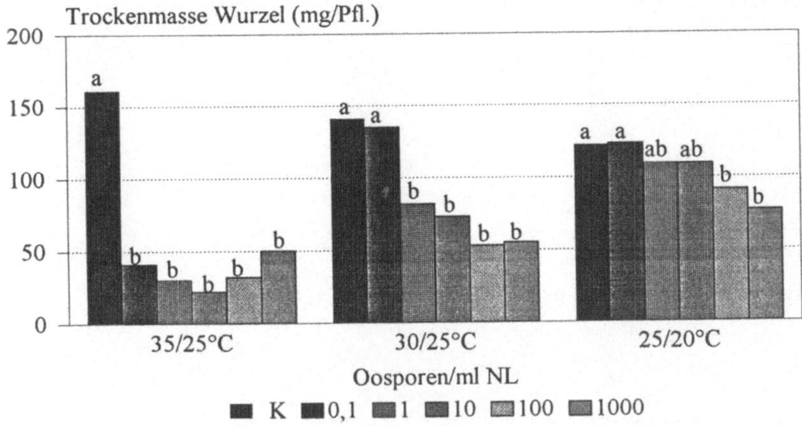

Abb. 1: Wurzeltrockenmasse der Tomate (cv. Counter) in Containerkultur in Abhängigkeit von der inokulierten Oosporenzahl von *P. aphanidermatum* unter verschiedenen Temperaturbedingungen.

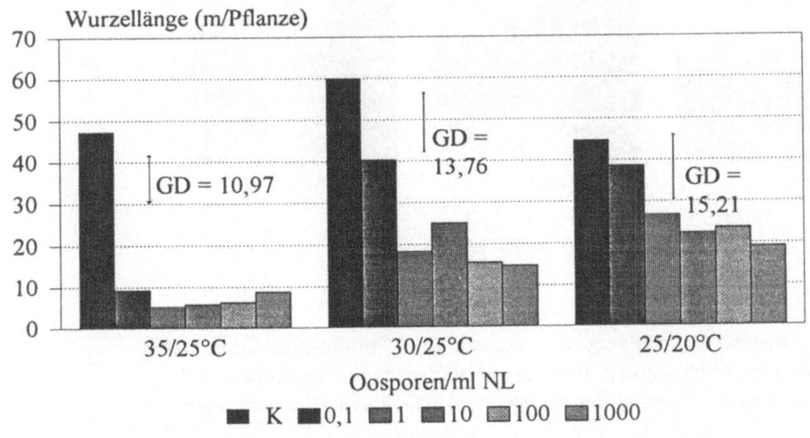

Abb. 2: Wurzellänge der Tomate (cv. Counter) in Containerkultur in Abhängigkeit von der inokulierten Oosporenzahl von *P. aphanidermatum* unter verschiedenen Temperaturbedingungen.

Tab. 2: Wurzeldurchmesser der Tomate (cv. Counter) in Containerkultur nach Inokulation von *P. aphanidermatum* in verschiedenen Inokulumstufen unter Temperaturbedingungen von 35/25°C

Anzahl Oosporen je ml Nährlösung	Mittlerer Wurzeldurchmesser (µm)
0	227,49
0,1	232,05
1	264,95
10	253,84
100	285,89
1000	315,38*

* signifikant (Tukey-Test, p 0,05)

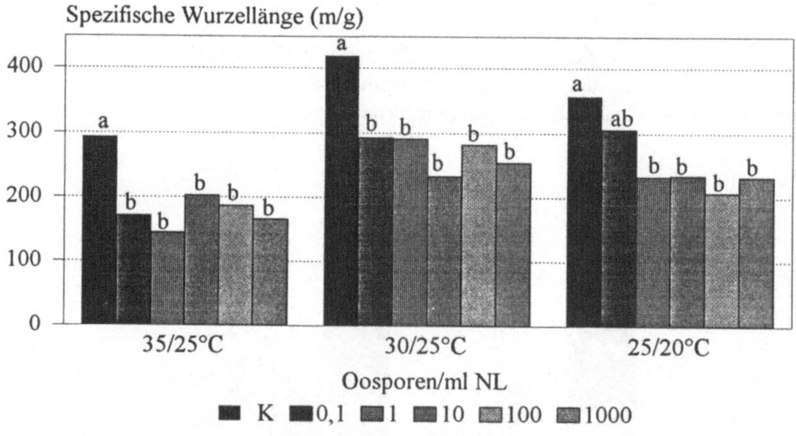

Abb. 3: Spezifische Wurzellänge der Tomate (cv. Counter) in Containerkultur in Abhängigkeit von der inokulierten Oosporenzahl von *P. aphanidermatum* unter verschiedenen Temperaturbedingungen.

Die Abbildung 4 zeigt, daß nach Inokulation mit *P. a.* bei 25/20°C der Wasserverbrauch in allen Varianten abnahm. Zu Versuchsende wurde er nach Inokulation von 10 bis 1000 Oosporen je ml Nährlösung signifikant reduziert. In den unteren Inokulumstufen konnte die Wurzelleistung jedoch erhöht werden (Abb. 5).

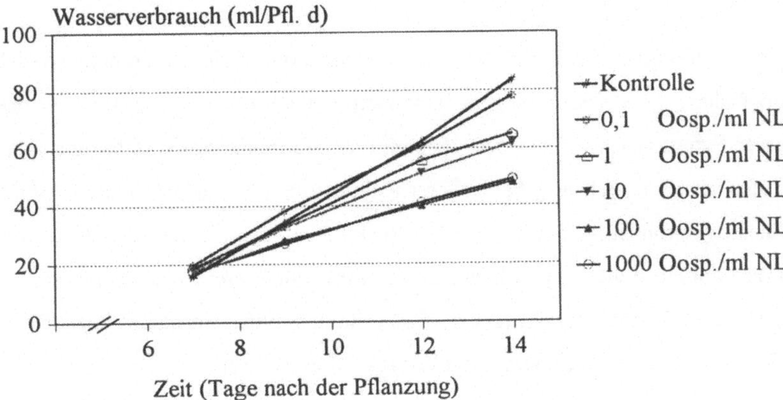

Abb. 4 : Wasserverbrauch der Tomate (cv. Counter) in Containerkultur in Abhängigkeit von der inokulierten Oosporenzahl von *P. aphanidermatum* unter Temperaturbedingungen von 25/20°C

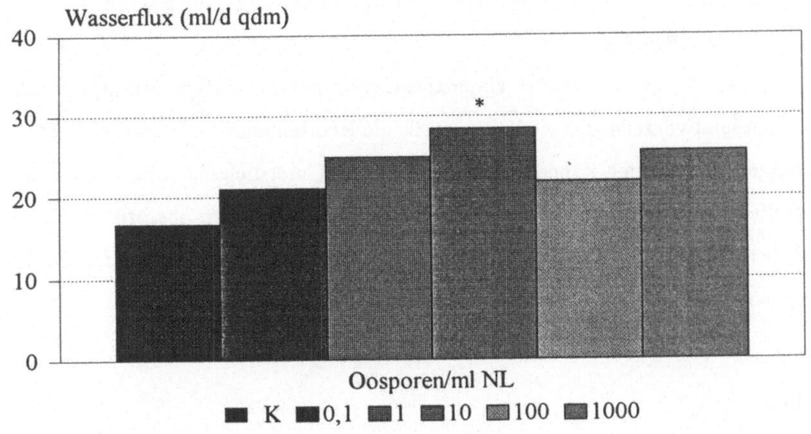

Abb. 5: Wasserflux der Tomate (cv. Counter) in Containerkultur in Abhängigkeit von der inokulierten Oosporenzahl von *P. aphanidermatum* unter Temperaturbedingungen von 25/20°C

Diskussion

Das Wurzelpathogen *P. aphanidermatum* beeinflußt die Wurzelmorphologie der Tomate, speziell die spezifische Wurzellänge, bereits bei geringem Inokulumpotential, ohne daß es zunächst zur Ausprägung sichtbarer Symptome kommen muß. Aus eigenen Beobachtungen ist bekannt, daß geringe Inokulumstufen von *P. a.* sich auch bei weiterer Kultivierung der Tomate nicht unbedingt in sichtbaren Krankheitssymptomen äußern müssen. Die Reaktion auf den Erreger ist stark temperaturabhängig. Daraus ergibt sich die Frage, ob ein latenter Befall, der bereits eine Reduktion der spezifischen Wurzellänge und damit der Wurzeloberfläche im Jungpflanzenstadium bewirkt, im weiteren Kulturverlauf bei steigender Temperatur zu Ertragsverlusten führt.

Nach Inokulation von *P. a.* war die Wasseraufnahme in allen Varianten vermindert, doch bis zur Inokulumstufe von 10 Oosporen je ml Nährlösung wurde die Wurzelleistung, ausgedrückt als Wasseraufnahme je Einheit Zeit und Wurzeloberfläche, erhöht. Bei den hohen Inokulumstufen, bei denen durch Beeinflussung der spezifischen Wurzellänge die Wurzellänge und -oberfläche des Wurzelsystems signifikant reduziert wurde, wäre ebenfalls eine deutliche Erhöhung der Wurzelleistung zu erwarten gewesen (SCHWARZ et al. 1997). Das könnte ein Hinweis auf einen Schwellenwert sein, d.h., in den unteren Inokulumstufen ist die Pflanze in der Lage, die Infektion zu tolerieren und die Verluste auszugleichen.

Zusammenfassend zeigten die Ergebnisse der Untersuchungen, daß die Meßgrößen „spezifische Wurzellänge" oder „Gesamtwurzellänge" als Kriterien für die Beurteilung der Interaktion Pflanze und Pathogen herangezogen werden können. Ziel der nächsten Untersuchungen ist es, die Eignung dieser Meßgrößen im Gesamtmodell Pflanze - Pathogen - Antagonist zu überprüfen. Bakterielle Mikroorganismen, die eine Wirksamkeit gegen *P. a.* ausüben, müßten dann einen fördernden Effekt auf die spezifische Wurzellänge oder Gesamtwurzellänge ausüben.

Literaturverzeichnis

PAULITZ, T. C.; ZHOU, T.; RANKIN, L.: Selection of rhizosphere bacteria for biological control of *Pythium aphanidermatum* on hydroponically grown cucumber. Biological control 2, 226 - 237 (1992).

SCHWARZ, D.; SCHRÖDER, F.-G.; KUCHENBUCH, R.: Efficiency of tomato roots for water and nutrient uptake grown in two closed hydroponic systems. 9. ISOSC-Proceedings, Jersey 1996, 473 - 491 (1997).

TENNANT, D.: A test of a modified line intersect method of estimating root length. Journal of Ecology. 63, 995-1001 (1975).

VAN ASSCHE, C.; VANGHEEL, M.: Special phytopathological problems in soilless cultures and substrate cultures. Acta Horticulturae 361, 355-360 (1994).

VOOGT, W.; BLOEMHARD, C.: Voedingsoplossingen voor de Teelt van Tomaten in gesloten Systemen. Serie: Voedingsoplossingen glastuibouw, No. 17 (1994).

Pflanzenernährung, Wurzelleistung und Exsudation.
8. Borkheider Seminar zur Ökophysiologie des Wurzelraumes.
(Ed. W. Merbach) B. G. Teubner Verlagsgesellschaft Stuttgart, Leipzig 1998, pp. 73-79

PFLANZENARTENUNTERSCHIEDE IM WURZELWACHSTUM BEI VERSCHIEDENER N-ERNÄHRUNG: N-FORM-EFFEKT UND/ODER pH-EFFEKT ?*

WALCH-LIU, P.; ENGELS, C.
Universität Hohenheim
Institut für Pflanzenernährung (330)
D - 70593 Stuttgart

Abstract

The form of N supply may influence root growth not only by physiological effects within the plants such as carbohydrate demand for N assimilation, but also indirectly by changes in rhizosphere pH. The aim of the present study was to distinguish between these mechanisms in various plant species (tobacco, potato, rice) by growing the plants in nutrient solution culture at pH 4.5 or 7 with either NO_3^- or NH_4^+ supply. In tobacco and potato, the impairment of root extension growth in NO_3^- fed plants was caused by the increase in the rhizosphere pH, and accordingly was disposed by growing the plants at pH 4.5. Reversely, roots of NH_4^+-fed plants which showed good extension growth at low pH became stunted when the pH was raised to 7. In contrast to tobacco and potato, root growth of rice was neither influenced by the form of N supply nor by pH. The ability of rice for good root extrusion at pH 7 even when supplied with NO_3^- was attributed to the fact that the rizosphere of nodal roots was acidified under these conditions.

Einleitung

Die Form der N-Ernährung beeinflußt nicht nur Sproßwachstum und Ertrag (WIESLER 1996), sondern auch das Wurzelwachstum (GANMORE-NEUMANN et al. 1983). Die Wurzelbiomasse ist von dem Assimilatangebot des Sprosses und von dem Assimilatverbrauch in den Wurzeln abhängig. Reine Ammoniumernährung führt im allgemeinen zu einer Hemmung des

* Dieser Beitrag ist Prof. Dr. Drs. hc. Horst Marschner gewidmet.

Sproßwachstums (RAAB et al. 1995) und damit auch der photosynthetisch aktiven Blattfläche und der Assimilatverfügbarkeit. Die N-Assimilation findet bei NH_4^+-Ernährung in den Wurzeln statt (ARNOZIS et al. 1988) und führt dort zu einem hohen Bedarf an C-Skeletten. Die Wurzelbiomasse ist daher bei NH_4^+- im Vergleich zu NO_3^--Ernährung oft deutlich vermindert.

Für das Nährstoffaneignungsvermögen der Pflanzen ist nicht nur die Wurzelbiomasse wichtig, sondern auch die Wurzelmorphologie. NH_4^+-Ernährung führt zu einer Ansäuerung und NO_3^--Ernährung zu einer Alkalisierung der Rhizosphäre (RAVEN 1986). Das Streckungswachstum der Wurzeln ist vom pH-Wert des Wurzelmediums abhängig. Im Boden führen tiefe pH-Werte (< 5,0) im allgemeinen aufgrund von Al-Toxizität zu einer Hemmung des Wurzelwachstums (HORST 1997). In organischen Böden oder in Nährlösungskultur wird das Wurzelwachstum durch die Protonenkonzentration beeinflußt, wobei große Pflanzenartenunterschiede im Wurzelwachstum bei tiefen pH-Wert bestehen (TANG et al. 1992). Bei *Lupinus angustifolius* wird das Streckungswachstum der Wurzeln nicht nur bei sehr tiefen pH-Werten (< 4) gehemmt, sondern auch bei pH-Werten > 5,5, während das Wurzelwachstum von Erbse bei hohen pH-Werten (bis pH 8) nicht gehemmt wird (TANG et al. 1992). Nach der Säure-Wachstums-Theorie ist für das Streckungswachstum der Wurzeln eine pH-Absenkung im Apoplasten der Streckungszone erforderlich (TANIMOTO et al. 1986). Eine Alkalisierung der Rhizosphäre bei NO_3^--Ernährung könnte somit das Streckungswachstum vermindern.

Ziel der vorliegenden Arbeit war es, bei verschiedenen Pflanzenarten (Tabak, Kartoffel, Reis) den Einfluß der N-Angebotsform auf die Wurzelbiomasse und die Wurzelmorphologie zu untersuchen. Um zwischen dem Einfluß der N-Angebotsform *per se* (NH_4^+ oder NO_3^-) und dem Einfluß des pH-Wertes auf das Wurzelwachstum unterscheiden zu können, wurden die Versuche in Nährlösungskultur durchgeführt, in welcher der pH-Wert unabhängig von der N-Form reguliert werden konnte (pH 4,5 oder pH 7).

Material und Methoden

Pflanzenanzucht

Es wurden Untersuchungen an Tabak (*Nicotiana tabacum* L. var. Samsoun), Kartoffel (*Solanum tuberosum* L. var. Desirée) und Reis (*Oryza sativa* L. var. Er Jiu Feng) durchgeführt. Tabak und Kartoffel wurden in einem Sand/Torfgemisch und Reis in mit $CaSO_4$ getränktem Filterpapier vorkultiviert. Anschließend wurden die Pflanzen auf Nährlösung überführt.

Versuchsaufbau

Es wurden zwei Versuche in verschiedenen hydroponischen Systemen durchgeführt:

1. Gefäßversuch: Tabak wurde in Gefäßen mit kontinuierlich belüfteter Nährlösung bei NH_4^+- oder NO_3^--Ernährung ohne pH-Regulierung kultiviert. Der pH-Wert variierte bei NH_4^+-Ernährung zwischen 6 und 3,8 und bei NO_3^--Ernährung zwichsen 6,5 und 7.

2. Versuch in Fließkultur mit automatischer pH-Regulierung (pH-stat): Tabak, Kartoffel und Reis wurden in Fließkultur bei NH_4^+- oder NO_3^--Ernährung und jeweils zwei pH-Stufen, pH 4,5 oder pH 7, angezogen. Die Nährlösung zirkulierte ständig zwischen einem Vorratstank und einem Kultivationsbecken. Der pH-Wert der Nährlösung wurde über eine automatische pH-stat-Anlage durch Zugabe von 1 M NaOH bzw. 1 M H_2SO_4 auf pH 4,5 ± 0,2 oder pH 7 ± 0,2 eingestellt. Das Gesamtvolumen der Nährlösung betrug 600 Liter. Insgesamt standen vier Fließkulturen im Gewächshaus zur Verfügung.

Die Grundnährlösung beider hydroponischer Systeme setzte sich folgendermaßen zusammen: 0,5 mM KH_2PO_4, 0,6 mM $MgSO_4$, 1 mM $CaCl_2$, 0,2 mM Fe-EDTA, 1 µM H_3BO_3, 0,5 µM $ZnSO_4$, 0,5 µM $MnSO_4$, 0,01 µM $(NH_4)_6Mo_7O_{24}$, 0,2 µM $CuSO_4$,. Das N- bzw. K-Angebot erfolgte entweder in Form von 2 mM KNO_3 oder 1 mM $(NH_4)_2SO_4$ und 1 mM K_2SO_4. Die Versuchsdauer variierte je nach Versuch und Pflanzenart (Tabelle 1).

Tab.1: Versuchsdauer der verschiedenen Versuche und Pflanzenarten

Versuchssystem	Pflanzenart	Versuchsdauer
1.Gefäßversuch	Tabak	14 Tage
2.Versuch in Fließkultur	Tabak	16 Tage
mit pH-stat	Kartoffel	20 Tage
	Reis	26 Tage

Wurzelmorphologie

Die Morphologie der Wurzeln wurde modifiziert nach SATTELMACHER (1987) dargestellt. Aus dem gesamten Wurzelsystem wurde jeweils eine Hauptwurzel ausgewählt und angefärbt (0,2 % Methylenblau), auf einer Folie präpariert und anschließend mit Haarlack fixiert. Nach dem Trocknen wurde eine Photokopie der präparierten Wurzel angefertigt.

Agartechnik

Um die N-Form abhängigen pH-Veränderungen der Rhizosphäre an intakten Wurzeln darzustellen, wurde die Agartechnik nach MARSCHNER et al. (1982) verwendet. Dem Agar wurden ein pH-Indikator und 2 mM KNO_3 oder 1 mM $(NH_4)_2SO_4$ beigefügt.

Ergebnisse und Diskussion

1. Gefäßversuch

Im Vergleich zu NO_3^-- wurde durch NH_4^+-Ernährung das Wachstum von Tabak stark gehemmt (Tab.2). Die Biomassebildung von Sproß und Wurzeln wurde in gleichem Maße verringert, so daß sich kein Einfluß der N-Angebotsform auf das Sproß/Wurzel-Verhältnis ergab (Tab.2). GANMORE-NEUMANN und KAFKAFI (1983) fanden zumindest bei hohen Wurzelraumtemperaturen eine Erhöhung des Sproß/Wurzel-Verhältnisses bei NH_4^+-ernährten Erdbeerpflanzen und führten dies auf die geringeren Zuckergehalte und einen erhöhten Zuckerbedarf der Wurzeln für die N-Assimilation zurück. In der vorliegenden Arbeit wurden das Sproßwachstum und damit der wachstumsbedingte Zuckerverbrauch bei NH_4^+-Ernährung so stark abgesenkt, daß die Kohlenhydrat-Konzentration in Sproß und Wurzeln höher war als bei NO_3^--Ernährung (Daten nicht gezeigt).

Tab.2: Der Einfluß der N-Angebotsform auf die Sproß- und Wurzelfrischmasse und auf das Sproß/Wurzelverhältnis von Tabak (Nährlösung nicht gepuffert).

Parameter	N-Angebotsform	
	Ammonium	Nitrat
Sproßfrischmasse [g]	35,1 ±2,1	91,1 ±26,5
Wurzelfrischmasse [g]	27,4 ±8,5	59,1 ±16,2
Sproß/Wurzel-Verhältnis	1,4 ±0,4	1,6 ±0,2

Die Morphologie der Wurzeln unterschied sich je nach N-Angebotsform deutlich. Die Wurzeln von NH_4^+-ernährten Pflanzen waren lang und dünn und die Wurzeln von NO_3^--ernährten Pflanzen waren kurz, verdickt und krumm (Abb.1). Da bei diesem Versuch der pH-Wert der Nährlösung nicht reguliert wurde, konnte nicht zwischen dem Einfluß von N-Form und pH-Wert auf die Wurzelmorphologie unterschieden werden.

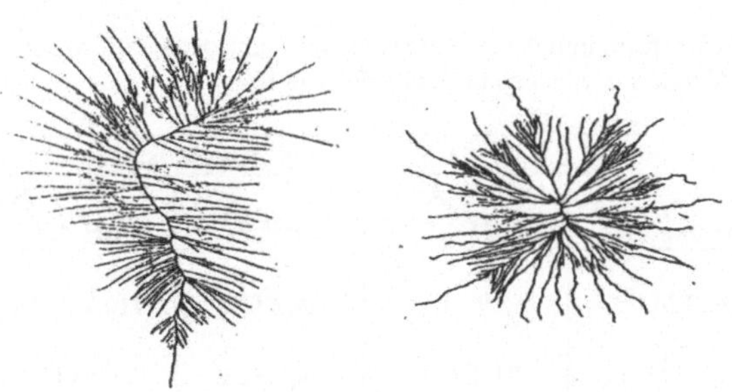

Abb.1: Wurzelmorphologie von Tabak bei NH_4^+- (links) und NO_3^--Ernährung (rechts) ohne pH-Regulierung der Nährlösung.

2. Versuch in Fließkultur mit automatischer pH-Regulierung

Die Wurzelmorphologie wurde bei Tabak und Kartoffel hauptsächlich durch den pH-Wert der Nährlösung beeinflußt, während die N-Angebotsform keinen deutlichen Einfluß hatte. Dies ist am Beispiel von Kartoffel in Abb.2 dargestellt. Unabhängig von der N-Angebotsform waren die Wurzeln bei pH 7 kurz und struppig und bei pH 4,5 lang und glatt (Abbildungen nicht gezeigt).

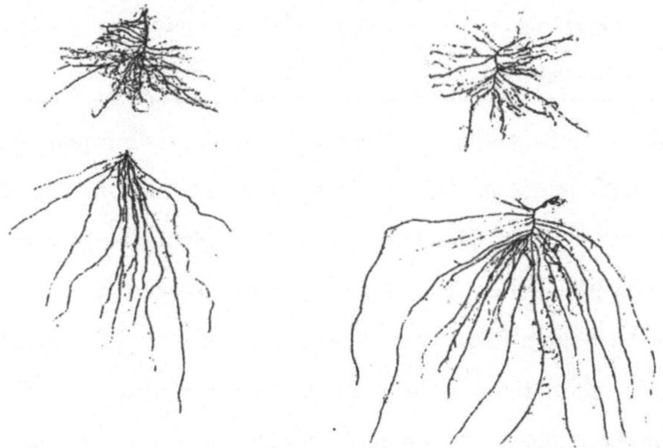

Abb. 2: Wurzelmorphologie von Kartoffel bei NH_4^+- (links) und NO_3^--Ernährung (rechts) und jeweils pH 7 (oben) und pH 4,5 (unten) in der Nährlösung.

Im Vergleich zu NO_3^-- führte NH_4^+-Angebot zu einer ähnlichen Hemmung des Sproß- und Wurzelwachstums, so daß das Sproß/Wurzel-Verhältnis nicht durch die N-Form beeinflußt war (Tab.3). Ein pH-Wert von 7 im Außenmedium führte im Vergleich zu pH 4,5 bei Tabak und Kartoffel zu einer Vergrößerung des Sproß/Wurzel-Verhältnisses sowohl bei NH_4^+- als auch bei NO_3^--Ernährung (Tab.3). Möglicherweise wurde durch die starke Hemmung des Wurzelwachstums (Abb.2) die Sinkstärke der Wurzeln verkleinert und damit ihre Biomasse verringert.

Tab. 3: Einfluß der N-Angebotsform und des pH-Werts in der Nährlösung auf Sproß-, Wurzelbiomasse und Sproß/Wurzel-Verhältnis von Tabak, Kartoffel und Reis.

Pflanzenart	Parameter	N-Angebotsform			
		Ammonium		Nitrat	
		pH 4,5	pH 7	pH 4,5	pH 7
Tabak	Sproß FM [g]	65,9 ±11,8	68,7 ±5,4	110,2 ±12,7	96,8 ±11,3
	Wurzel FM [g]	21,1 ±4,4	16,3 ±2,2	38,2 ±11,1	20,1 ±4,2
	Sproß/Wurzel	3,2 ±0,7	4,2 ±0,4	3,0 ±0,7	4,9 ±0,6
Kartoffel	Sproß FM [g]	38,5 ±1,7	42,6 ±15	74,4 ±7,4	46,9 ±0,2
	Wurzel FM [g]	7,7 ±0,5	6,0 ±2,1	13,3 ±0,6	7,4 ±0,5
	Sproß/Wurzel	5,0 ±0,5	7,1 ±0,1	5,6 ±0,8	6,4 ±0,6
Reis	Sproß FM [g]	15,0 ±4,5	17,3 ±4,1	11,3 ±2,4	12,3 ±1,8
	Wurzel FM [g]	12,9 ±3,8	10,9 ±2,5	11,2 ±3,3	11,7 ±2,1
	Sproß/Wurzel	1,2 ±0,1	1,6 ±0,1	1,1 ±0,3	1,1 ±0,1
	Anzahl der Bestockungstriebe	5,8 ±1,2	6,3 ±1,1	3,9 ±0,4	4,2 ±0,3

Im Gegensatz zu Tabak und Kartoffel wurde bei Reis die Wurzelmorphologie (Abbildungen nicht gezeigt) und die Wurzelbiomasse nicht vom pH-Wert der Nährlösung beeinflußt (Tab.3). TANG et al. (1996) beschrieben eine Hemmung des Wurzelstreckungswachstums von *Lupinus angustifolius* bei hohen pH-Werten im Außenmedium, wogegen Erbse nicht beeinflußt wurde, obwohl die Wurzeln der beiden Pflanzenarten sich nicht in ihrer Protonenabgabe unterschieden. TANG et al. (1996) vermuteten, daß *Lupinus angustifolius* und Erbse unterschiedliche Wurzelzellwandeigenschaften besitzen, d.h. daß die Zellwände von Erbsenwurzeln Außeneinflüsse abzupuffern vermögen. Doch auch NO_3^--Ernährung hemmte das Wurzelwachstum von Reis nicht (Tab.3). In Übereinstimmung mit Untersuchungen von PAKZAD (1975) wurde durch NH_4^+-Angebot die Bestockung von Reis gefördert und damit die Sproßbiomasse und das Sproß/Wurzel-Verhältnis erhöht (Tab.3). Möglicherweise besitzt Reis die Fähigkeit, unabhängig von der angebotenen N-Form Protonen abzugeben. Um diese Hypothese zu überprüfen, wurden die N-Form-abhängigen pH-Wertveränderungen der Rhizosphäre bzw. des Wurzelapoplasten mit der Agartechnik nach MARSCHNER et al. (1982) untersucht. Bei NH_4^+-Ernährung säuerten die Reiswurzeln den Agar an. Bei NO_3^--Ernährung alkalisierten zwar die Primärwurzeln den Agar leicht, die Adventivwurzeln dagegen säuerten ihn an (Abbildung nicht gezeigt). Für die N-Form-abhängige pH-Wertveränderung der Rhizosphäre bzw. des Wurzelapoplasten sind nicht nur die N-Aufnahme, sondern auch die N-Assimilation verantwortlich. Möglicherweise wird bei Reis das von den Adventivwurzeln aufgenommene NO_3^- in den Sproß transportiert und nicht in den Wurzeln assimiliert. Im Gegensatz zu Reis zeigten Tabak- und Kartoffelwurzeln bei NO_3^--Ernährung eine deutliche Alkalisierung des Agars.

Um Pflanzenartenunterschiede im Wurzelwachstum bei verschiedener N-Ernährung besser verstehen zu können, ist es wichtig, den Ort der N-Assimilation, d.h. den Assimilatbedarf in den Wurzeln und die pH-Veränderungen der Rhizosphäre, zu untersuchen. Aber auch pflanzenspezifische Eigenschaften der Wurzelzellwand beeinflussen den pH-Wert im Wurzelapoplasten und damit das Wurzelwachstum.

Literaturverzeichnis

ARNOZIS, P.A.; NELEMANS, J.A.; FINDENEGG, G.R.: Phosphoenolpyruvate carboxylase activity in plants grown with either NO_3^- or NH_4^+ as inorganic nitrogen source. J. Plant Physiol. 132, 23-27 (1988).

GANMORE-NEUMANN, R.; KAFKAFI, U.: The effect of root temperature and NO_3^-/NH_4^+ ratio on strawberry plants. I Growth, flowering, and root development. Agronomy Journal 75, 941-947 (1983).

HORST, W.J.: The role of the apoplast in aluminium toxicity and resistance of higher plants : a review. Z. Pflanzenernähr. Bodenk. 158, 419-428 (1995).

MARSCHNER, H.; RÖMHELD, V.; OSSENBERG-NEUHAUS, H.: Rapid method for measuring changes in pH and reducing processes along roots of intact plants. Z.Pflanzenphysiol. 105, 407-416 (1982).

PAKZAD, F.: Untersuchungen über den Einfluß von Ammonium- bzw. Nitrat-Stickstoff auf die Entwicklung und Ertragsbildung von Reis sowie auf die Stickstoffverluste aus der Düngung. Diss. Tropeninstitut der Justus- Liebig-Universität Gießen (1975).

RAAB, T.K.; TERRY, N.: Carbon, nitrogen, and nutrient interactions in *Beta vulgaris* L. as influenced by nitrogen source, NO_3^- versus NH_4^+. Plant Physiol. 107, 575-584 (1995).

RAVEN, J.A.: Biochemical disposal of excess H^+ in growing plants? New Phytol. 76, 415-431 (1986).

SATTELMACHER, B.: Kurzmitteilung - Short communication methods for measuring root volume and for studying root morphology. Z. Pflanzenernähr.Bodenk. 150, 54-55 (1987).

TANG, C.; KUO, J.; LONGNECKER, N.E.; THOMSON, C.J.; GREENWAY, H.; ROBSON, A.D.: Lupin (*Lupinus angustifolius* L.) and pea (*Pisum sativum* L.) roots differ in their sensitivity to pH above 6.0. J. Plant Physiol. 140, 715-719 (1992).

TANG, C.; LONGNECKER, N.E.; GREENWAY, H.; ROBSON, A.D.: Reduced root elongation of *Lupinus angustifolius* L. by high pH is not due to decreased membrane integrity of cortical cells or low proton production by the roots. Annals of Botany 78, 409-414 (1996).

TANIMOTO, E.; WATANABE, J.: Automated recording of lettuce root elongation as affected by auxin and acid pH in a new rhizometer with minimum mechanical contact to roots. Plant Cell Physiol. 27 (8), 1475-1487 (1986).

WIESLER, F.: Agronomical and physiological aspects of ammonium and nitrate nutrition of plants. Z. Pflanzenernähr. Bodenk. 160, 227-238 (1997).

Pflanzenernährung, Wurzelleistung und Exsudation.
8. Borkheider Seminar zur Ökophysiologie des Wurzelraumes.
(Ed. W. Merbach) B. G. Teubner Verlagsgesellschaft Stuttgart, Leipzig 1998, pp. 80-86

BEDEUTUNG DES APOPLASTISCHEN EISENS IN DEN WURZELN VON TOMATE UND GERSTE IN BODENKULTUREN FÜR DIE ERNÄHRUNG DER PFLANZE

STRASSER, O.; RÖMHELD, V.
Institut für Pflanzenernährung (330)
Universität Hohenheim
D - 70593 Stuttgart

Abstract

Roots of soil-grown plants have a high Fe concentration, most of which is in a less soluble, extracellular fraction. This Fe fraction is mainly the result of soil contamination at the root surface and has a low availability to the plants. Apoplastic Fe is a distinct extracellular, more soluble Fe fraction, with a higher plant availability. Apoplastic Fe is located inside the plant tissue. We could show that both Fe fractions can be distinguished by their solubility and plant availability. In roots, the cortex plays a crucial role in storing apoplastic Fe, since the cortex is easily accessible to the soil solution. However, the concentration of the apoplastic fraction is very low in soil-grown roots and therefore apoplastic Fe does not play an important role as a storage pool of Fe for the plant under conditions of Fe deficiency. Iron from soil contamination were less soluble and were not mobilised under Fe deficiency.

Zusammenfassung

Wurzeln von im Boden gewachsenen Pflanzen haben hohe Konzentrationen an Fe, die auf Bodenverunreinigungen zurückgehen. Hierbei handelt es sich um extrazelluläres, schwer lösliches, schwer pflanzenverfügbares Fe. Wesentlich geringer ist dagegen die Menge an apoplastischem Fe, das ebenfalls extrazellulär aber pflanzenverfügbar und leichter löslich ist. Wir konnten zeigen, daß sich beide Fe-Fraktionen aufgrund ihrer unterschiedlichen Löslichkeit und Verfügbarkeit für Pflanzen unterscheiden lassen. Wegen der geringen Konzentration am gesamten extrazellulären Fe ist die Bedeutung des apoplastischen Fe in der Wurzel als Fe-Speicher unter Fe-Mangelbedingungen minimal. Die eisenhaltigen Bodenverunreinigungen sind weniger löslich und wurden unter Fe-Mangel nicht mobilisiert.

Einleitung

Es gibt Hinweise auf die Bedeutung des Wurzelapoplasten als Speicherraum für Nährstoffe, wie z.B. Eisen (LONGNECKER u. WELCH 1990) und Zink (ZHANG et al. 1992). In der vorliegenden Arbeit sollte der Umfang der Apoplastenbeladung mit Fe unter ökologisch relevanten Bedingungen bestimmt werden. Bisher wurde aufgrund von Daten, die sowohl in Nährlösungskulturen als auch in Bodenkulturen gewonnen wurden, von großen Mengen an apoplastischem Eisen in Wurzeln ausgegangen. Im Gegensatz zu Nährlösungskulturen kann bei Bodenkulturen, in denen Wurzeln mit direktem Bodenkontakt wachsen, extrazelluläres Eisen nicht vollständig entfernt werden. Es kann daher vermutet werden, daß es sich bei den bisher in Bodenkulturen gemessenen hohen Eisengehalten in den Wurzeln nicht nur um apoplastisches Eisen, sondern auch um schwer lösliche Fe-Formen aus Bodenkontaminationen der Rhizoplane handelte. Daher hatte die vorliegende Arbeit neben einer Bestimmung der apoplastischen Eisengehalte in Wurzeln von Bodenkulturen auch das Ziel, die Bedeutung der extrazellulären Fe-Kontaminationen als Eisenquelle unter Fe-Mangelbedingungen zu untersuchen.

Material und Methoden

Alle hier vorgestellten Versuche wurden mit einer Parabraunerde mit einem DTPA-extrahierbaren Fe-Gehalt von 22,6 mg Fe kg^{-1} und einem pH-Wert von 6,3 ($CaCl_2$) durchgeführt. Die Bodendichte betrug 1,3 g cm^{-3} und die Bodenfeuchtigkeit 20 % (w/w).

Anzucht von Pflanzen mit direktem Wurzel-Boden-Kontakt:

Gerste (*Hordeum vulgare* L., cv. Alexis) wurde nach einer 14-tägigen Anzucht im Boden geerntet und die Wurzeln wurden gründlich mit H_2O gewaschen, bis keine Bodenpartikel mehr an den Wurzeln hafteten. Anschließend wurde das mit der Methode von BIENFAIT et al. (1985) entfernbare extrazelluläre Fe der Wurzeln und die verbleibende Fe-Konzentration in den Wurzeln bestimmt.

Anzucht von Pflanzen ohne direkten Wurzel-Boden-Kontakt:

Die Wurzeln wuchsen innerhalb einer Membrantasche aus einer Polyamidmembran und hatten keinen direkten Kontakt zum Boden, um eine Verunreinigung der Wurzeln mit Boden zu vermeiden. Die Membran ist hydrophil und hat eine Porengröße von 0,65 µm. Die Membrantasche war auf beiden Seiten von einem Bodenkompartiment umgeben. Die Bewässerung erfolgte über Tonkerzen. Als Versuchspflanzen wurden Gerste und Tomate (*Lycopersicum esculentum*, Wildtyp T3238FER) verwendet.

Bestimmung des apoplastischen Fe:

Der Nachweis von apoplastischem Fe erfolgte nach der Methode von BIENFAIT et al. (1985). Dabei wurde an der Wurzel ausgefallenes Fe(III) mit dem Reduktionsmittel Natriumdithionit unter N_2-Begasung zu Fe(II) reduziert (7 min). Dieses Fe(II) wurde an den Fe(II)-Chelator 2,2′-Bipyridin gebunden und photometrisch gemessen.

Untersuchung zur Bedeutung des extrazellulären Fe von Bodenkulturen als Fe-Quelle unter Fe-Mangelbedingungen:

Pflanzen wurden für 12 Tage im Boden angezogen. Anschließend wurden die Pflanzen vom Boden auf eisenfreie (-Fe) Nährlösung umgesetzt. Vor dem Umsetzen wurden die Wurzeln sehr gründlich mit Wasser gewaschen, so daß keine Bodenpartikel mehr sichtbar waren. Der Fe-Ernährungszustand der Pflanze wurde durch die Bestimmung der Chlorophyllgehalte bzw. die Entwicklung einer Fe-Mangelchlorose charakterisiert. Dafür wurden täglich SPAD-Metermessungen durchgeführt. Zur Überprüfung der Fe-Mobilisierung aus dem extrazellulären Fe-Pool durch die Pflanze wurde eine Gruppe von Pflanzen nach dem Waschen mit H_2O und einer Bestimmung des apoplastischen Fe mit für Pflanzen leicht verfügbarem Fe-Hydroxid beladen. Die Beladung erfolgte mit $FeCl_3$ (10^{-3}M, 3h), wobei Fe(III) an der Wurzel ausfiel.

Ergebnisse

Mit der Methode von BIENFAIT et al. (1985) konnte aus Gerstenwurzeln von Bodenkulturen mit direktem Wurzel-Bodenkontakt 1187 ± 227 mg extrazelluläres Fe kg^{-1} Wurzeltrockengewicht entfernt werden. Trotz der Entfernung dieser großen Mengen an extrazellulärem Fe lag die Fe-Konzentration in den Wurzeln (3328 ± 527 mg Fe kg^{-1} Wurzeltrockengewicht) noch weit über der Fe-Konzentration im Sproß (112 ± 6 mg Fe kg^{-1} Trockengewicht). Die Beladung des Wurzelapoplasten mit Fe lag nach einer Anzucht von Pflanzen in Membrantaschen bei 30 mg Fe kg^{-1} Wurzeltrockengewicht (Abb. 1). Der Umfang der Apoplastenbeladung mit Fe in Tomate (Strategie I) unterschied sich nicht von dem in Gerste (Strategie II).

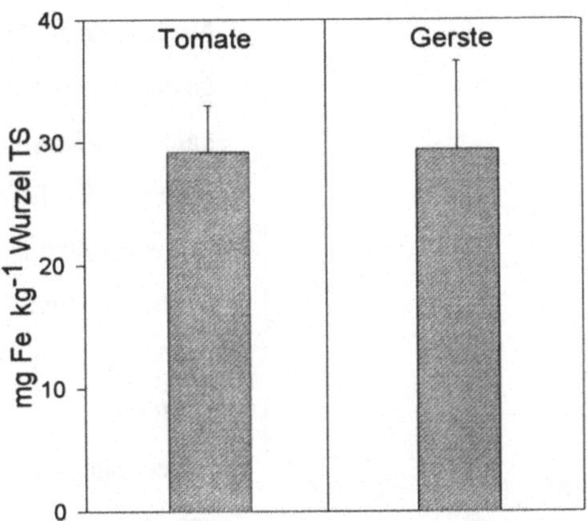

Abb. 1: Apoplastische Fe-Konzentration der Wurzeln nach einer Anzucht für 14 Tage in Membrantaschen.

Im Gegensatz zu der Anzucht von Gerste mit direktem Bodenkontakt lag hier die Fe-Konzentration in den Gerstenwurzeln nach dem Entfernen des apoplastischen Fe bei 68 ± 20 mg Fe kg^{-1} TS und entsprach damit etwa der Fe-Konzentration im Sproß von 77 ± 3 mg Fe kg^{-1} TS.

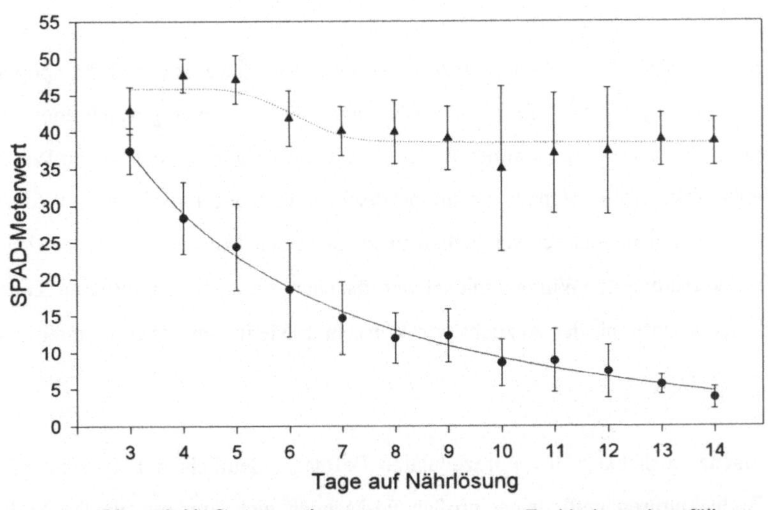

Abb. 2: Entwicklung einer Fe-Mangelchlorose bei Gerste nach einem Transfer vom Boden auf -Fe-Nährlösung, bestimmt durch tägliche SPAD-Metermessungen.

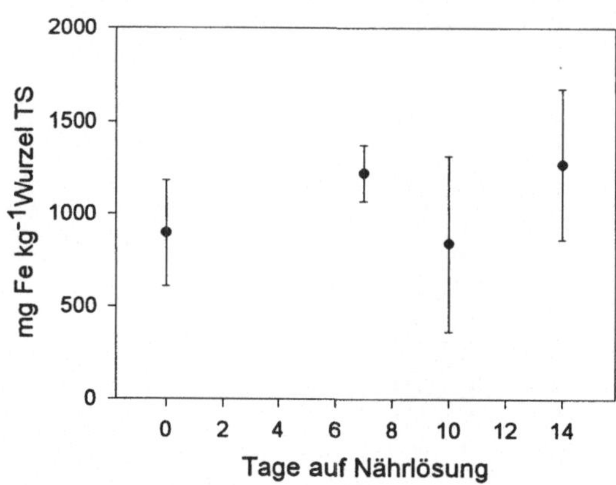

Abb. 3: Extrazelluläre Fe-Konzentration von Gerstenwurzeln nach einem Transfer vom Boden auf -Fe Nährlösung.

Nach einem Transfer von im Boden gewachsener Gerste in -Fe-Nährlösung kam es schon nach wenigen Tagen zu einer deutlichen Abnahme der Chlorophyllkonzentration im Sproß (Abb. 2), obwohl mit der Methode von BIENFAIT et al. (1985) noch etwa 1000 mg extrazelluläres Fe kg^{-1} Trockengewicht von den Wurzeln entfernt werden konnte (Abb. 3). Diese durch Reduktion entfernbaren Fe-Gehalte der Wurzeln blieben über die Versuchsdauer von 14 Tagen etwa gleich, obwohl die Fe-Mangelchlorose zunahm. Im Gegensatz zu den nur mit H_2O gewaschenen Pflanzen entwickelten die mit einer Fe-Hydroxidausfällung keine Chlorose. Die mit der Methode von BIENFAIT et al. (1985) entfernbaren Fe-Mengen lagen nach einer Fe-Hydroxidausfällung während der gesamten Versuchszeit über 14000 mg Fe kg^{-1} Wurzeltrockengewicht.

Diskussion

Mit der Anzucht von Pflanzen in Membrantaschen konnte gezeigt werden, daß die apoplastische Fe-Konzentration (30 mg Fe kg^{-1} TS) in den Wurzeln von im Boden gewachsenen Pflanzen deutlich niedriger ist, als bisher angenommen wurde. Die Schlußfolgerung, daß in den Wurzeln mit direktem Bodenkontakt große Mengen an apoplastischem Fe vorkommen, wurde von großen Mengen an festgebundenem und schwer löslichem Fe in diesen Wurzeln abgeleitet (MENGEL 1994). Eine Verunreinigung der Wurzeln mit schwer löslichem Fe durch den direkten Kontakt der Wurzeln mit Boden konnte mit der Anzucht von Wurzeln in Membrantaschen vermieden werden (Abb. 4).

Die unterschiedliche Löslichkeit des extrazellulären Fe macht deutlich, daß es sich bei den in Wurzeln aus Bodenkulturen gefundenen großen Fe-Mengen nicht um die gleiche Fe-Fraktion handeln kann, die bei Nährlösungskulturen nachgewiesen wurde. Das extrazelluläre Fe von Wurzeln aus Bodenkulturen war sehr viel schlechter löslich als das von Wurzeln aus

Nährlösungskulturen. Daher konnte mit der Methode von BIENFAIT et al. (1985) nicht das gesamte extrazelluläre Fe von Wurzeln mit direktem Bodenkontakt entfernt werden. Auch durch ein Waschen der Wurzeln mit 0,5 N HCl läßt sich die Eisenkonzentration von diesen Wurzeln nicht bis auf die Fe-Konzentration des Sproßes reduzieren (MENGEL 1994). Wahrscheinlich handelte es sich bei dieser schwer löslichen Fe-Fraktion um Bodeneisen, das nicht durch Waschen von der Wurzel entfernt werden konnte.

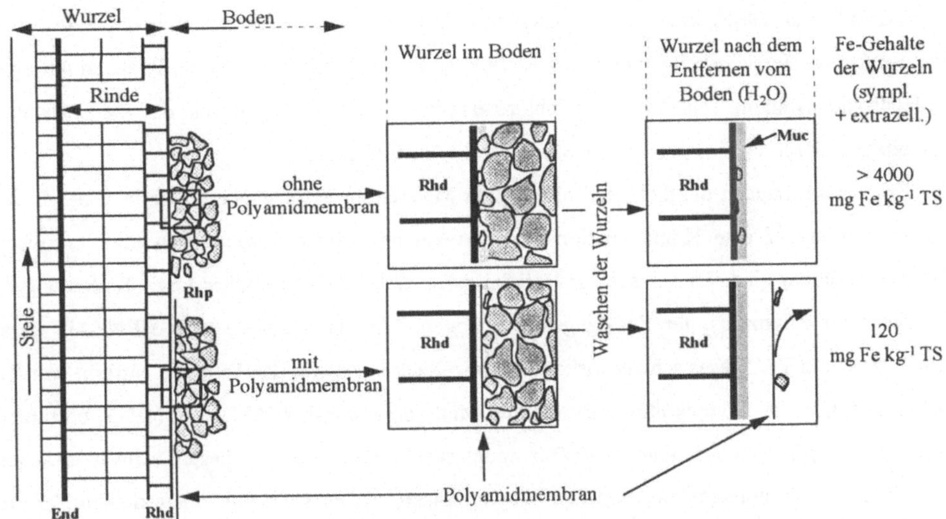

Abb. 4: Schematische Darstellung der Anzucht von Wurzeln mit und ohne direkten Kontakt der Wurzeln mit Boden und der daraus resultierenden Eisengesamtgehalte der Wurzeln.

Dagegen konnte bei einer Anzucht von Gerste mit 10^{-4} M FeEDTA in Nährlösung nach 35 Tagen das gesamte extrazelluläre Fe (1300 mg Fe kg^{-1} TS) von der Wurzel entfernt werden (VON WIRÉN et al. 1995). Nach dem Entfernen des apoplastischen Fe lag die Fe-Konzentration der Wurzeln noch bei ca. 80 mg kg^{-1} TS (VON WIRÉN et al. 1995). Dieser Wert stimmt gut mit der Fe-Konzentration in Wurzeln überein, die zwischen Membranen angezogen und von denen das apoplastische Fe entfernt wurde (68 ± 20 mg Fe kg^{-1} TS).

Das extrazelluläre Fe von Wurzeln aus Bodenkulturen war nicht nur schlechter löslich, sondern auch weniger gut pflanzenverfügbar. Gerste war nach einem Transfer vom Boden auf -Fe-Nährlösung nicht in der Lage, den relativ großen extrazellulären Fe-Pool der Wurzeln von etwa

1000 mg Fe kg^{-1} TS unter den gegebenen Versuchsbedingungen zu nutzen. Die Pflanzen entwickelten schon nach wenigen Tagen eine Fe-Mangelchlorose. Nach einer Fe-Beladung des Wurzelapoplasten in Nährlösungskulturen konnte dagegen gezeigt werden, daß Gerste unter axenischen und nicht axenischen Bedingungen in der Lage ist, die gesamte Menge an apoplastischem Fe zu nutzen (VON WIRÉN et al. 1995).

Die Möglichkeit, daß die Gerste nach dem Transfer von Boden auf -Fe-Nährlösung aufgrund einer zu starken Verdünnung der Phytosiderophore extrazelluläres Fe nicht mobilisieren konnte (BIENFAIT et al. 1985), kann hier ausgeschlossen werden. Die Pflanzen waren in der Lage, unter den gegebenen Versuchsbedingungen extrazelluläres Fe zu mobilisieren, da bei Pflanzen mit einer Fe-Hydroxidausfällung keine Fe-Mangelchlorose auftrat. Vielmehr zeigte sich, daß die Löslichkeit des extrazellulären Fe eine große Bedeutung für die Verfügbarkeit hat.

Die Ergebnisse machen deutlich, daß die großen Mengen an extrazellulärem Fe in Wurzeln aus Bodenkulturen auf eine Kontamination der Wurzeln mit Boden zurückgehen und nur wenig pflanzenverfügbar sind. Dieses schwer lösliche extrazelluläre Fe hat daher keine Bedeutung als Fe-Quelle für Pflanzen unter Fe-Mangelbedingungen. Mit der Methode von BIENFAIT et al. (1985) kann ein Teil dieses schwer löslichen extrazellulären Fe von den Wurzeln entfernt werden. Daher entspricht bei Bodenkulturen das mit der Methode von BIENFAIT et al. (1985) bestimmte Fe nicht dem pflanzenverfügbaren Fe. Das apoplastische Fe sollte von diesem schwer löslichen, extrazellulären Fe unterschieden werden. Das apoplastische Fe stellt nur einen kleinen Teil des gesamten extrazellulären Fe dar. Es ist pflanzenverfügbar und mit der Methode von BIENFAIT et al. (1985) vollständig entfernbar. In Wurzeln von im Boden gewachsenen Pflanzen ist die Bedeutung des apoplastischen Fe als Fe-Speicher wegen seines geringen Anteils am extrazellulären Fe-Pool und seiner damit niedrigen Fe-Konzentration minimal.

Literaturverzeichnis

BIENFAIT, H.F.; VAN DEN BRIEL, W.; MESLAND-MUL, N.T.: Free space iron pools in roots: generation and mobilisation. Plant Physiol. 78: 596-600 (1985).

LONGNECKER, N.; WELCH, R.M.: Accumulation of apoplastic iron in plant roots. Plant Physiol.. 92: 17-22 (1990).

MENGEL, K.: Iron availability in plant tissues - iron chlorosis on calcareous soils. Plant and Soil 165: 275-283 (1994).

VON WIRÉN, N.; RÖMHELD, V.; SHIOIRI, T.; MARSCHNER, H.: Competition between micro-organisms and roots of barley and sorghum for iron accumulated in the root apoplasm. New Phytol. 130: 511-521 (1995).

ZHANG, F.S.; RÖMHELD, V.; MARSCHNER, H.: Role of root apoplast for zinc acquisition by wheat plants. Proc. of Intern. Symp. on the Role of Sulfur, Magnesium and Micronutrients in Balanced Plant Nutrition 326-332 (1992).

Pflanzenernährung, Wurzelleistung und Exsudation.
8. Borkheider Seminar zur Ökophysiologie des Wurzelraumes.
(Ed. W. Merbach) B.G. Teubner Verlagsgesellschaft Stuttgart, Leipzig 1998, pp. 87-94

EINFLUSS VON AMMONIUM, NITRAT UND BIKARBONAT AUF DEN pH IM WURZELAPOPLASTEN VON *ZEA MAYS* L.

ESCH, A.; KOSEGARTEN, H.
Institut für Pflanzenernährung
Justus-Liebig-Universität Gießen
Südanlage 6
D - 35390 Gießen

Abstract

The liquid in the free space of root cell walls, the apoplast, is in direct contact with the plasma membrane and its nutrient uptake systems. Therefore, the pH of the root apoplast is of utmost interest. After coupling the pH sensitive dye, Fluoresceinboronsäure, to the root cell wall, ratiometric pH data of high statistical significance were obtained from root cell populations. NH_4^+-uptake caused a decrease in the root apoplast pH, highest in the zone of elongation. NO_3^--uptake and application of bicarbonate, reflecting the conditions of calcareous soil solution, caused an increase in apoplast pH, highest in the root hair zone. The physiological processes are discussed.

Zusammenfassung

Dem pH-Wert des Wurzelapoplasten kommt eine fundamentale Rolle für die Nährstoffaufnahme über die Wurzel zu, denn die Aufnahmesysteme des Plasmalemmas stehen in direktem Kontakt mit der Apoplastenflüssigkeit. Durch kovalente Kopplung von Fluoresceinboronsäure in der Zellwand steht ein sensibles Instrumentarium zur Verfügung, um den durchschnittlichen pH-Wert von Wurzelabschnitten mittels Fluoreszenzratio-Technik zu messen. Ammoniumaufnahme führt zur Versauerung im Wurzelapoplasten, besonders in der Zellstreckungszone. Nitrataufnahme, besonders in Gegenwart von Bikarbonat und zwar entsprechend den Bedingungen in der Bodenlösung von Karbonatböden, führt zur Alkalisierung des Apoplasten, besonders in der Wurzelhaarzone. Die physiologischen Wirkungen werden diskutiert.

Einleitung

Es ist schon lange bekannt, daß in der Außenlösung der Wurzel Ammonium zur Versauerung und Nitrat zur Alkalisierung führt (KIRKBY u. MENGEL 1967, SMILEY 1974). Die Kernfrage unserer Untersuchungen war daher, ob diese Verhältnisse ebenfalls im Wurzelapoplasten reflektiert werden. Unglücklicherweise sind nur wenige Methoden verfügbar, um den pH in diesem Kompartiment der Wurzel zu messen. So können beispielsweise pH-Werte an der Oberfläche der Wurzel unter Zuhilfenahme von Mikroelektroden bestimmt werden (CLELAND 1976, JACOBS u. RAY 1976, SHABALA et al. 1997). Die Messung des pH-Wertes im Wurzelapoplasten mittels Fluoreszenz gestaltet sich zunächst komplizierter als im Blatt (HOFFMANN u. KOSEGARTEN 1995). Der Apoplast der Wurzel ist ein freier Diffusionsraum, der mit der Außenlösung in direkter Verbindung steht. Insofern ist eine Beladung des Wurzelapoplasten mit einem pH-abhängig reagierenden Fluoreszenzfarbstoff über ein simples Hineindiffundieren nicht möglich, denn ein Medienwechsel führt wieder zum Herauswaschen des Farbstoffes.

Auf Grund dieser methodischen Problematik wurde eine Farbstoffgruppe entwickelt, die kovalent im Wurzelapoplasten gekoppelt werden kann. Es handelt sich um boronsäuregekoppelte Fluoresceine (GLÜSENKAMP et al. 1997 a). Diese Farbstoffe werden vermutlich über Diesterbindung an OH-Gruppen von Zuckern der Rhamnogalacturonan II-Fraktion (KOBAYASHI et al. 1996) im Wurzelapoplasten verankert und zeigen eine borsäurespezifische Markierung der verschiedenen Entwicklungszonen der Wurzel an (GLÜSENKAMP et al. 1997 b). Die vorliegende Arbeit befaßt sich weniger mit den methodischen Belangen, als vielmehr mit dem pH-Wert im Wurzelapoplasten bei unterschiedlicher Ernährung (NH_4^+,NO_3^- und HCO_3^-), und zwar unter Bedingungen, wie sie in der Bodenlösung unter sauren und alkalischen Ernährungsbedingungen vorliegen. Zusätzlich wurden auch die physiologischen Reaktionen in den verschiedenen Wurzelzonen (Zellteilungs-, Zellstreckungs- und Wurzelhaarzone) untersucht.

Material und Methoden

Die Experimente wurden mit jungen Wurzeln (2 Tage) intakter Keimlinge (*Zea mays* L. cv Helix) durchgeführt. Die Markierung des Wurzelapoplasten erfolgte mittels FITC-Boronsäure (GLÜSENKAMP et al. 1997 b), und die pH-Messung erfolgte mittels Fluoreszenzratio-Technik: Anregung bei 490 nm und 450 nm, Emission bei 530 nm (HOFFMANN u. KOSEGARTEN 1995). Im kontinuierlichen Fluß konnte nach Medienwechsel direkt der Einfluß einer veränderten Ernährung auf den pH im Apoplasten distinkter Wurzelbereiche gemessen werden

(KOSEGARTEN et al. 1997). Der pK_s der FITC-Boronsäure liegt bei 5.48 und ist damit sehr geeignet, die pH-Bereiche im Wurzelapoplasten sensitiv zu erfassen.

Ergebnisse

Prinzip der pH-Messung im Wurzelapoplasten:

Abb. 1 zeigt den Verlauf der Fluoreszenzintensitäten von FITC-Boronsäure nach Kopplung im Apoplasten im Bereich der Wurzelhaarzone, und zwar nach Anregung bei 490 nm und 450 nm. Die erstere Wellenlänge reagiert bei verschiedenen pH-Werten im Außenmedium sehr pH-sensitiv, die letztere insensitiv (Medienwechsel pH 5,0 nach pH 8,6). Da bei beiden Wellenlängen die Fluoreszenz der Fluoresceinboronsäure auch und zwar gleichermaßen von der Farbstoffkonzentration abhängt, kann der Konzentrationseffekt durch Verhältnisbildung der Fluoreszenzintensitäten aus den beiden Anregungswellenlängen zueinander eliminiert werden.

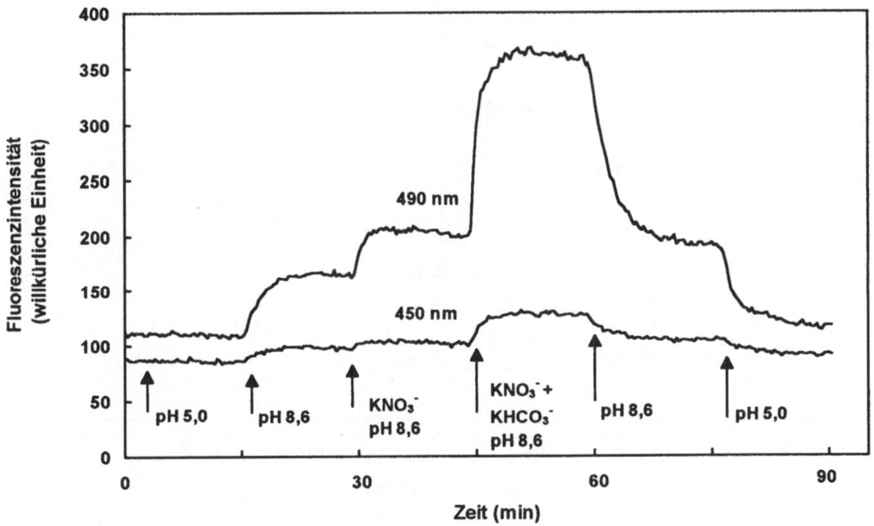

Abb. 1: Verlauf der Fluoreszenzintensitäten von Fluoresceinboronsäure im Wurzelapoplasten von *Zea mays* nach Anregung bei 490 nm und 450 nm bei Medienwechsel (pH 5,0 nach pH 8,6) und Applikation von Nitrat (6 mM) / Bikarbonat (10 mM).

Daher reagiert die Fluoreszenzratio ausschließlich pH-abhängig und zwar sehr sensitiv zwischen pH 4,7 und 6,0 (nicht gezeigt). Aus den Ratio-Werten können dann mittels modif.

HENDERSON-HASSELBALCH-Gleichung apoplasmatische pH-Werte durch Einsetzen der entsprechenden Koeffizienten errechnet werden (HOFFMANN u. KOSEGARTEN 1995).
Der Medienwechsel von pH 8,6 in der Außenlösung auf den Ausgangs-pH 5,0 am Ende des Experimentes (nach 75 min) führte bei beiden Wellenlängen auf ein Fluoreszenzniveau, das auch zu Beginn des Experimentes gemessen wurde. Das bedeutet, daß der Farbstoff kovalent im Apoplasten gekoppelt vorliegt und nicht ausgewaschen wird, denn sonst wären die Fluoreszenzintensitäten deutlich gegenüber dem Anfangsniveau erniedrigt gewesen.
Abb. 2 zeigt den pH-Verlauf nach Berechnung gemäß modif. HENDERSON-HASELBALCH-Gleichung aus den beiden Verlaufskurven der Einzelfluoreszenzintensitäten (Abb. 1). Bei einem Außen-pH von 5,0 lag der pH im Apoplasten der Wurzelhaarzone bei pH 4,9.

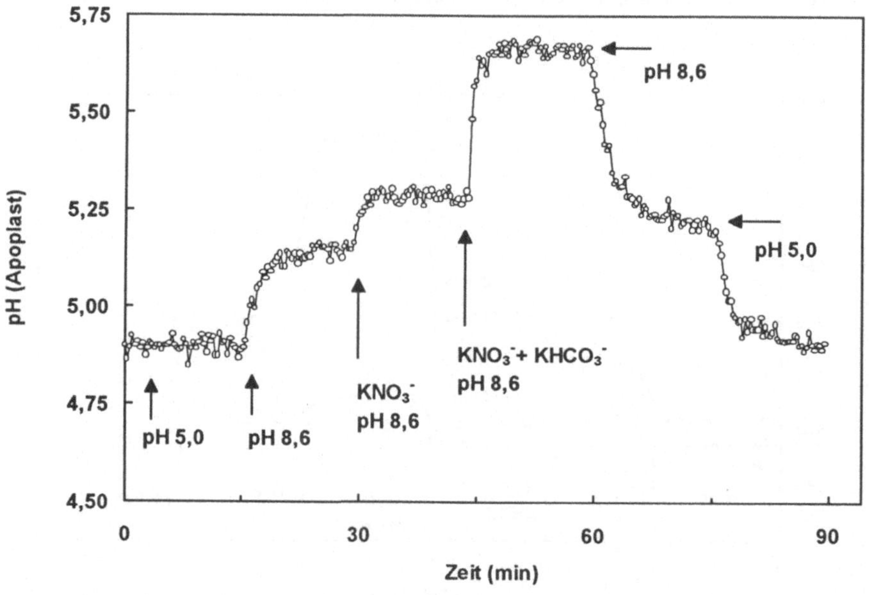

Abb. 2: Apoplasten-pH im Wurzelapoplasten von *Zea mays* nach Zugabe von NO_3^- (6mM) und HCO_3 (10 mM).

Große pH-Änderungen in der Außenlösung, wie beim Medienwechsel von pH 5,0 auf pH 8,6, führten auf Grund der hohen Pufferkapazität der Zellwand nur zu einer unwesentlichen pH-Erhöhung von 0,3 Einheiten.

Sowohl die Applikation von Nitrat wie auch von Bikarbonat bewirkte eine Alkalisierung, und zwar von 0,2 bzw. 0,4 pH-Einheiten. Die Alkalisierung war in beiden Fällen permanent. Hervorzuheben ist weiterhin die momentane Reaktion der pH-Änderung im Apoplasten auf eine Zugabe von NO_3^- und HCO_3^-. Sowohl die puffernde Wirkung von Bikarbonat wie auch die augenblickliche Reaktion sprechen dafür, daß die gemessenen pH-Werte den realen pH-Werten im Apoplasten intakter Wurzeln unter diesen Bedingungen entsprechen. Nach Medienwechsel am Ende des Experimentes von pH 8,6 auf den Ausgangs-pH in der Außenlösung und Entfernen von NO_3^-/HCO_3^- wurde in nur wenigen Sekunden der Anfangs-pH im Wurzelapoplasten erreicht. Dieses Ergebnis belegt eindeutig, daß der Farbstoff kovalent im Apoplasten verankert ist und nicht weiter in das Cytosol hineindiffundiert, denn sonst hätte sich ein kontinuierlicher pH-Anstieg zeigen müssen.

Einfluß von Ammonium, Nitrat und Bikarbonat auf den pH im Apoplasten der Wurzel in verschiedenen Entwicklungszonen:

Die Applikation von Ammonium (1 mM) zeigte in allen untersuchten Wurzelzonen eine Ansäuerung des Wurzelapoplasten. Die Ansäuerung lag in einem Bereich zwischen 0,01 bis 0,04 pH-Einheiten und war mit 0,04 pH-Einheiten in der anfänglichen Zellstreckungszone am stärksten ausgeprägt (Abb. 3). Die Zugabe von Nitrat (6 mM) zeigte eine Alkalisierung (0,03 bis 0,2 pH-Einheiten) und zwar ebenfalls in allen Entwicklungszonen der Wurzel. Allerdings war die Alkalisierung in der Zellstreckungszone nur transient, während sie in der Wurzelhaarzone permanent und auch am stärksten ausgeprägt war. Die zusätzliche Zugabe von Bikarbonat (10 mM) führte auf Grund seiner Pufferwirkung in allen Wurzelbereichen zu einer permanenten Alkalisierung, und zwar wurde der pH gegenüber dem Ausgangs-pH um 0,06 bis 0,4 pH-Einheiten angehoben. Der Alkalisierungseffekt war in der Wurzelhaarzone besonders stark ausgeprägt (0,3 bis 0,4 pH-Einheiten).

Diskussion

Mittels kovalenter Kopplung von Fluoresceinboronsäure in der Zellwand (GLÜSENKAMP et al. 1997 b) und Anwendung der Fluoreszenzratio-Technik (HOFFMANN u. KOSEGARTEN 1995) liegt eine sensible Methode vor, um den pH im Apoplasten intakter Wurzeln zu messen.

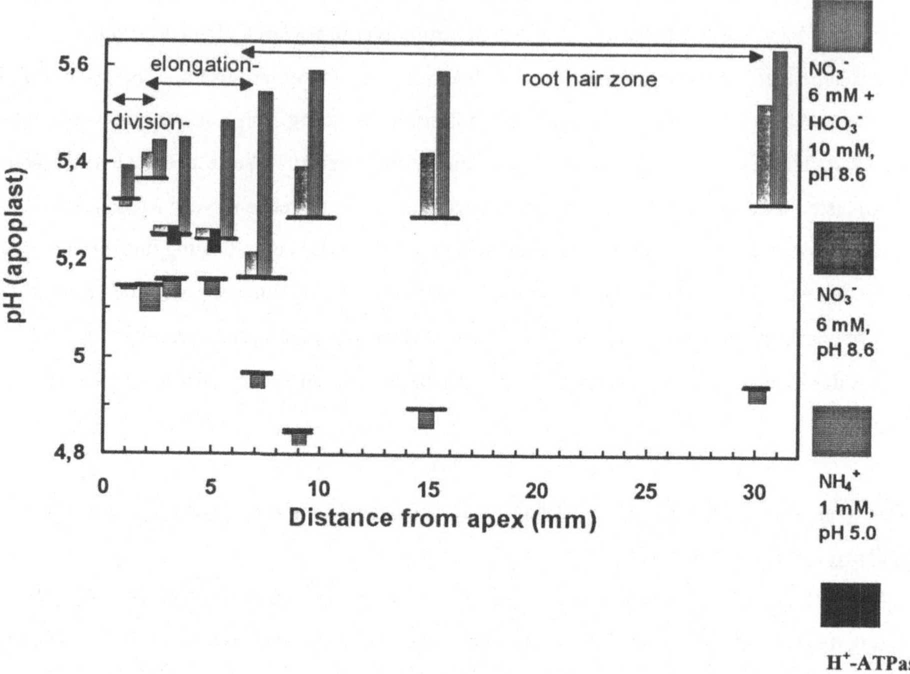

Abb. 3: Einfluß von NH_4^+ (1 mM), NO_3^- (6 mM) und HCO_3^- (10 mM) auf den Apoplasten-pH in den verschiedenen Wurzelzonen von *Zea mays*. Die Basislinie gibt den jeweiligen Ausgangs-pH an und die obere Begrenzung des Balkens das spezifische pH-Niveau der jeweiligen Ernährung. Die schwarzen Balken in der Zellstreckungszone zeigen die Rückansäuerung nach transienter Nitratalkalisierung an.

Der sensible Bereich des Farbstoffes liegt zwischen pH 4,7 und 6,0 (Daten nicht gezeigt) und deckt damit den physiologischen pH-Bereich im Wurzelapoplasten ab. Die pH-Messungen wurden an Wurzelbereichen einer Fläche von etwa $1 mm^2$ ausgeführt, spiegeln also durchschnittliche pH-Werte wider. Ähnlich wie bei den apoplasmatischen pH-Werten im Blatt (HOFFMANN u. KOSEGARTEN 1995) dürften selbst geringfügige pH-Änderungen auf makroskopischer Ebene viel stärkere pH-Gradienten, bezogen auf die Ebene einzelner Zellen, sowohl zwischen den verschiedenen Ernährungsformen als auch Entwicklungszonen der Wurzel (Abb. 3) widerspiegeln. Im Blattapoplasten zeigen sich auf Zellebene pH-Gradienten von 1 bis 2 Einheiten (HOFFMANN u. KOSEGARTEN 1995). Da sich bereits auf makroskopischer Ebene interessante Zusammhänge zwischen unterschiedlicher Ernährung und Entwicklungszonen der Wurzeln und Apoplasten-pH abzeichnen (Abb. 3), ist mit sehr interessanten Erkenntnissen bei Anwendung der „Ratio-Imaging-Technik“ (HOFFMANN u. KOSEGARTEN 1995) zu rechnen.

Die Applikation von Ammonium (1 mM) wirkt azidifizierend auf den Wurzelapoplasten, die Zugabe von Nitrat (6 mM) alkalisierend (Abb. 2 und 3) und spiegelt damit die Verhältnisse des Wurzelaußenmediums in der Nährlösung wie in der Rhizosphäre wider (KIRKBY u. MENGEL 1967; SMILEY 1974). Die Aufnahme von Ammonium erfolgt entlang eines elektrochemischen Gefälles über ein hochaffines Aufnahmesystem (NINNEMANN et al. 1994), das vermutlich als Ionenkanal arbeitet. NH_4^+-Aufnahme führt zur Absenkung des Membranpotentials (HERRMANN u. FELLE 1995), und es wird angenommen, daß im Zuge der Depolarisierung die H^+-ATPase stimuliert wird. Die besonders starke pH-Absenkung in der anfänglichen Zellstreckungszone könnte mit einer Konzentrierung von Protonenpumpen in diesem Bereich zusammenhängen, ein Phänomen, das sich bereits bei verschiedenen Geweben und Zelltypen gezeigt hat (CANNY 1987, PARETS-SOLER et al. 1990) und im Apoplasten zur Ausbildung lokaler Domänen mit hohen Protonenkonzentrationen führt. Die höchste pH-Absenkung im Bereich der Zellstreckungszone (Abb. 3) könnte darauf hindeuten, daß Ammoniumernährung eine generelle Bedeutung für das Wurzelwachstum hat (Säure-Wachstumstheorie nach HAGER et al. 1971).
Interessanterweise konnte BLOOM (1996) bei *Zea mays* mittels Mikroelektroden kürzlich zeigen, daß die Aufnahmerate von NH_4^+ in dieser anfänglichen Zellstreckungszone am höchsten ist.

Nitrataufnahme führt zur Alkalisierung im Wurzelapoplasten und zwar besonders in der Wurzelhaarzone (Abb. 3), also dem Bereich, wo die Aufnahmerate von Nitrat am höchsten ist (BLOOM 1996). Eine Reihe von elektrophysiologischen Untersuchungen haben gezeigt, daß die Aufnahme von Nitrat an einen pH-Gradienten gekoppelt ist und zur Depolarisierung in der Zelle führt. Als Mechanismus der Nitrataufnahme wird daher ein Nitrat/H^+-Cotransport angenommen (ULLRICH 1992). Die transiente Alkalisierung und die anschließende Rückansäuerung (Abb. 3) in der Zellstreckungszone könnte mit einer Häufung von H^+-Pumpen in dieser Zellregion zusammenhängen. Der Apoplasten-pH ist in Gegenwart von Nitrat/Bikarbonat in allen Wurzelzonen erhöht und ist neben dem Nitrat/H^+-Cotransport auf die Pufferwirkung von Bikarbonat zurückzuführen. Die Applikation von Nitrat/Bikarbonat spiegelt die Bedingungen in der Bodenlösung von Karbonatböden wider. Demnach könnten die hohen pH-Werte im Apoplasten die direkte Ursache der Immobilisierung von Eisen in der Wurzel von chlorotischen Pflanzen sein, die auf Karbonatböden wachsen und damit zu einer gestörten Eisenverteilung in der Pflanze führen (MENGEL 1995).

Literaturverzeichnis

BLOOM, A.J.: Nitrogen dynamics in plant growth systems. Life Support & Biosphere Science 3, 35-41 (1996).

CANNY, M.J.: Locating active proton extrusion pumps in leaves. Plant Cell Environm. 10, 271-274 (1987).

CLELAND, R.E.: Kinetics of hormone-induced H^+ excretion. Plant Physiol. 58, 210-213 (1976).

GLÜSENKAMP, K.H.; KOSEGARTEN, H.; STEINWEG D.: Verfahren zur schonenden Markierung von Geweben mit analytischen Sonden und Affinitätsliganden. German Patent Application (1997a).

GLÜSENKAMP, K.H.; KOSEGARTEN, H.; MENGEL, K.; GROLIG, F.; ESCH, A.; GOLDBACH, H.E.: A fluorescein boronic acid conjugate as a marker for borate binding sites in the apoplast of growing roots of *Zea mays* L. and *Helianthus annuus* L. In: Boron, Rerkasem, B. and Dell, B.J. (eds.). Kluwer Dordrecht, Netherlands, in press (1997b).

HAGER, A; MENZEL, H.; KRAUSS, A.: Versuche und Hypothese des Auxins beim Streckungswachstum. Planta 100, 47-75 (1971).

HERRMANN, A.; FELLE, H.H.: Tip growth in root hair cells of *Sinapis alba* L.: significance of internal and external Ca^{2+} and pH. New Phytol. 129, 523-533 (1995).

HOFFMANN, B.; KOSEGARTEN, H.: FITC-Dextran for measuring apoplast pH and apoplastic pH gradients between various cell types in sunflower leaves. Physiol. Plant. 95, 327-335 (1995).

JACOBS, M.; RAY P.M.: Rapid auxin-induced decrease in free space pH and its relationship to auxin-induced growth in maize and pea. Plant Physiol. 58, 203-209 (1976).

KOBAYASHI, M.; MATOH, T.; AZUMA J.: Two chains of rhamnogalacturonan II are cross-linked by borate-diol ester bonds in higher plant cell walls. Plant Physiol. 110, 1017-1020 (1996).

KOSEGARTEN, H.; GROLIG, F.; WIENEKE, J.; WILSON, G.; HOFFMANN, B.: Differential ammonia-elicited changes of cytosolic pH in root hair cells of rice and maize as monitored by 2',7'-bis-(2-carboxy-ethyl)-5 (and-6)-carboxyfluorescein fluorescence ratio. Plant Physiol. 113, 451-461 (1997).

KIRKBY, E.; MENGEL, K.: Ionic balance in different tissues of the tomato plant in relation to nitrate, urea, or ammonium nutrition. Plant Physiol. 42, 6-14 (1967).

MENGEL, K.: Iron availability in plant tissues-iron chlorosis on calcareous soils. In: Iron nutrition on soils and plants (J. Abadia ed.), Kluwer Dordrecht, Netherlands, 389-396 (1995).

NINNEMANN, O.; JAUNIAUX, J.-C.; FROMMER, W.B.: Identification of a high affinity NH_4^+-transporter from plants. Embo J. 13, 3464-3471 (1994).

PARETS-SOLER, A.; PARDO, J.M.; SERRANO, R.: Immunocytolocalization of plasma membrane H^+-ATPase. Plant Physiol. 93, 1654-1658 (1990).

SHABALA, S.N.; NEWMAN, I.A.; MORRIS, J.: Oscillations in H^+ and Ca^{2+} Ion fluxes around the elongation region of corn roots and effects of external pH. Plant Physiol. 113, 111-118 (1997).

SMILEY, R.W.: Rhizosphere pH as influenced by plants, soils and nitrogen fertilizers. Soil Sci. Amer. Proc. 38, 795-799 (1974).

ULLRICH, W.R.: Transport of nitrate and ammonium through plant membranes. In: K. Mengel and D.J. Pilbeam (eds.), Nitrogen metabolism of plants. Oxford University Press, New York, 121-137 (1992).

Pflanzenernährung, Wurzelleistung und Exsudation.
8. Borkheider Seminar zur Ökophysiologie des Wurzelraumes.
(Ed. W. Merbach) B.G. Teubner Verlagsgesellschaft Stuttgart, Leipzig 1998, pp. 95-100

ZUR WURZELKONKURRENZ IN KIEFERNÖKOSYSTEMEN - WASSER ALS BEGRENZENDER FAKTOR?

LÜTTSCHWAGER, D. [1]; ENDE, H.-P. [1]; FORKERT, J. [2]; WULF, M. [1]; RUST, S. [2]; HÜTTL, R.F. [2]

[1] Zentrum für Agrarlandschafts- und Landnutzungsforschung (ZALF) e. V.,
Institut für Rhizosphärenforschung und Pflanzenernährung
Eberswalder Straße 84
D - 15374 Müncheberg

[2] Brandenburgische Technische Universität Cottbus
Lehrstuhl für Bodenschutz und Rekultivierung
Karl-Marx-Str.17
D - 03044 Cottbus

Abstract

LAI and transpiration of the canopy and the field layer vegetation were investigated in three comparable Scots pine stands with different N-input history. The field layer of the most N-influenced stand was dominated by the grass *Calamagrostis epigeios.* The ratio between canopy and field layer transpiration varied between the three ecosystems, but stand transpiration was similar. Canopy transpiration seemed to be counter-balanced by the transpiration of the field layer vegetation competing in the rooting zone. There was no indication for a higher water stress in the trees of the most N-influenced stand.

Einleitung

Bei Untersuchungen zur Wurzelkonkurrenz ist einerseits der strukturell-morphologische Aspekt, d. h. die Strategie verschiedener Pflanzenarten und -individuen bei der Durchwurzelung des Porenraums im Boden, andererseits der funktionelle Aspekt, d.h. die Aufnahme von Wasser und Nährstoffen durch diese Pflanzen, zu berücksichtigen. Beide Aspekte stehen in Wechselwirkung zueinander und werden durch Umweltfaktoren beeinflußt.

In langjährig immissionsbeeinflußten Regionen Ostdeutschlands haben Nährstoffeinträge und eine fortschreitende Verlichtung der Kiefernbestände zur Begünstigung der Bodenvegetation geführt. Es bestand die Annahme, daß Bestände mit *Calamagrostis epigeios* mehr Wasser verbrauchen als bei Vergrasung mit *Avenella flexuosa* (HOFMANN 1994), da *Calamagrostis epigeios* mit einer Durchwurzelungstiefe von bis zu zwei Metern (REBELE 1995) zumindest in Trockenzeiten bessere Verfügbarkeit und damit einen Konkurrenzvorteil erreichen könnte.
Im Rahmen eines Ökosystemforschungsprojektes, in welchem drei vergleichbare Kiefernökosysteme mit langjährig unterschiedlichem Depositions- und Düngungseinfluß untersucht wurden (HÜTTL et al. 1995), sollte der Frage nach dem Anteil der Bodenvegetation an der Gesamttranspiration nachgegangen werden. Es war insbesondere zu prüfen, ob auf einem Kiefernstandort mit hohem Deckungsanteil von *Calamagrostis epigeios* mehr Wasser von der Bodenvegetation verbraucht wird als in Kiefernbeständen mit anderer Krautschicht, und in welchem Maße der Trockenstreß der Bäume als Folge der Wurzelkonkurrenz verstärkt wird.

Methoden

Von 1993 bis 1995 wurden jeweils im Oktober an je 15 herrschenden Kiefern Nadelmischproben aus der Oberkrone entnommen. Die N-Gesamtgehalte wurden am Elementaranalysator Vario EL bestimmt. Als Referenzmaterial diente ein zertifizierter Kiefernnadel-Standard. Nach einer Ganzbaumernte (5 Stämme je Bestand) im August 1995 wurde von den Nadeloberflächen und -massen auf den LAI der Kiefernkronen geschlossen.

In jedem der drei Kiefernbestände wurde 1994 und 1995 die Transpiration der Baumschicht, basierend auf kontinuierlichen Xylemflußmessungen (GRANIER 1985), an 15 Bäumen (repräsentative Stichprobe gemäß Durchmesserverteilung) über die Grundfläche des Bestandes errechnet. Eine Abschätzung des Wasserstresses der Kiefern erfolgte alle zwei Wochen durch Messungen des Dämmerungswasserpotentials in der Oberkrone.

In der Bodenvegetation wurde der Blattflächenindex von allen deckungsrelevanten Pflanzenarten (>10% Deckung) auf Kleinquadraten (0,25 m^2) erhoben. Die Transpiration dieser Arten wurde auf der Basis von Tagesgängen des Gaswechsels mittels Kompaktporometer (WALZ) an deckungsrelevanten Arten über ihren partiellen Blattflächenindex gemessen. Um die Transpirationsdaten verschiedener Krautarten von unterschiedlichen Meßtagen vergleichen zu können, wurden mit Hilfe der Transpirationsdaten der Baumschicht Validierungen der einzelnen Pflanzenarten durchgeführt.

Ergebnisse

Die Stickstoffgehalte verlaufen entsprechend der historischen Belastung von Rösa über Taura nach Neuglobsow abnehmend (Abbildung 1). Der Blattflächenindex der Kiefern ist in Rösa mit 3,16 höher als in Neuglobsow (2,87), obwohl die Stammzahl in Rösa (935) von der in Neuglobsow (1043) übertroffen wird. In Taura beträgt der LAI 2,43 bei 853 Stämmen/ha.

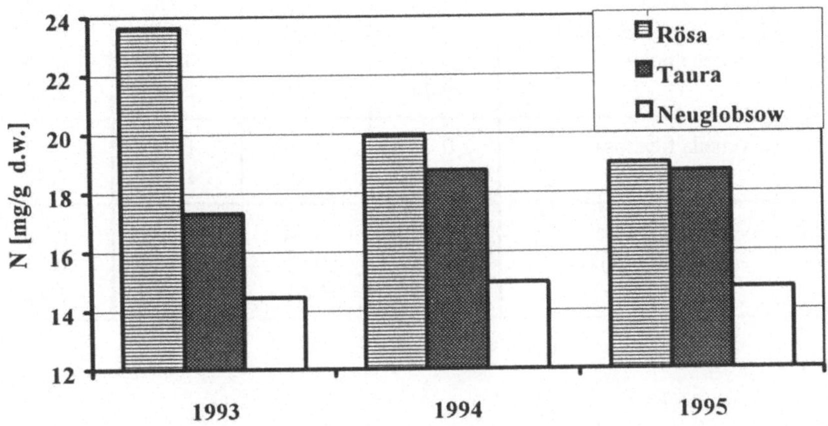

Abb. 1: Zeitlicher Verlauf der Stickstoffgehalte von Kiefernnadeln (jüngster Nadeljahrgang; Mischproben; Probenahme jeweils im Oktober)

Die Baumschicht transpirierte von Mitte April bis Ende September 1995 in Rösa 101 mm, in Taura 94 mm und in Neuglobsow 124 mm. Auf die Blattfläche bezogen, ist jedoch die Transpiration der Bäume auf dem einst stickstoffgedüngten Standort Rösa deutlich geringer als in Neuglobsow (background).

In der Krautschicht dominieren in Rösa das Gras *Calamagrostis epigeios*, in Taura *Avenella flexuosa*, und in Neuglobsow *Avenella flexuosa* und *Vaccinium myrtillus* mit deutlichen unterschiedlichen Anteilen am Blattflächenindex (Tab.1). In Rösa werden aufgrund breitblättrigerer Arten zwei- bis dreifache LAI-Werte im Vergleich zu Neuglobsow erreicht. Der Transpirationsanteil der Krautschicht erhöht sich von April bis Juli auf allen drei Standorten entsprechend der Blattflächenentwicklung. An Hochsommertagen übertrifft in Rösa und Taura die Transpiration der Krautschicht die der Bäume, in Neuglobsow beträgt sie ohne Berücksichtigung einer 10 bis 15 cm mächtigen Moosschicht etwa die Hälfte (Tab.2).

Tabelle 1

Pflanzenartenanteile am Blattflächenindex der Krautschicht in der Vegetationsperiode 1995

Standort	Krautschicht (Art)	Partieller Blattflächenindex [m²/m²]			
		Ende April	Ende Mai	Ende Juni	Ende Juli
Rösa	Calamagrostis epigeios	0.26	0.96	1.02	0.62
	Brachypodium sylvaticum	0.16	1.03	0.81	1.42
	Rubus idaeus	0.00	0.07	0.15	0.14
	Rubus fabrimontanus	0.06	0.07	0.10	0.11
	Avenella flexuosa	0.00	0.02	0.01	0.16
	Σ	**0.48**	**2.15**	**2.09**	**2.45**
Taura	Avenella flexuosa	0.71	1.40	1.65	1.42
	Σ	**0.71**	**1.40**	**1.65**	**1.42**
Neuglobsow	Avenella flexuosa	0.51	0.46	0.60	0.78
	Vaccinium myrtillus	0.07	0.05	0.16	0.23
	Σ	**0.58**	**0.51**	**0.76**	**1.01**

Tabelle 2

Anteil der Pflanzenarten an der Bestandestranspiration

Standort	Krautschicht (Art)	Anteil an der Bestandestranspiration [%]			
		Ende April	Ende Mai	Ende Juni	Ende Juli
Rösa	Pinus sylvestris	72	44	52	50
	Brachypodium sylvaticum	7	11	11	18
	Calamagrostis epigeios	20	41	31	18
	Avenella flexuosa	0	0	1	3
	Rubus idaeus	0	1	4	6
	Rubus fabrimontanus	1	2	3	5
Taura	Pinus sylvestris	67	57	49	45
	Avenella flexuosa	33	43	51	55
Neuglobsow	Pinus sylvestris	74	76	58	66
	Avenella flexuosa	17	21	29	28
	Vaccinium myrtillus	9	3	13	6

Diskussion

Die Nadelanalysen indizieren ein zeitweise extrem hohes N-Angebot am Standort Rösa; ausreichende N-Gehalte nach BERGMANN (1993) wurden in Rösa deutlich überschritten. N-Gehalte oberhalb von 23,5 mg g^{-1} T.S. markieren beginnende Schädigung durch Überversorgung (vgl. HIPPELI 1991, HOFMANN und KRAUSS 1988, KRAUSS und HEINSDORF 1983). Der Kiefernbestand in Taura weist ebenfalls mehr als ausreichende N-Gehalte auf; die N-Gehalte von Neuglobsow sind am geringsten, aber ausreichend bei sehr ausgeglichenem zeitlichen Verlauf. Als mögliche Ursache für die geringere Transpiration der Kiefern in Rösa im Vergleich zu Neuglobsow trotz höherem LAI werden gemessene Unterschiede bei der hydraulischen Leitfähigkeit gesehen. Die Ergebnisse zu LAI und Transpiration der Krautschicht sind aufgrund unzureichenden Datenumfangs und begrenzter Vergleichbarkeit unterschiedlicher Meßtage unsicher. Es zeigt sich jedoch, daß die Bodenvegetation sowohl beim Blattflächenindex als auch bei der Transpiration in Rösa und Taura einen größeren Anteil einnimmt als in Neuglobsow. Der Anteil der Kiefernfeinwurzeln erweist sich in Rösa, verglichen mit Neuglobsow, als deutlich reduziert (LEHFELDT et al. 1995). Untersuchungen von KRAKAU (1997) bestätigen dies im Oberboden und zeigen außerdem, daß Sandrohr-Kiefernforsten einen größeren Wurzelanteil krautiger Arten, zudem in größerer Bodentiefe, besitzen als Blaubeerkiefernforsten. Dennoch lassen Wasserpotentialmessungen im Boden und an Nadeln der Oberkrone auf keinen erhöhten Wasserstreß der Kiefern in Rösa schließen. Dieser Befund spricht gegen die Hypothese einer doppelten Destabilisierung von Kiefernökosystemen, die von BOLTE und ANDERS (1995) vertreten wird. Nach dieser Hypothese, einem sich selbst verstärkenden Destabilisierungskreislauf, kommt es bei Massenentfaltung von Sandrohr durch erhöhten Wasserverbrauch der Bodenvegetation zu einer Destabilisierung der Baumschicht. Unsere Kalkulationen lassen jedoch erkennen, daß die Bestandestranspiration auf allen drei Standorten gleiche Größenordnungen erreicht und lediglich Verschiebungen bei den Transpirationsanteilen zwischen Baum- und Krautschicht auftreten. Dies würde bedeuten, daß die Krautschicht eine Kompensationsfunktion in der Gesamtbilanz der Bestandestranspiration einnimmt.

Die Gesamttranspiration der untersuchten Kiefernbestände ist mithin trotz unterschiedlicher N-Ernährung und Zusammensetzung der Bodenvegetation annähernd gleich. Bei geringer N-Versorgung besteht intensive Erschließung des Wurzelraumes durch die Kiefern, bei hoher N-Versorgung Wurzelkonkurrenz durch die Bodenvegetation bei besserer Wasserausnutzungseffizienz der Kiefern.

Danksagung

Die Autoren danken den Mitarbeitern des ehemaligen ZALF-Instituts für Wald- und Forstökologie, Eberswalde, an dem die Untersuchungen durchgeführt worden sind. Die Arbeiten wurden vom BMFT/BMBF (Förderkennz. P12/103691; P12/103721) finanziell gefördert.

Literaturverzeichnis

BERGMANN, W.: Ernährungsstörungen bei Kulturpflanzen. 3. Aufl., Fischer, 835 S. (1993).

BOLTE, A.; ANDERS, S.: Zur Rolle der Bodenvegetation bei der Destabilisierung stickstoffbelasteter Kiefernforstökosysteme. Beitr. Forstwirtsch. U. Landsch. Ökol. 29 (4), 151-155 (1995).

GRANIER, A.: Une novelle méthode pour la mesure du flux de sève brute dans le tronc des arbres. Ann. Sci. For. 42 (2), 193-200 (1985).

HIPPELI, P.: Düngung der Kiefer im nordostdeutschen Tiefland. Ber. aus Forschg. u. Entw., Forschungsanst. f. Forst- u. Holzwirtsch. Eberswalde, Band 25, 35-43 (1991).

HOFMANN, G.; KRAUSS, H.-H.: Die Ausscheidung von Ernährungsstufen für die Baumarten Kiefer und Buche auf der Grundlage von Nadel- und Blattanalysen und Anwendungsmöglichkeiten in der Überwachung des ökologischen Waldzustandes. Sozialistische Forstwirtschaft, 38, 272-273 (1988).

HOFMANN, G.: Der Wald. Sonderheft Waldökosystem-Katalog. Deutscher Landwirtschaftsverlag, Berlin, 52 S. (1994).

HÜTTL, R. F.; BELLMANN, K.; SEILER, W.: Atmosphärensanierung und Waldökosysteme. Umweltwissenschaften, UW Band 4, Eberhard-Blottner-Verlag, Taunusstein: 240 S. (1995).

KRAKAU, U. K.: Zur Wurzelstruktur von typischen Kiefernökosystemen des nordostdeutschen Tieflandes. In: Merbach (Hrsg.) „Pflanzenernährung, Wurzelleistung und Exsudation“,8. Borkheider Seminar zur Ökophysiologie des Wurzelraumes, Teubner Verlagsgesellschaft, Stuttgart, Leipzig, 57-64 (1998).

KRAUSS, H.-H.; HEINSDORF, D.: Untersuchungen über den Einfluß der Emission N-haltiger Abprodukte des VEB Schweinezucht und -mast Eberswalde auf die umliegenden Waldbestände. Gutachten (unveröff.), Forschungsanst. f. Forst- u. Holzwirtsch. Eberswalde (1983).

LEHFELDT, J.; STRUBELT, F.; MÜNZENBERGER, B.; HÜTTL, R.F.: Auswirkungen unterschiedlicher Schadstoffkonzentrationen in Kiefernökosystemen auf die Bio- und Nekromassen und die Längendichten von Feinwurzeln. In: Merbach (Hrsg.) „Mikroökologische Prozesse im System Pflanze - Boden“, 5. Borkheider Seminar zur Ökophysiologie des Wurzelraumes, Teubner Verlagsgesellschaft, Stuttgart, Leipzig, 61-64 (1995).

REBELE, F.: Calamagrostis epigejos (L.) ROTH auf anthropogenen Standorten - ein Überblick. Vortrag auf der 25. Jahrestagung der GfÖ, 11.09. bis 16.09.1995 in Dresden (1995).

3

Mikrobielle Leistungen in der Rhizosphäre

Pflanzenernährung, Wurzelleistung und Exsudation.
8. Borkheider Seminar zur Ökophysiologie des Wurzelraumes.
(Ed. W. Merbach) B. G. Teubner Verlagsgesellschaft Stuttgart, Leipzig 1998, pp. 103-108

SPIELT DIE CO_2-DUNKELFIXIERUNG ÜBER PHOSPHOENOLPYRUVATCARBOXYLASE EINE ROLLE BEI DER LUFTSTICKSTOFFIXIERUNG?

SCHULZE, J.
Zentrum für Agrarlandschafts- und Landnutzungsforschung (ZALF) e. V.
Institut für Rhizosphärenforschung und Pflanzenernährung
Eberswalder Str. 84
D - 15374 Müncheberg

Abstract

A long-term inhibition of PEPC-activity in alfalfa nodules strongly reduced nitrogen fixation and plant growth. This occurs in relation with the role of nodule CO_2 fixation for organic acid supply of the bacteroid and for the formation of carbon skeletons for nitrogen assimilation. However, short term inhibition of PEPC on excised nodules markedly increased $^{15}N_2$ uptake. This may be a further hint for a role of PEPC in the regulation of the O_2-diffusion barrier.

Zusammenfassung

Eine Einschränkung der CO_2-Fixierung (PEPC) von Luzerneknöllchen führte über längere Zeit zu stark verminderter N_2-Fixierung und reduziertem Wachstum. Dies steht im Zusammenhang mit der Rolle dieses Prozesses für die Versorgung des Bakteroiden mit organischen Säuren und mit der Bereitstellung von Kohlenstoffskeletten für den N-Einbau. Eine kurzfristige Verminderung der PEPC-Aktivität an abgeschnittenen Knöllchen führte jedoch zu einer merklichen Steigerung von deren $^{15}N_2$-Aufnahme. Dies ist möglicherweise ein weiterer Hinweis, daß PEPC eine Rolle bei der Regulation der Sauerstoffdiffusionsbarriere spielt.

Einleitung

Phosphoenolpyruvatcarboxylase (PEPC, EC 4.1.1.31) katalysiert die Carboxylierung von Phosphoenolpyruvat zu Oxalacetat. Besonders bekannt und gut untersucht ist die Rolle dieses Enzyms in der Photosynthese von C_4- und CAM-Pflanzen (CHOLLET et al. 1996). Es spielt jedoch auch eine zentrale Rolle im Stoffwechsel von Leguminosenknöllchen. Füttert man Knöllchen mit $^{14}CO_2$, läßt sich verfolgen, daß das gebildete Oxalacetat entweder zum N-Einbau genutzt (MAXWELL et al. 1984; ANDERSON et al. 1987; ROSENDAHL et al. 1990) oder nach Reduktion zu Malat und Transport in die Bakteroide zur Energieversorgung der Knöllchen veratmet wird (KING et al. 1986; WAREMBOURG und ROUMET 1989). Eine Reihe von weiteren Funktionen wurde diskutiert, insbesondere die Aufrechterhaltung der Zelladung als Gegenion beim Kationen (besonders K^+) - Transport (WAREMBOURG und ROUMET 1989), aber auch eine Rolle beim Funktionieren der Sauerstoffregulation im Knöllchen über eine Sauerstoffdiffusionsbarriere. Letzteres wird insbesondere durch die Lokalisation der Enzymexpression im Knöllchen gestützt (ROBINSON et al. 1996).

Es gibt Hinweise, daß die CO_2 Konzentration um die Knöllchen möglicherweise einen Einfluß auf die N_2-Fixierung hat (MULDER und VANVEEN 1960), und in verschiedenen Untersuchungen wurde ein direkter Zusammenhang von CO_2- und N_2- Fixierung festgestellt (LAWRIE und WHEELER 1975; CHRISTELLER et al. 1977; LAING et al. 1979). Allerdings waren dies immer nur Kurzzeitmessungen, da die CO_2-Fixierung der Knöllchen, besonders über längere Zeiträume, sehr schwer zu messen ist. Dies hängt zum einen mit der Maskierung des Prozesses durch gleichzeitige intensive Knöllchenatmung zusammen, zum anderen wird dadurch auch eingesetztes $^{14}CO_2$ verdünnt. Außerdem ist nicht sicher, ob tatsächlich immer genügend $^{14}CO_2$ in die Knöllchen diffundiert.

Der hier verfolgte Versuchsansatz sollte daher die Folgen verringerter CO_2-Fixierung in Luzerneknöllchen über längere Zeiten untersuchen, nachdem die Expression des Enzyms im Knöllchen durch Antisensetechnik vermindert wurde.

Material und Methoden

In Luzernepflanzen (*Medicago sativa* L. cv. Saranac) wurde über *Agrobakterium* ein Konstrukt übertragen, das die cDNA von PEPC unter der Kontrolle des "nodule-enhanced" AAT_2-Promotors in Antisenserichtung enthielt. Die erhaltenen Antisensepflanzen wurden über einen Enzymtest (*in vitro* PEPC-Aktivität) auf verminderte Enzymaktivität im Knöllchen ausgelesen.

Eine Pflanze mit verminderter *in vitro*-Enzymaktivität, Enzymprotein-und mRNS-Bildung wurde zusammen mit einer unveränderten Kontrolle vegetativ vermehrt. An den so erhaltenen Pflanzen wurde die $^{14}CO_2$-Aufnahme von abgeschnittenen Knöllchen (MAXWELL et al. 1984), H_2-Freisetzung (ANA, TNA) (BLUMENTHAL et al. 1997) und Wachstum und N_2-Fixierung unter Klimakammerbedingungen untersucht. Letzteres erfolgte über einen Zeitraum von 6 Wochen nach intensiver Nodulation, wobei die Pflanzen in Sandkultur ohne N-Düngung wuchsen. Die N_2-Fixierung läßt sich hier nach einer einfachen Bilanzmethode bestimmen (SCHULZE et al. 1994). Alle übrigen Nährstoffe erhielten die Pflanzen über tägliche Zufuhr von Nährlösung nach HOAGLAND.

Vergleichend erfolgten Untersuchungen der Wirkung eines PEPC-spezifischen Inhibitors (DCDP = 3,3-dichloro-2-dihydroxyphosphoinoyl-methyl-2-propenoat) auf *in vivo* und *in vitro* PEPC-Aktivität und $^{15}N_2$-Aufnahme.

Ergebnisse

Tabelle 1 zeigt die Ergebnisse des Vergleiches von Kontrolle und Antisensepflanzen. Die *in vitro* und *in vivo* (abgeschnittene Knöllchen) Enzymaktivität war in beiden Fällen durch die Antisensewirkung vermindert, wobei auffällt, daß die $^{14}CO_2$-Aufnahme der abgeschnittenen Knöllchen offenbar weniger eingeschränkt war als die Enzymaktivität im *in vitro*-Test.

Im offenbaren Zusammenhang mit der verminderten PEPC-Aktivität wird die Nitrogenaseaktivität (H_2-Freisetzung) eingeschränkt. Hinzu kommt, daß bei den Antisensepflanzen die Effizienz der N_2-Fixierung, d. h. der Anteil der Elektronen, der vom Enzym auf N_2 übertragen wird (EAC), geringer ist.

Tab. 1: Vergleich von PEPC-Aktivität, Nitrogenaseaktivität, Wachstum und N-Akkumulation zwischen PEPC-Antisense und Kontrollpflanzen

	***in vitro* Enzym-aktivität** [nKAT/mg Protein im Knöllchen-extrakt]	**$^{(14)}CO_2$ Aufnahme abgeschn. Knöll.** [nmol CO_2/min und g Knöllchen-frischmasse]	**ANA** [µmol H_2/h und Pflanze]	**TNA** [µmol H_2/h und Pflanze]	**EAC**	**Trocken-masse nach 6 Wochen** [g]	**N_2-Fixie-rung in 6 Wochen** [mg]
Kontrolle	12,4	11	6,2	15,2	0,59	2,2	66
Antisense	4,3	7,8	5,5	11,9	0,53	1,0	30

ANA= apparente Nitrogenaseaktivität, gemessen als H_2-Freisetzung in N_2:O_2 (79:21, v/v) und TNA = absolute (total) Nitrogenaseaktivität, gemessen als Peak der H_2-Freisetzung in Ar:O_2 (79:21, v/v). EAC= Elektronenallokationskoeffizient, entspricht dem Anteil Elektronen, der auf N_2 fließt. EAC errechnet sich nach EAC = 1-ANA/TNA.

Dies führt im Wachstumsvergleich über 6 Wochen zu stark eingeschränkter Trockenmassebildung und N-Akkumulation.

Der Einsatz eines PEPC-spezifischen Inhibitors zeigt zunächst widersprüchliche Resultate (Tabelle 2). Entsprechend der Antisensewirkung ist eine starke Verminderung der PEPC-Aktivität im *in vitro*-Enzymaktivitätstest zu messsen. Kaum Wirkung zeigt der Inhibitor jedoch auf die $^{14}CO_2$-Aufnahme abgeschnittener Knöllchen und er führt nahezu zu einer Verdopplung der $^{15}N_2$-Aufnahme.

Tab. 2: Wirkung des PEPC-Hemmstoffes DCDP auf CO_2- und N_2-Fixierung von Luzerneknöllchen

	10mM DCDP zum **Enzymaktivitätstest im Proteinextrakt** aus Knöllchen zugegeben	abgetrennte Knöllchen 5min in 10mM DCDP bei leichtem Vakuum gelegt, danach extrahiert und die Aktivität ohne Zusatz weiteren Hemmstoffes gemessen	abgetrennte Knöllchen 5 min in 10mM DCDP bei leichtem Vakuum gelegt und danach die **$^{14}CO_2$-Aufnahme** des gesamten Knöllchens gemessen	abgetrennte Knöllchen 5 min in 10 mM DCDP bei leichtem Vakuum gelegt und danach die **$^{15}N_2$-Aufnahme** des gesamten Knöllchens gemessen
Kontrolle ohne Hemmstoff DCDP	100 %	100 %	100 %	100 %
DCDP-Behandlung	25 %	37 %	86 %	175 %

Diskussion

Die Ergebnisse der Versuche mit den Antisensepflanzen bestätigen zunächst die zentrale Rolle von PEPC im C- und N-Stoffwechsel von Leguminosen. Eine dauerhafte Einschränkung der CO_2-Fixierung der Knöllchen führt offenbar zu stark verminderter N_2-Fixierung. Ein Teil der Wirkung besteht dabei in einer verminderten relativen Effizienz der N_2-Fixierung, d.h. es fließen relativ mehr Elektronen auf H^+.

Diese Ergebnisse bestätigen frühere Beobachtungen in Kurzzeitversuchen über einen engen Zusammenhang von CO_2- und N_2-Fixierung von Leguminosenknöllchen. Möglicherweise beeinflußt sogar der pCO_2 um die Knöllchen die N_2-Fixierung.

Die Ergebnisse des Inhibitoreinsatzes scheinen dem zunächst zu widersprechen. Der Inhibitor ist zwar *in vitro* außerordentlich effektiv, führt jedoch bei Einsatz an abgetrennten Knöllchen nicht zu einer entsprechenden Einschränkung der $^{14}CO_2$-Aufnahme und erhöht sogar die $^{15}N_2$-Aufnahme im starken Maße. Eine hypothetische Erklärung hierfür läßt sich finden, wenn die elektroosmotische Theorie der Funktion der Sauerstoffdiffusionsbarriere im Knöllchen zutreffen sollte, wie sie etwa von DENISON und KINRAIDE (1995) formuliert wurde. PEPC-Aktivität würde hierbei im Zusammenspiel mit Malathydrogenase Malat produzieren, welches als Gegenion einen Kaliumflux elektrisch ausgleicht, der seinerseits zum Schwellen oder Schrumpfen von Kortexzellen führt. Tatsächlich lassen sich in den äußeren Kortexzellschichten hohe PEPC-Expressionsraten lokalisieren (ROBINSON et al. 1996).

Der Mechanismus der Regulation der Sauerstoffdiffusionsbarriere hätte dann starke Ähnlichkeit mit der Osmoregulation der Nebenzellen beim Stomataschluß (DU et al. 1997). Tatsächlich wurde kürzlich gezeigt, daß DCDP die Stomataöffnung stark hemmt (PARVATHI und RAGHAVENDRA 1997). Entsprechend dieser Theorie würde in den dargelegten Versuchen das Abschneiden der Knöllchen zu einer sofortigen Verstärkung der Barriere für Gas (O_2) -Diffusion führen, die dann neben der O_2-Diffusion ins Knöllchen auch die $^{14}CO_2$-Diffusion einschränkt oder unterbindet. Wird nun der Inhibitor appliziert, wird der Aufbau dieser Gasdiffusionsbarriere verlangsamt oder verhindert, und dies führt zum einen zu ungehindertem $^{14}CO_2$ Eintritt in das Knöllcheninnere, zum anderen bleibt die Knöllchenatmung mit O_2 versorgt, wodurch zumindest für den Testzeitraum die N_2 ($^{15}N_2$)-Aufnahme höher bleibt als in der Kontrolle.

Die Untersuchungen wurden im Rahmen eines 10monatigen Forschungsaufenthaltes an der University of Minnesota durchgeführt. Der Aufenthalt wurde durch einen Förderpreis der Deutschen Akademie der Naturforscher Leopoldina ermöglicht.
Das Förderprogramm der Leopoldina wird vom Bundesministerium für Bildung, Forschung und Technologie finanziert (FKZ LPD 1996)

Literaturverzeichnis

ANDERSON, M. P.; HEICHEL, G. H.; VANCE, C. P.: Nonphotosynthetic CO_2 fixation by alfalfa (*Medicago sativa* L.) roots and nodules. Plant Physiology **85,** 283-289 (1987).

BLUMENTHAL, J. M.; RUSSELLE, M. P.; VANCE, C. P.: Nitrogenase activity is affected by reduced partial pressure of N_2 and NO_3^-. Plant Physiology **114,** 1405-1412 (1997).

CHOLLET, R.; VIDAL, J.; OLEARY, M. H.: Phosphoenolpyruvate carboxylase - a ubiquitous, highly regulated enzyme in plants. Annual Review Plant Physiology and Plant Molecular Biology **47,** 273-298 (1996).

CHRISTELLER, J. T.; LAING, W. A.; SUTTON, W. D.: Carbon dioxide fixation by lupin root nodules I. Characterization, association with Phosphoenolpyruvate carboxylase, and correlation with nitrogen fixation during nodule development. Plant Physiology **60,** 47-50 (1977).

DENISON, F. R.; KINRAIDE, T. B.: Oxygen-induced membran depolarization in legume root nodules. Plant Physiology **108,** 235-240 (1995).

DU, Z.; AGHORAM, K.; OUTLAW, W. H.: *In vivo* phosphorylation of phosphoenolpyruvate carboxylase in guard cells of *Vicia faba* L. is enhanced by fusicoccin and suppressed by abscisic acid. Archives of Biochemistry and Biophysics **337 (2),** 345-350 (1997).

KING, B. J.; LAYZELL, D. B.; CANVIN, D. T.: The role of dark carbon dioxide fixation in root nodules of soybean. Plant Physiology **81,** 200-205 (1986).

LAING, W. A.; CHRISTELLER, J. T.; SUTTON, W. D.: Carbon dioxide fixation by lupin root nodules. Plant Physiology **63,** 450-454 (1979).
LAWRIE, A. C.; WHEELER, C. T.: Nitrogen fixation in the root nodules of *Vicia faba* L. in relation to the assimilation of carbon II. The dark fixation of carbon dioxide. New Phytologist **74,** 437-445 (1975).
MAXWELL, C. A.; VANCE, C. P.; HEICHEL, G. H. et al.: CO_2 fixation in alfalfa and birdsfoot trefoil root nodules and partitioning of ^{14}C to the plant. Crop Science **24,** 257-264 (1984).
MULDER, E. G.; VANVEEN, W. L.: The influence of carbon dioxide on symbiotic nitrogen fixation. Plant and Soil **13,** 265-278 (1960).
PARVATHI, K.; RAGHAVENDRA, A. S.: Both rubisco and Phosphoenolpyruvate carboxylase are beneficial for stomatal function in epidermal strips of *Commelina Benghalensis*. Plant Science **124 (2),** 153-157 (1997).
ROBINSON, D. L.; PATHIRANA, S. M.; GANTT, J. S. et al.: Immunogold localization of nodule-enhanced phosphoenolpyruvate carboxylase in alfalfa. Plant, Cell and Environment **19,** 602-608 (1996).
ROSENDAHL, L.; VANCE, C. P.; PEDERSON, W. B.: Products of dark CO_2 fixation in pea root nodules support bacteroid metabolism. Plant Physiology **93,** 12-19 (1990).
SCHULZE, J.; ADGO, E.; SCHILLING, G.: The influence of N_2-fixation on the carbon balance of leguminous plants. Experientia **50,** 906-912 (1994).
WAREMBOURG, F. R.; ROUMET, C.: Why and how to estimate the cost of symbiotic N_2 fixation? A progressive approach based on the use of ^{14}C and ^{15}N isotopes. Plant and Soil **115,** 167-177 (1989).

Pflanzenernährung, Wurzelleistung und Exsudation.
8. Borkheider Seminar zur Ökophysiologie des Wurzelraumes.
(Ed. W. Merbach) B.G. Teubner Verlagsgesellschaft Stuttgart, Leipzig 1998, pp. 109-114

BEITRAG DER MYKORRHIZA ZUR AUFNAHME VON ANORGANISCHEM UND ORGANISCHEM N IN WEIZEN

HAWKINS, H.-J.; GEORGE, E.; RÖMHELD, V.
Institut für Pflanzenernährung (330)
Universität Hohenheim
D - 70593 Stuttgart

Abstract

It was shown that the arbuscular mycorrhizal fungus, *Glomus mosseae*, contributes to the acquisition of both inorganic and organic N by wheat. Hyphae of the arbuscular mycorrhizal fungus were shown to transport ^{15}N to the plants after supplying N in inorganic form (as $^{15}NH_4{}^{15}NO_3$, $^{15}NO_3^-$ or $^{15}NH_4^+$) or organic form (as ^{15}N-glycine) to hyphae over a 48 h period. The form of inorganic N influenced the growth of hyphae, and ^{15}N acquisition and dry mass of the plants ($NH_4NO_3 \geq NO_3^- > NH_4^+$). Nitrogen status of the plants affected the root length colonised, hyphal growth, ^{15}N uptake and dry mass of the plants (sufficient N > insufficient N).

Zusammenfassung

Es wurde gezeigt, daß der Mykorrhizapilz *Glomus mosseae* anorganischen und organischen N aufgenommen und zur Weizenpflanze transportiert hat. Die Hyphen des Mykorrhizapilzes transportierten ^{15}N zu Weizenpflanzen, das in anorganischer N-Form (als $^{15}NH_4{}^{15}NO_3$, $^{15}NO_3^-$ oder $^{15}NH_4^+$) oder in organischer N-Form (als ^{15}N-Glycin) den Hyphen für 48 h angeboten wurde. Die Form des anorganischen N hatte einen Einfluß auf Hyphenlänge, ^{15}N-Aufnahme und Trockenmasse der Pflanzen ($NH_4NO_3 \geq NO_3^- > NH_4^+$). Der N-Ernährungszustand der Pflanzen hatte einen Einfluß auf Kolonisationsrate, Hyphenlänge, ^{15}N-Aufnahme und Trockenmasse der Pflanzen (ausreichendes N-Angebot > nicht ausreichendes N-Angebot).

Einleitung

Zur Verminderung der Umweltbelastung durch hohe Stickstoff- (N)-Düngung in der Landwirtschaft wird in zunehmendem Maße versucht, die Effizienz der N-Aufnahme durch die Pflanzen zu erhöhen. In diesem Zusammenhang spielen arbuskuläre Mykorrhizapilze (AM) eine mögliche Rolle bei der Aufnahme der Pflanze von N in anorganischer und organischer Form auf Böden mit geringen mineralischen N- (und P-)-Gehalten. Über die Bedeutung der AM-Pilze für die N-Ernährung der Pflanzen bestehen, im Vergleich zu P, große Unklarheiten (BOLAN, 1991), insbesondere im Zusammenhang mit der Aufnahme und Verwendung verschiedener N-Formen. Bis heute gibt es keine schlüssigen Beweise für die Aufnahme und Verwertung organischer N-Verbindungen durch AM-Pilze. In diesem Zusammenhang wurden folgende Fragen untersucht:

(a) Welche Bedeutung haben die Mykorrhizahyphen für die anorganische N-Ernährung von Weizen und was für einen Einfluß hat die N-Form und N-Angebotsmenge auf die Mykorrhizierung?

(b) Können die Mykorrhizahyphen in größerem Umfang auch organische N-Verbindungen aufnehmen und den Wirtspflanzen zuführen? Dieser Punkt könnte vor allem auch für den organisch-biologischen Landbau von Interesse sein.

Material und Methoden

Eine gemeinsame Kultur des Mykorrhizapilzes (*Glomus mosseae* [Nicol. and Gerd.] Gerd. and Trappe) mit Weizen (*Triticum aestivum* L. cv. Hano) wurde in Perlit-Durchflußkultur unter klimatisch kontrollierten Bedingungen für sieben Wochen durchgeführt (Abb. 1).

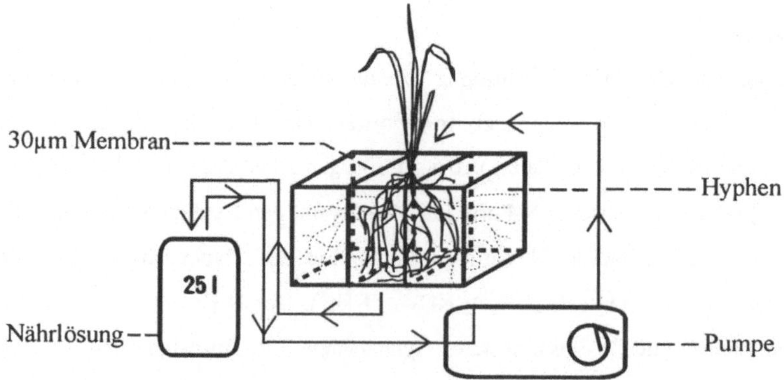

Abb. 1: Durchflußkultur in einem kompartimentierten Gefäß

Kulturgefäße mit Wurzel- und Hyphenkompartimenten (GEORGE et al. 1992) wurden verwendet. Eine 2 mm breite Luftspalte (PVC-Platte mit Löchern und einer 30 µm Nylon-Membrane auf beiden Seiten) trennten die Kompartimente. Das System erlaubt Hyphenwachstum, aber kein Wurzelwachstum in das Hyphenkompartiment (HK), während die 2 mm Luftspalte einen Massenfluß der Nährlösung zwischen den Kompartimenten vermeidet. Infolgedessen konnten Wurzelkompartiment und HK verschiedene Nährlösungen erhalten. Die Wurzeln wurden mit modifizierter, halb-konzentrierter Long Ashton Nutrient Solution, pH 6, MES-KOH (LANS, HEWITT, 1966) versorgt und die Hyphen im HK mit voll-konzentrierter LANS, pH 6, MES-KOH. Die Stickstoff-Form während der Kultur war entweder NH_4NO_3, NO_3^- oder NH_4^+. Die Wurzeln erhielten zwei verschiedene Nährstoffbehandlungen: +N -P (2 mM N; 10 µM P) oder -N -P (0.2 mM N; 10 µM P). Achtundvierzig Stunden vor der Ernte wurden 20 ml 10 mM N als $^{15}NH_4{}^{15}NO3$, $^{15}NO_3^-$, $^{15}NH_4^+$ oder ^{15}N-Glycin je HK angeboten, um den Beitrag der Mykorrhiza zur N Aufnahme der Pflanzen während dieses Zeitraums zu bestimmen. Nach der Ernte wurden Trockenmasse, Kolonisationsrate (GIOVANNETTI u. MOSSE 1980), Hyphenlänge im HK (LI et al. 1991) und N-, P- und ^{15}N-Konzentration der Pflanzen ermittelt.

Ergebnisse

Sproß- und Wurzeltrockenmasse wurde bei mykorrhizierten Pflanzen im Vergleich mit nicht mykorrhizierten Pflanzen erhöht. Dies wurde nur bei Pflanzen mit ausreichendem N-Angebot im Wurzelraum beobachtet (Daten nicht gezeigt). Wurzelkolonisationsrate und Hyphenlänge waren mit ausreichendem N-Angebot im Wurzelraum höher als mit geringerem N-Angebot (Tab. 1). Vorhandensein von Mykorrhizen hatte im allgemeinen keinen Einfluß auf den Gesamt-N-Gehalt des Sprosses und einen geringen, aber signifikanten Einfluß auf den Gesamt-N-Gehalt der Wurzeln (unabhängig von N-Angebotsmenge, Daten nicht gezeigt). Alle mykorrhizierten Pflanzen hatten, wie erwartet, ein höhere P-Aufnahme als nicht-mykorrhizierte Pflanzen.

Die Hyphen transportierten anorganischen ^{15}N zur Pflanze, wenn ^{15}N (als $^{15}NH_4{}^{15}NO_3$, $^{15}NO_3^-$ oder $^{15}NH_4^+$) für 48 h den Hyphen angeboten wurde (Tab. 2). Die Pflanzen mit ausreichendem N-Angebot im Wurzelbereich hatten eine höhere Anreicherung, vermutlich wegen der entsprechend höheren Hyphenlänge in den Hyphenkompartimenten. Die Hyphen transportierten auch organischen ^{15}N zur Pflanze, wenn ^{15}N-Glycin für 48 h den Hyphen angeboten wurde (Tab. 2).

Tabelle 1: Wurzelkolonisationsrate von *T. aestivum* mit *G. mosseae* in Abhängigkeit von N-Formen und Angebotsmenge. Mittel aus acht Wiederholungen ± Standardabweichung.

	N-Form			
	NH_4NO_3	NO_3^-	NH_4^+	Glycin*
Kolonisationsrate (%)				
+N -P	90.67 ± 1.23	79.65 ± 5.04	90.27 ± 1.62	91.33 ± 1.70
-N -P	84.82 ± 1.13	70.32 ± 11.16	66.82 ± 7.06	70.00 ± 5.72
Hyphenlänge (m g^{-1} Perlit)				
+N -P	117.12 ± 19.27	63.29 ± 13.95	26.51 ± 6.37	117.19 ± 24.91
-N -P	14.15 ± 5.29	11.47 ± 1.46	6.84 ± 3.48	4.14 ± 1.05

*NO_3^--ernährte Pflanzen

Der Anteil des aufgenommenen ^{15}N am Gesamt-^{15}N-Angebot entspricht 7 % bzw. 1 % ($^{15}NH_4{}^{15}NO_3$: hohes bzw. niedriges N-Angebot); 9 % bzw. 4 % ($^{15}NO_3^-$: hohes bzw. niedriges N-Angebot); 4 % bzw. 6 % ($^{15}NH_4^+$: hohes bzw. niedriges N-Angebot) und 23 % bzw. 2 % (^{15}N-Glycin: hohes bzw. niedriges N-Angebot). Die berechnete spezifische Aufnahme pro Einheit Hyphenlänge war ähnlich für alle N-Formen (Daten nicht gezeigt).

Tabelle 2: ^{15}N-Anreicherung von mykorrhizierten und nicht-mykorrhizierten Pflanzen 48 h nach Zugabe von 20 ml 10 mM ^{15}N-Lösung pro Hyphenkompartiment. Mittel aus vier Wiederholungen ± Standardabweichung.

		N-Form			
		$^{15}NH_4{}^{15}NO_3$	$^{15}NO_3^-$	$^{15}NH_4^+$	^{15}N-Glycin
		Atom % $^{15}N_{exc.}$			
+N -P	(-AM)	0.356 ± 0.013	0.362 ± 0.006	0.363 ± 0.006	0.379 ± 0.005
	(+AM)	0.471 ± 0.013	0.472 ± 0.042	0.403 ± 0.023	0.441 ± 0.041
-N -P	(-AM)	0.351 ± 0.006	0.366 ± 0.008	0.382 ± 0.020	0.368 ± 0.005
	(+AM)	0.438 ± 0.054	0.635 ± 0.144	0.605 ± 0.294	0.536 ± 0.031

Die anorganische N-Form im Wurzelbereich hatte einen Einfluß auf die Hyphenlänge (Tab. 1), ^{15}N-Aufnahme (Tab. 2) und Trockenmasse der Pflanzen ($NH_4NO_3 \geq NO_3^- > NH_4^+$). Die N-Angebotsmenge im Wurzelbereich hatte einen Einfluß auf Kolonisationsrate und Hyphenlänge

(Tab. 1), ^{15}N-Aufnahme (Tab. 2) und Trockenmasse der Pflanzen (ausreichendes N-Angebot > nicht ausreichendes N-Angebot).

Diskussion

In Bezug auf die Versuchsfrage (a): Mykorrhizahyphen haben zwischen 1% und 23% des Gesamt-^{15}N-Angebots in Abhängigkeit von N-Angebotsmenge und N-Form zur Pflanze transportiert. Diese Anteile entsprechen etwa den $^{15}NH_4^+$-Aufnahmemengen, die bei Hyphen von *G. intraradices* beobachtet wurden (JOHANSEN et al. 1992; 1994). Mykorrhizahyphen können also N zu Pflanzen transportieren. Dieser Beitrag der Hyphen war aber offensichlich gering im Vergleich zum Bedarf der Pflanzen und hatte deshalb keinen entscheidenden Einfluß auf den Gesamt-N-Gehalt der Weizenpflanzen. Jedoch waren mykorrhizierte Pflanzen größer als nicht-mykorrhizierte Pflanzen. Dies wurde vor allem durch die bessere P-Aufnahme der mykorrhizierten Pflanzen verursacht. Andere indirekte Effekte, die nicht mit Nährstoffaufnahme in Verbindung stehen (z.B Pflanzenhormone), könnten auch eine Rolle spielen.

Es gab einen deutlichen Effekt des N-Angebotes im Wurzelraum auf die ^{15}N-Aufnahme der Hyphen. Weil die spezifische Hyphenaufnahme bei allen Behandlungen etwa gleich war, ist die höhere ^{15}N-Aufnahme der Hyphen bei höherem N-Angebot im Wurzelraum durch die höhere Hyphenlänge verursacht. Im Gegensatz dazu zeigten JOHANSEN et al. (1994), daß bei höherem N-Angebot zur Pflanze von den Hyphen weniger $^{15}NH_4^+$ transportiert wurde. Dieser Gegensatz könnte durch (i) die unterschiedliche Wirt-Pilz-Kombination oder (ii) extremen N-Mangel im vorliegenden Versuch verursacht worden sein. Auch die N-Form im Wurzelbereich hatte einen Einfluß auf die Hyphenlänge. Hyphenlänge (und ^{15}N-Aufnahme durch Hyphen) war höher bei NH_4NO_3- und NO_3^--Ernährung als bei NH_4^+-Ernährung im Wurzelraum. Der Einfluß von N-Angebotsmenge und N-Form auf die Kolonisationsrate war ähnlich, aber weniger deutlich als bei der Hyphenlänge. Alle Varianten waren gut kolonisiert (67 - 91 %). Der Einfluß von N-Form auf Wachstum, Hyphenlänge und Kolonisation wurde nicht durch einen pH-Effekt verursacht, da der pH durch einen Puffer kontrolliert wurde.

In Bezug auf die Versuchsfrage (b): Es wurde gezeigt, daß die Hyphen ^{15}N-Glycin aufnehmen können. AZCÓN-AGUILAR et al. (1993) haben postuliert, daß bestimmte organische N-Fraktionen für arbuskuläre Mykorrhizen verfügbar sind. Der Umfang der verfügbaren organischen N-Fraktionen ist jedoch wahrscheinlich geringer als bei Ektomykorrhiza oder erikoider

Mykorrhiza (MICHELSEN et al. 1996). Da die vorliegenden Versuche nicht unter sterilen Bedingungen durchgeführt wurden, ist eine Beteiligung anderer Mikroorganismen an der Verwertung von ^{15}N-Glycin durch Mykorrhizahyphen nicht auszuschließen. Die rasche Aufnahme großer ^{15}N-Mengen innerhalb eines kurzen Zeitraums unter den Bedingungen einer Perlit-Nährlösungskultur läßt jedoch den Schluß zu, daß die Hyphen zu einer direkten Aufnahme des ^{15}N-Glycin in der Lage waren.

Literaturverzeichnis

AZCÓN-AGUILAR, C.; ALBA, C.; MONTILLA, M.; BAREA, J.M.: Isotopic (^{15}N) evidence of the use of less available N forms by VA mycorrhizas. Symbiosis **15**, 39-48 (1993).

BOLAN, N.S.: A critical review on the role of mycorrhizal fungi in the uptake of phosphorus by plants. Plant and Soil **134**, 189-207 (1991).

GEORGE, E.; HÄUSSLER, K.; VETTERLEIN, D. et al.: Water and nutrient translocation by hyphae of *Glomus mosseae*. Can. J. Bot. **70**, 2130-2137 (1992).

GIOVANNETTI, M.; MOSSE, B.: An evaluation of techniques for measuring vesicular-arbuscular mycorrhizal infection in roots. New Phytol. **84**, 489-500 (1980).

HEWITT, E.J.: Sand and water culture methods used in the study of plant nutrition, Commonwealth Bureau of Horticulture and Plantation Crops, East Malling, Technical Communication No. 22, Commonwealth Agriculture Bureau, Farnham Royal, UK., 431-432 (1966).

JOHANSEN, A.; JAKOBSEN, I.; JENSEN, E.S.: Hyphal transport of ^{15}N-labelled nitrogen by a vesicular-arbuscular mycorrhizal fungus and its effect on depletion of inorganic soil N. New Phytol. **122**, 281-288 (1992).

JOHANSEN, A.; JAKOBSEN, I.; JENSEN, E.S.: Hyphal N transport by a vesicular-arbuscular mycorrhizal fungus associated with cucumber grown at three nitrogen levels. Plant and Soil **160**, 1-9 (1994).

LI, X.; GEORGE, E.; MARSCHNER, H.: Extension of the phosphorus depletion zone in VA-mycorrhizal white clover in a calcareous soil. Plant and Soil **136**, 41-48 (1991).

MICHELSEN, A.; SCHMIDT, I.K; JONASSON, S.; QUARMBY, C.; SLEEP, D.: Leaf ^{15}N abundance of subartic plants provides field evidence that ericoid, ectomycorrhizal and non- and arbuscular mycorrhizal species access different sources of soil nitrogen. Oecologia **105**, 53-63 (1996).

Pflanzenernährung, Wurzelleistung und Exsudation.
8. Borkheider Seminar zur Ökophysiologie des Wurzelraumes.
(Ed. W. Merbach) B.G. Teubner Verlagsgesellschaft Stuttgart, Leipzig 1998, pp. 115-122

DIE VITALITÄT VON EKTOMYKORRHIZEN DER KIEFER *(PINUS SYLVESTRIS* L.*)* AUF REKULTIVIERUNGSFLÄCHEN DES LAUSITZER BRAUNKOHLEREVIERS

ULLRICH, A. [1]; MÜNZENBERGER, B. [2]; HÜTTL, R.F. [1]

[1] Brandenburgische Technische Universität Cottbus,
Lehrstuhl für Bodenschutz und Rekultivierung
Universitätsplatz 3-4
D - 03044 Cottbus

[2] Zentrum für Agrarlandschafts- und Landnutzungsforschung (ZALF) e.V.,
Institut für Mikrobielle Ökologie und Bodenbiologie
Dr.-Zinn-Weg 18
D - 16225 Eberswalde

Abstract

Vitality of Scots pine mycorrhizae and growth dynamic of mycorrhizae were investigated in two Scots pine stands of different age on reclamation sites in the Lusatian lignite mining area. Seasonal variability of vitality distribution was similar at both stands. Annual mean values of vitality showed site specific differences. The percentage of totally vital and vital mycorrhizae was 21 % higher at the younger stand Meuro than at the older stand Domsdorf. Growth dynamic was also different on both stands. In Domsdorf 82 % of the mycorrhizae were in the first growing phase (no metacutis was present), whereas in Meuro only 38 % belonged to this growing phase. In Meuro the percentage of mycorrhizae with one or more metacutae was much higher than in Domsdorf. The frequent interruptions of mycorrhizal growth correlated with the thinner organic layer in Meuro. The results indicate a high mycorrhizal turnover on nutrient poor reclamation sites.

Einleitung

Bekanntlich findet zwischen den Symbiosepartnern einer Ektomykorrhiza ein aktiver bidirektionaler Stoffaustausch zum beiderseitigen Nutzen statt. Auf diesem Weg wird die Pflanze mit Nährstoffen und Wasser, der Pilz mit Kohlenhydraten versorgt. Grundlegende Voraussetzung für die Effektivität dieses Austausches ist die Vitalität beider Symbiosepartner.

Im Boden sind stets Mykorrhizen aller Vitalitäts- bzw. Altersstadien gleichzeitig anzutreffen, wobei die Lebensdauer stark vom Bodenzustand (pH-Wert, Feuchte, Nährstoffe) abhängig ist (KOTTKE et al. 1993).

Mit der Fluoreszeindiacetat (FDA)-Vitalfluorochromierung nach RITTER (1990) können Mykorrhizen fünf verschiedenen Ontogeniestadien zugeordnet werden. Gleichzeitig kann an diesen Präparaten der Gehalt an Speicherstärke und die Anzahl der Metacuten ermittelt werden.

Mit Hilfe dieser Methode wurde die Vitalität ausgewählter Mykorrhizaformen der Kiefer (*Pinus sylvestris* L.) auf zwei unterschiedlich alten Rekultivierungsstandorten des Lausitzer Braunkohlereviers vergleichend untersucht, um den Einfluß der sich ändernden Bodenbedingungen auf die Lebensdauer, Stärkespeicherung und Wachstumsdynamik der Mykorrhizen zu erfassen.

Material und Methoden

Standorte. Die Untersuchungsstandorte Meuro und Domsdorf liegen im Niederlausitzer Braunkohlerevier in Brandenburg. Beide durchliefen die für das Lausitzer Braunkohlerevier typischen Schritte der forstlichen Rekultivierung. Die Kippkohleanlehmsande wurden nach dem Domsdorfer Verfahren etwa 20-30 cm tief mit Asche melioriert und eine NPK-Grunddüngung aufgebracht. Die Aufforstung der Bestände mit der Kiefer *Pinus sylvestris* L. erfolgte in Domsdorf vor 32 Jahren, in Meuro vor 20 Jahren (BTUC INNOVATIONSKOLLEG 1995). Klimatisch gehören beide Standorte zum stärker kontinental beeinflußten Binnenland und gelten als extrem trocken (500 - 600 mm/a), wobei im Untersuchungszeitraum in Meuro der Freilandniederschlag geringer war als in Domsdorf. Durch die höhere Bestandsdichte des Standortes Meuro und die damit verbundene höhere Interzeptionsrate blieb der Bestandsniederschlag in Meuro deutlich hinter dem von Domsdorf zurück (FASS, pers. Mittlg.). Der Deckungsgrad der Bodenvegetation lag in Meuro zwischen 1 % und 4%, in Domsdorf zwischen 30 % und maximal 60 %, wobei Sandrohrgras (*Calamagrostis epigeios*) dominierte (DAGEFÖRDE, pers. Mittlg.).

Tab. 1 Kenndaten der Untersuchungsfläche

	Meuro	Domsdorf
Bodentyp	Locker-Syrosem	Kipp-Regosol [1]
Humusform	beginnender Moder [2]	mullartiger Moder bzw. Moder [1]
Dicke der Humusauflage	Ø 2,4 cm	Ø 4,8 cm
pH(H_2O) der Humusauflage	Ø 5,25 [3]	Ø 4,90 [3]
Bestandsniederschlag (4. - 11.96)	175,8 mm [4]	248,5 mm [4]

[1] BTUC INNOVATIONSKOLLEG 1996 [2] LAMPARSKI, mündl. Mittlg.
[3] GOLLDACK, pers. Mittlg. [4] FASS, pers. Mittlg.

Präparation der Schnitte. Die FDA-Vitalfluorochromierung beruht auf der hydrolytischen Spaltung von nicht fluoreszierendem FDA in Fluoreszein und Essigsäure durch unspezifisch wirkende Esterasen und Proteasen im Cytoplasma lebender Zellen. Das Fluoreszein wird im Plasmalemma angereichert und zeigt bei Bestrahlung mit UV-Licht eine charakteristische hellgrüne Fluoreszenz (RITTER 1986). Entsprechend der Verteilung fluoreszierender Zellen einer Mykorrhiza lassen sich fünf Vitalitätsklassen nach RITTER (1990) unterscheiden (Tab. 2). Die Vitalitätsklasse 1 entspricht der höchsten physiologischen Aktivität.

Tab. 2 Die fünf Vitalitätsklassen nach RITTER (1990)

Vitalitätsklasse	Zentralzylinder	Meristem	Hartig Netz	Hyphenmantel
voll vital (1)	+	+	+	+
weitgehend vital (2)	+	+	+	-
eingeschränkt vital (3)	+	+	-	-
absterbend (4)	+	-	-	-
tot (5)	-	-	-	-

+ ... Bereich zeigt Vitalfluoreszenz - ... Bereich zeigt keine Vitalfluoreszenz

Im Untersuchungszeitraum April bis November 1996 wurden auf beiden Standorten zeitgleich 5 Probenahmen an jeweils 10 Probebäumen entnommen. Die Proben wurden im Kühlschrank gelagert und innerhalb von maximal 18 Tagen bearbeitet. Die Mykorrhizen wurden in Leitungswasser gereinigt, nach äußerlichen Kriterien sortiert und nach Typen klassifiziert. Von repräsentativ ausgewählten, vital erscheinenden Mykorrhizen wurden ca. 100 µm dicke, mediane Längsschnitte angefertigt. Nach der Inkubation (5 - 60 min.) der Schnitte in FDA-Gebrauchslösung (RITTER 1990) wurden diese in Sörensen-Phosphatpuffer gespült und fluoreszenzmikroskopisch ausgewertet (Axioskop, Zeiss). Außer der Vitalität wurden der Stärkegehalt im Zentralzylinder und die Anzahl vormals gebildeter Metacuten ermittelt.

Ergebnisse und Diskussion

Mykorrhizaformen. Drei Mykorrhizaformen konnten sowohl in Meuro als auch in Domsdorf identifiziert werden. Um den angestrebten Untersuchungsumfang sicherzustellen, wurden weitere Formen ausgewählt, die jeweils nur auf einem Standort vorkamen (Tab. 3).

Tab. 3 Ausgewählte Mykorrhizaformen

<table>
<tr><th>Meuro</th><th>Domsdorf</th></tr>
<tr><td colspan="2">braun-körnige Form
braune Form mit Cystiden
silbrig-braune Form mit weißen Rhizomorphen</td></tr>
<tr><td>schwarze Form mit Myzel
rostfarben-koralloide Form</td><td>Cenococcum geophilum
Pinirhiza stellannulata [1]
Pinirhiza granulosa [1]
wollig-weiße Form</td></tr>
</table>

[1] GOLLDACK et al. (1996a, b)

Vitalitätsverteilung: Auf beiden Standorten war eine ähnliche zeitliche Variabilität der Vitalitätsverteilung festzustellen (Abb. 1). Der Anteil voll und weitgehend vitaler Mykorrhizen war im Juli und September am höchsten. Eingeschränkt vitale Mykorrhizen zeigten mehr oder weniger ausgeprägte April- und Novembermaxima. Aufgrund dieser saisonalen Übereinstimmung konnten Jahresmittelwerte für einen Standortvergleich gebildet werden, ohne dabei Unterschiede zwischen den Flächen zu nivellieren.

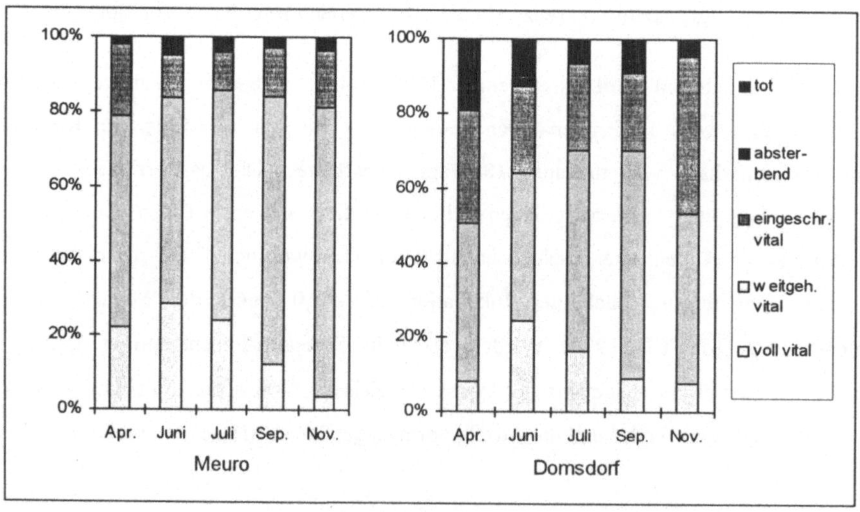

Abb. 1 Prozentuale Verteilung der Vitalitätsklassen

Die über alle Probenahmetermine gemittelte Verteilung der Vitalität zeigte standortbedingte Unterschiede (Abb. 2). In Meuro lag der Anteil voll und weitgehend vitaler Mykorrhizen um insgesamt 21 % höher als in Domsdorf. Dafür befanden sich dort 14 % mehr Mykorrhizen im eingeschränkt vitalen und 7 % mehr im absterbenden und toten Stadium. Außerdem ist zu berücksichtigen, daß der Nekromasseanteil auf beiden Rekultivierungsstandorten höher ist als auf Standorten mit gewachsenen Böden (GOLLDACK, pers. Mittlg.).

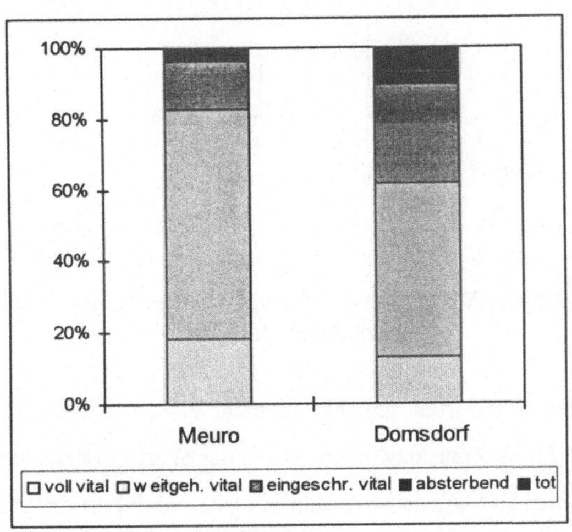

Abb. 2 Jahresmittelwerte der prozentualen Verteilung der Vitalitätsklassen

Wachstumsdynamik: Zwischen Meuro und Domsdorf traten deutliche Unterschiede in der Wachstumsdynamik auf (Abb. 3). Im Jahresmittel befanden sich in Domsdorf 82 % der Mykorrhizen in der ersten Wachstumsphase, d.h. eine vormalige Metacutis war nicht ausgebildet. In Meuro dagegen befanden sich nur 38 % in diesem Stadium, dafür war der Anteil der Mykorrhizen mit einer oder mehr Metacuten (bis maximal 8) wesentlich höher. Die häufigeren Wachstumsunterbrechungen in Meuro spiegeln deutlich die trockeneren und v.a. die aufgrund der geringmächtigen Humusauflage wechselfeuchteren Standortbedingungen gegenüber Domsdorf wider. Trotz dieser standortbedingten Unterschiede war auf beiden Untersuchungsflächen ein ähnlicher Jahresverlauf der Wachstumsdynamik erkennbar, der eng mit den Bestandsniederschlägen korrelierte. Der Anteil der Mykorrhizen ohne vormalige Metacutis war im Frühjahr und Herbst am höchsten. Die meisten Mykorrhizen mit einer oder mehr vormaligen Metacuten traten in den trockenen Sommermonaten auf.

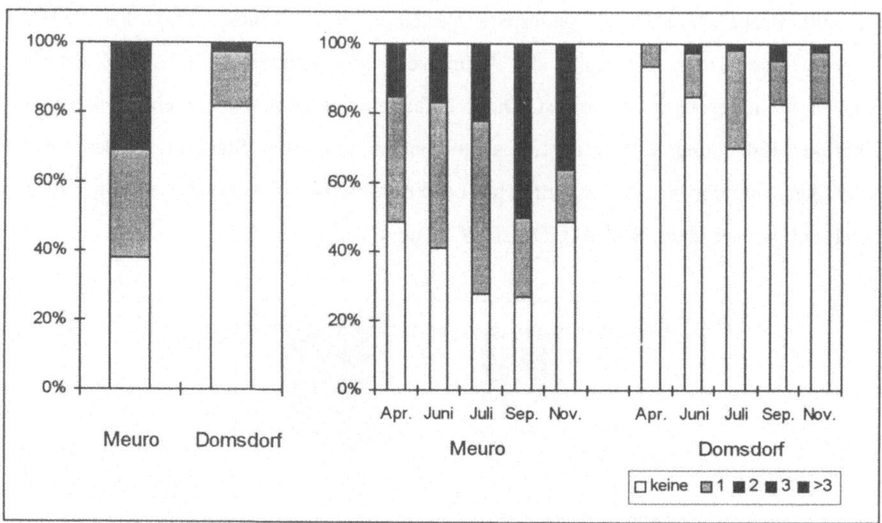

Abb. 3 Prozentuale Verteilung der Wachstumsklassen und Jahresmittelwerte (Anzahl der Metacuten)

Stärkegehalt. Auf beiden Standorten speicherten mehr als zwei Drittel der Mykorrhizen keine Stärke (= Stärkeklasse „/“) im Zentralzylinder, wobei der Wert in Domsdorf noch 10 % höher lag (Abb. 4). Die Stärkeklasse „III“ wurde insgesamt nur viermal dokumentiert.

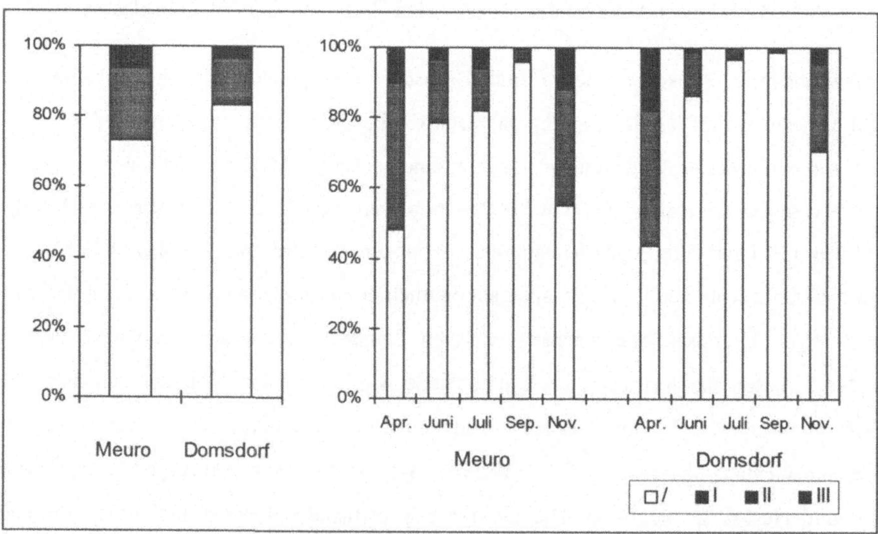

Abb. 4 Prozentuale Verteilung der Stärkeklassen und Jahresmittelwerte

Der Jahresgang war auf beiden Standorten gleich und korrelierte mit seinen Frühjahrs- und Herbstmaxima der Stärkespeicherung mit dem Austrieb der Bäume. Diese Beobachtung stimmt mit zahlreichen anderen Untersuchungen überein (FORD und DEANS 1977; RITTER 1990, KOTTKE et al. 1992).

Die relativ hohen Anteile der voll und weitgehend vitalen Mykorrhizen sowie der hohe Nekromasseanteil weisen darauf hin, daß die Lebensdauer der Mykorrhizen auf den für das Pflanzenwachstum ungünstigen Kippenstandorten des Lausitzer Braunkohlereviers verkürzt ist. Im Vergleich dazu sind auf nährstoffreichen Standorten mit gewachsenen Böden die intermediären Vitalitätsklassen vorherrschend (MÜNZENBERGER et al. 1995). Die Kiefern auf den Rekultivierungsstandorten werden offensichtlich aufgrund der ungünstigen Bodenbedingungen zu einem hohen Mykorrhiza-Turnover veranlaßt, um eine ausreichende Nährstoff- und Wasserversorgung sicherzustellen. Dafür ist eine höhere C-Allokation in das Wurzelsystem der Bäume notwendig als bei Bäumen auf Standorten mit gewachsenen Böden. Der größte Teil der Speicherstärke wird dabei offensichtlich zur Aufrechterhaltung der hohen physiologischen Aktivität abgezogen, wodurch sich die äußerst geringen Gehalte an Stärke in den Mykorrhizen der Rekultivierungsstandorte erklären. Der Vergleich beider Rekultivierungsstandorte macht deutlich, daß sich die Lebensdauer der Mykorrhizen mit fortschreitender Bodenentwicklung erhöht und damit Standorten mit gewachsenen Böden annähert. Gleiches gilt für die Wachstumsdynamik. Auf dem älteren Standort Domsdorf nimmt die Zahl der Wachstumsunterbrechungen gegenüber Meuro deutlich ab, d.h. mit fortschreitender Bodenentwicklung werden die Schwankungen der Standortbedingungen geringer.

Literaturverzeichnis

BTUC INNOVATIONSKOLLEG: Bericht zum Teilprojekt Flächenauswahl. BTU Cottbus (1995).

BTUC INNOVATIONSKOLLEG: Exkursionsführer. Interner Workshop 30.9.96 - 4.10.96, BTU Cottbus (1996).

FORD, E.D.; DEANS, J.D.: Growth of a *Sitka* spruce plantation: spatial distribution and seasonal fluctations of length, weights and carbohydrate concentrations of fine roots. Plant and Soil 47, 463 - 485 (1977).

GOLLDACK, J.; MÜNZENBERGER, B.; AGERER, R.; HÜTTL, R.F.: *'Pinirhiza granulosa'* + *Pinus sylvestris* L.. Descriptions of Ectomycorrhizae 1, 77 - 81 (1996a).

GOLLDACK, J.; MÜNZENBERGER, B.; AGERER, R.; HÜTTL, R.F.: *'Pinirhiza stellannulata'* + *Pinus sylvestris* L.. Descriptions of Ectomycorrhizae 1, 89 - 93 (1996b).

KOTTKE, I.; OBERWINKLER, F.; MAIFELD, D.: Untersuchungen der Mykorrhizen und der sie begleitenden Mikropilze in stark und weniger stark geschädigten Fichtenbeständen Nordrhein-Westfalens. Projekt VB 5-8819.3.6., Abschlußbericht, Universität Tübingen (1992).

KOTTKE, I.; WEBER, R.; RITTER, T.; OBERWINKLER, F.: Vitality of mycorrhizas and health status of trees in diverse forest stands in West Germany. In: HÜTTL, R.F.; MUELLER-DOMBOIS, D.: Forest Decline in the Atlantic and Pacific Region. Springer, Berlin, 189 - 201 (1993).

MÜNZENBERGER, B.; SCHMINCKE, B.; STRUBELT, F.; HÜTTL, R.F.: Reactions of mycorrhizal and non-mycorrhizal Scots pine fine roots along a deposition gradient of air pollutants in eastern Germany. Water, Air and Soil Pollution 85, 1191 - 1196 (1995).

RITTER, T.; KOTTKE, I.; OBERWINKLER, F.: Nachweis der Vitalität von Ektomykorrhizen: FDA-Vitalfluorochromierung. Biologie in unserer Zeit 6, 179 - 185 (1986).

RITTER, T.: Fluoreszenzmikroskopische Untersuchungen zur Vitalität der Mykorrhizen von Fichten (*Picea abies* (L.) Karst.) und Tannen (*Abies alba* Mill.) unterschiedlich geschädigter Bestände im Schwarzwald. Dissertation, Universität Tübingen (1990).

Pflanzenernährung, Wurzelleistung und Exsudation.
8. Borkheider Seminar zur Ökophysiologie des Wurzelraumes.
(Ed. W. Merbach) B. G. Teubner Verlagsgesellschaft Stuttgart, Leipzig 1998, pp. 123-125

UNTERSUCHUNGEN ZUM ZUCKERTRANSPORT IN DER EKTOMY-KORRHIZA

WIESE, J.; NEHLS, U.; HAMPP, R.
Institut für Botanik, Physiologische Ökologie der Pflanzen
Universität Tübingen
Auf der Morgenstelle 1
D - 72076 Tübingen

Abstract

In order to understand the carbohydrate exchange at the root/fungus interface in the ectomycorrhiza symbiosis, we started to identify plant and fungal monosaccharide transporters. The strategy we employed was the selection of conserved regions of monosaccharide transporters from other organisms, primer design and PCR amplification of mycorrhizal cDNA fragments.
Two cDNA-clones, a fungal (*A. muscaria*) and a plant (*P. abies*) with close sequence homology to monosaccharide transporters could be isolated so far. By heterologous expression of this cDNAs in a hexose transporter deficient mutant of *S. pombe* we identified them as monosaccharide transporters. While the expression of the *P. abies* transporter is slightly reduced during ectomycorrhiza formation, the expression of the fungal transporter is enhanced by a factor of four.
By comparative analysis of AmMST1 expression in free living mycelia and ectomycorrhiza we estimated an apoplastic monosaccharide concentration of at least 5 mM.

Einleitung

Mycorrhizen sind symbiotische Strukturen, die zwischen Feinwurzeln und einigen Bodenpilzen gebildet werden. In der Symbiose erfolgt ein intensiver Stoffaustausch zwischen beiden Partnern. Die Pflanze erhält vom Pilz Stickstoffverbindungen und Nährsalze, der Pilz wird von der Pflanze mit Kohlenstoffverbindungen versorgt. Die genaue Natur dieser von der Pflanze abgegebenen

Kohlenstoffverbindungen ist allerdings noch unklar. Als mögliche Kandidaten kommen Monosaccharide und organische Säuren in Frage.

Bekannt ist, daß, wie in den meisten Pflanzen, in *Picea abies* Saccharose die Haupttransportform für Assimilate ist (KOMOR 1983). Der Symbiosepartner *Amanita muscaria* ist allerdings nicht in der Lage, mit Saccharose als Kohlenstoffquelle zu wachsen. Mit Monosacchariden als C-Quelle wächst der Pilz dagegen sehr gut. An isolierten *A. muscaria*-Protoplasten wurde die aktive Aufnahme von Fructose und Glucose nachgewiesen (CHEN und HAMPP 1993).

Folgende Hypothese ist daher Grundlage der hier vorgestellten Arbeit: Im Phloem angelieferte Saccharose wird in den Apoplasten entladen und durch eine dort lokalisierte pflanzliche Saure Invertase (SALZER und HAGER 1991) in Glucose und Fructose gespalten. Diese Monosaccharide werden nun sowohl von den Pilzzellen als auch den Wurzelrindenzellen aufgenommen. Da diese Hypothese den Monosacchariden eine herausragende Bedeutung für die Kohlenhydratversorgung des Pilzes zuweist, war die Isolierung und Charakterisierung von Monosaccharidtransportern in Mycorrhizen das Ziel dieser Arbeit. Verwendet wurden dazu Mycorrhizen zwischen *P. abies* und *A. muscaria* aus einem semisterilen *in vitro*-System.

Ergebnisse und Diskussion

Um Monosaccharidtransporter zu isolieren, wurden PCR-Primer gegen konservierte Proteinbereiche von bekannten Monosaccharidtransportern hergestellt und cDNA-Fragmente aus Mycorrhiza cDNA amplifiziert. Diese cDNA-Fragmente wurden dann zur Isolierung von Vollängenklonen von Monosaccharidtransportern aus einer Mycorrhiza-cDNA-Gen-Bibliothek verwendet.

Bisher konnten zwei Gene, die für Monosaccharidtransporter codieren, identifiziert und durch Northern-Blot-Analyse den Symbiosepartnern zugeordnet werden. PaMST1 codiert für einen Monosaccharidtransporter der Fichte, und die abgeleitete Aminosäresequenz zeigt ihre größte Ähnlichkeit zu einem *Ricinus communis* Hexosetransporter.

Die Expression von PaMST1 in Nadeln ist kaum meßbar. Das Gen ist jedoch in Stamm und Wurzeln stark exprimiert. Die Bildung von Mycorrhizen verursachte keine Veränderung der Genexpression.

Am MST1 codiert für einen Monosaccharidtransporter aus *A. muscaria*. Die abgeleitete Aminosäuresequenz zeigt ihre größte Ähnlichkeit zu einem Monosaccharidtransporter aus *Neurospora crassa*.

Am MST1 wird unter allen bisher untersuchten Bedingungen exprimiert. Sowohl Mycorrhizierung als auch Kultivierung bei externen Zuckerkonzentrationen über 5 mM führten zu einer um ca. das 4-fache erhöhten Genexpression. Die verstärkte AmMST1-Expression sowohl in Mycorrhizen als auch bei hoher externer Zuckerkonzentration läßt den Schluß zu, daß die Hexosekonzentration im Apoplasten der Mycorrhiza über 5 mM liegt. Bei einem Medienwechsel von niedriger zu hoher externer Zuckerkonzentration war eine erhöhte AmMST1 Expression erst nach ca. einem Tag zu beobachten. Die AmMST1 Expression sank wieder auf das Basalniveau, sobald die externe Zuckerkonzentration unter 5 mM gefallen war.

Diese langsame Reaktion auf erhöhte externe Zuckerkonzentrationen ist, ebenso wie der Schwellenwert von 5 mM Monosacchariden, vermutlich eine Anpassung an die konstanten Bedingungen, die die Pilzhyphen in Mycorrhiza und Rhizosphäre vorfinden.

In Zukunft sollen die kinetischen Eigenschaften der beiden Transportproteine mittels heterologer Expression in einer *Schizosaccharomyces pombe*-Mutante, die kein eigenes Hexoseaufnahmesystem besitzt (MILBRADT und HÖFER 1994), untersucht werden. Mit dieser Mutante ist es möglich, die kinetischen Eigenschaften einzelner Monosaccharidtransporter zu untersuchen. Die cDNA's von PaMST1 und AmMST1 wurden dazu in Hefe-Expressionsvektoren kloniert und *S. pombe* mit diesen transformiert. Ein Wachstum dieser transgenen Hefen in hexosehaltigen Medien erfolgte nur, wenn PaMST1 oder AmMST1 exprimiert wurden. Dies belegt, daß beide untersuchten Gene für funktionell aktive Hexeosetransportproteine codieren.

Literaturverzeichnis

CHEN, X-Y.; HAMPP, R.: Sugar uptake by protoplasts of the ectomycorrhizal fungus, *Amanita muscaria* (L. ex fr.) Hooker; New Phytol. **125,** 601 - 608 (1993).

KOMOR, E.: Phloem loading and unloading, In: K. Esser, K. Kubitzki, M. Runge, E. Schnepf, H. Ziegler, eds., Progress in Botany, Springer Verlag Berlin, Heidelberg, New York **45,** 68 - 75 (1983).

MILBRADT, B.; HÖFER, M.: Glucose-transport-deficient mutants of *Schizosaccharomyces pombe*: phenotype, genetics and use for genetic complementation; Microbiology **140,** 2617 - 2623 (1994).

SALZER, P.; HAGER, A.: Sucrose utilization of the ectomycorrhizal fungi *Amanita muscaria* and *Hebeloma crustuliniforme* depends on the cell wall-bound invertase activity of their host *Picea abies*; Bot. Acta **104,** 439 - 445 (1991).

Pflanzenernährung, Wurzelleistung und Exsudation.
8. Borkheider Seminar zur Ökophysiologie des Wurzelraumes.
(Ed. W. Merbach) B. G. Teubner Verlagsgesellschaft Stuttgart, Leipzig 1998, pp. 126-133

UNTERSUCHUNGEN ZUR BESIEDLUNG VON WEIZEN DURCH ENTEROBAKTERIEN

REMUS, R.[1]; RUPPEL, S.[2]; MERBACH, W.[1]

[1] Zentrum für Agrarlandschafts- und Landnutzungsforschung (ZALF) e. V.

Institut für Rhizosphärenforschung und Pflanzenernährung

Eberswalder Straße 84

D - 15374 Müncheberg

[2] Institut für Gemüse- und Zierpflanzenbau Großbeeren / Erfurt e. V.

Theodor-Echtermeyer-Weg 1

D - 14979 Großbeeren

Abstract

The microbial ecology of phytoeffective, associative plant-bacteria interaction, which are able to increase plant growth or repress phytopathogenic organisms, gains in impartance. But the high variability of plant growth promoting effects restrict their application in agricultural practice. For a better understanding it is necessary to study the colonization behaviour and survival of inoculated bacteria in the rhizosphere. Therefore the colonization behaviour, survival and the bacterial inoculation effect on root growth of wheat of two diazotrophic *Enterobacteriaceae, Pantoea agglomerans* (D5/23) and *Klebsiella pneumoniae* (CC12/12) were investigated in pot experiments. *P. agglomerans* increased root growth of wheat significantly even when the native population of *Enterobacteriaceae* in the rhizosphere was 100 times greater than the inoculated strain. Although the bacterial numbers of the inoculated strain *Klebsiella pneumoniae* were about 10 times higher than *P. agglomerans* cells, this strain did not increase the root growth significantly. During root growth the bacterial colonization occured disproportionately at root parts. The population of *P. agglomerans* decreased from root top to root tip. Plant growth promoting effects seem to be affected by an interaction between colonization behaviour and the specific activity of the inoculated bacterial strain.

Einleitung

Die mikrobielle Ökologie von phytoeffektiven, assoziativen Bakterien-Pflanzen-Interaktionen, die das Pflanzenwachstum stimulieren oder die Entwicklung phytopathogener Organismen an ihren Wirten einschränken, gewinnt zunehmend an Interesse, weil die Anwendung biologischer Instrumentarien im Pflanzenbau den Einsatz von Agrochemikalien herabsetzen könnte. Allerdings ist die hohe Wirkungsvariabilität ein entscheidender Hinderungsgrund für ihren Einsatz in der Praxis. Um assoziative Bakterien-Pflanzen-Interaktionen besser zu verstehen und eine effektive Anwendung im Pflanzenbau zu ermöglichen, sind insbesondere Kenntnisse über das Besiedlungsverhalten der Bakterien in Abhängigkeit von verschiedenen biotischen und abiotischen Einflußfaktoren notwendig (WELLER 1988). Das Spektrum von phytoeffektiven Bakterienstämmen ist relativ groß. Zu den wohl bekanntesten assoziativen Bakteriengattungen, die mit den Wurzeln verschiedener Kulturpflanzen interagieren, zählen z. B. *Azospirillum* und *Pseudomonas*. Neben diesen Bakterien wurden aber auch mehrere phytoeffektive, assoziative Bakterienstämme aus der Familie der Enterobakterien (*Enterobacteriaceae*), wie z. B. *Klebsiella pneumoniae*, *Serratia rubidea* und *Enterobacter agglomerans* in der Rhizosphäre verschiedener Kulturpflanzen gefunden. Wie aus den Untersuchungen von RATTRAY et al. (1995) hervorgeht, scheinen Enterobakterien, wie *Enterobacter cloacae*, im Vergleich zu *Pseudomonas fluorescens* stärker die Wurzeloberfäche als den angrenzenden rhizosphären Boden zu kolonialisieren. Darüber hinaus scheinen einige Enterobakterien, wie z. B. *Klebsiella pneumoniae* (HAAHTELA et al. 1988), pflanzenunspezifische Proteine zu bilden, mit deren Hilfe sie an die Wurzeloberfläche andocken. Zu der Familie der Enterobakterien zählt auch der phytoeffektive Bakterienstamm *Pantoea agglomerans*, der aus der Phyllosphäre von Weizen isoliert wurde (RUPPEL 1987). Saatgut- bzw. Sproßinokulationen mit diesem assoziativen Bakterienstamm führten in mehreren Feldversuchen zu signifikant erhöhten Kornerträgen von 5 bis 23 % (REMUS et al. 1997). Die Ursachen für diesen phytoeffektiven Effekt (z. B. Phytohormonbildung, verbesserte N-Versorgung; SCHOLZ-SEIDEL and RUPPEL 1992) sind derzeitig noch nicht geklärt. *Pantoea agglomerans* kann neben der Rhizosphäre von Gramineen auch deren Interzellularräume in Wurzel- und Sproßgeweben besiedeln. Phytopathologische Symptome, wie z. B. Lysis der anliegenden Zellen, konnten hierbei nicht beobachtet werden (RUPPEL et al. 1992).

In dem vorliegenden Artikel werden Untersuchungen zur Besiedlung des Wurzelraumes durch *P. agglomerans* D5/23 in Festsubstrat- und Hydroponik-Experimenten und zum Einfluß einer Inokulation dieses Stammes auf das Wurzelwachstum vorgestellt. Ergänzend hierzu werden Besiedlungsdaten eines weiteren diazotrophen Enterobakteriums, *Klebsiella pneumoniae* CC12/12, und die Gesamttiter der angesiedelten Enterobakterienpopulationen aufgeführt.

Material und Methoden

Inokulationsexperimente:

Um die Besiedlung von Weizenpflanzen durch Enterobakterien und die Beeinflussung des Wurzelwachstums durch verschiedene Bakterienstämme zu untersuchen, wurden Hydroponik-Experimente mit halbflüssiger Nährlösung (0,8 % Agar) durchgeführt. Die Anzucht der Pflanzen erfolgte in Klimakammern (analog zu RUPPEL et al. 1992) über einen Zeitraum von 21 bzw. 28 Tagen. Für die Untersuchung des Einflusses eines mikrobiellen Konkurrenzdruckes auf das Besiedlungsverhalten von *P. agglomerans* wurde ein Gefäßversuch mit unsterilem und sterilisiertem Boden (lehmigen Sand) durchgeführt. Die Sterilisation des Bodens erfolgte durch dreimaliges Autoklavieren (121 °C) im Abstand von 24 Stunden. Die Anzucht der Pflanzen erfolgte unter Gewächshausbedingungen über einen Zeitraum von 58 Tagen. Um die Translokation des inokulierten Bakterienstammes *P. agglomerans* im Wurzelraum zu untersuchen, wurde ein Gefäßversuch mit sterilisiertem Quarzsand durchgeführt. Die Sterilisation des Substrates erfolgte analog dem obigen Gefäßversuch. Der Versuch wurde über einen Zeitraum von 30 Tagen unter Gewächshausbedingungen durchgeführt. Für die Versuche wurden die Samen in sterilisierten Petrischalen auf Filterpapier angekeimt und anschließend in die Gefäße überführt. Vor dem Ankeimen wurden die Samen mit 1%igem Bromwasser (analog zu RUPPEL et al. 1992) oberflächensterilisiert. Im Versuch zur Ermittlung der sich natürlich ansiedelnden Enterobakterien wurde auf eine Sterilisation der Samenoberflächen verzichtet.

Bakterieninokulation:

In den Hydroponik-Experimenten wurden die Bakterienstämme in die Nährlösung appliziert. Die Endkonzentration betrug hierbei 10^4 bzw. 10^5 Bakterienzellen pro ml Nährlösung. Für das Quarzsand-Experiment wurden die Samen nach der Oberflächensterilisation in einer Bakterienlösung mit 10^8 Zellen pro ml geschwenkt und anschließend vorgekeimt. Im Gefäßversuch mit Boden wurden die Bakterien sowohl zum Samen als auch zum Sproß appliziert. Die Sameninokulation erfolgte analog der im Quarzsand-Experiment. Die Applikation zum Sproß erfolgte durch Besprühen der Blätter mit einer Bakteriensuspension (10^7 Zellen pro ml).

Bakterienanzucht und Detektion:

Für die Inokulations-Experimente wurden die Bakterienstämme in einem flüssigen Glycerol-Pepton -Medium bei Raumtemperatur auf einem Kreisschüttler angezogen, bis sie eine Zelldichte von 10^9 Zellen pro ml Medium erreichten. Für die Ermittlung des Gesamttiters der Enterobakterien, die das Nährmedium und die Wurzeln im Hydroponik-Experiment besiedelten, wurde die Plattenverdünnungsmethode herangezogen. Als Selektivmedium diente Endomedium (MERCK). Die inokulierten Stämme wurden immunologisch mittels DAS-ELISA (CLARK and ADAMS 1977), der auf spezifischen polyklonalen Kaninchen-Seren basiert, detektiert. Für die Detektion der Bakterien mittels DAS-ELISA wurde zu den Boden- (rhizosphäres Substrat) bzw. Wurzelproben PBS-Puffer im Verhältnis 1:3 (Proben-Frischgewicht (g) : Puffer-Volumen (ml)) zugegeben, anschließend homogenisiert und die Proben bei -20 °C eingefroren. Für diese Prozedur wurden im allgemeinen vollständige Wurzelsysteme von Einzelpflanzen verwendet. Nur, um die Verteilung der Bakterien über das Wurzelsystem zu untersuchen, wurden die Haupt- und Seitenwurzeln in Fraktionen von 1 cm Länge zerschnitten und anschließend - wie oben aufgeführt - für den DAS-ELISA aufbereitet.

Ergebnisse

In den durchgeführten Hydroponik-Experimenten konnte beobachtet werden, daß das Wurzelwachstum von Winterweizen 'MIRAS' (Tab. 1) und von Sommerweizen 'ETA' (Tab. 2) durch die Inokulation des Enterobakteriums *Pantoea agglomerans* in die Nährlösung signifikant stimuliert wurde. Im Vergleich zu sechs anderen Bakterienstämmen (die aus der Rhizosphäre verschiedener Kulturpflanzen isoliert wurden) und einem phytopathogenen Stamm zeigte nur *P. agglomerans* eine signifikante Erhöhung des Wurzelwachstums gegenüber der Kontrolle. Die geringste Wurzelbildung wurde bei der Inokulation des pathogenen Bakterienstammes *Pseudomonas syringae* pv. *atrofaciens* (Erreger der basalen Spelzenfäule des Weizens) beobachtet (Tab. 1). Wie in Tab. 2 zu sehen ist, vermag *P. agglomerans* selbst in der Anwesenheit einer mehr als 100fach höheren Fremd-Enterobakterienpopulation in den Medium- und Wurzelproben ein signifikant stärkeres Wurzelwachstum hervorzurufen. Der Bakterienstamm *Klebsiella pneumoniae*, der das Medium und die Wurzeln um den Faktor 10 stärker besiedelte als

Inokulationsvariante	Wurzel- Frischmasse in % zur Kontrolle
Pseudomonas atrofaciens	82,13 a
Azosprillum brasilense	94,48 ab
Pseudomonas putida	99,44 ab
Kontrolle	100,00 ab
Klebsiella ozaenae	104,65 abc
Klebsiella pneumoniae	105,86 abc
Bacillus polymyxa	108,47 abc
Agrobacterium radiobacter	135,40 bc
Pantoea agglomerans	151,55 c

Tab. 1: Einfluß verschiedener Bakterienstämme auf das Wurzelwachstum von Winterweizen 'MIRAS' in einem Hydroponik-Experiment, 28 Tage nach der Inokulation der Stämme ins Medium (Impfkonzentration 10^5 Zellen pro ml Nährlösung); Varianten mit gleichen Buchstaben unterscheiden sich nicht signifikant voneinander ($\alpha_{\text{Multipler t-Test}}$ 5%)

P. agglomerans, konnte das Wurzelwachstum hingegen nicht signifikant steigern. Der Besiedlungsprozeß der Wurzeln durch die inokulierten Bakterien scheint stark von einer sich etablierenden bzw. bereits etablierten Fremd-Mikrobenpopulation beeinflußt zu werden. Im Experiment mit unsterilem und sterilisiertem Boden wurde in beiden Varianten ein Absinken der Population des inokulierten Stammes *P. agglomerans* in den Wurzelproben über den Zeitraum der Probenahmen (58 Tage) beobachtet (Abb. 1). Hierbei sank die Bakterienpopulation in der unsterilen Variante wesentlich schneller als in der Variante mit sterilisiertem Boden.

detektierte Bakterien	Ort der Detektion	Inokulationsvarianten		
		nicht inokulierte Kontrolle	mit *K. pneumoniae* inokuliert	mit *P. agglomerans* inokuliert
Enterobacteriaceae gesamt	Medium	$1,6 \times 10^8$	$1,7 \times 10^8$	$1,4 \times 10^8$
	Wurzel	$1,1 \times 10^9$	$8,0 \times 10^8$	$8,4 \times 10^8$
inokulierter Stamm	Medium		$8,0 \times 10^6$	$1,5 \times 10^6$
	Wurzel		$3,5 \times 10^7$	$1,8 \times 10^6$
Wurzel-Frischmasse in %		100 a	114 a	138 b

Tab. 2: Populationsdaten aller Enterobacteriaceen (summarisch) und der inokulierten Bakterienstämme *K. pneumoniae* und *P. agglomerans* in Nährmedium- sowie Wurzelproben eines Sommerweizen-Hydroponikversuches und Vergleich der gebildeten Wurzelmasse [Varianten mit gleichen Buchstaben unterscheiden sich nicht signifikant voneinander ($\alpha_{Newman\text{-}Keuls\text{-}Test}$ 5%)] 21 Tage nach der Inokulation der Stämme ins Nährmedium (Impfkonzentration 10^4 Zellen pro ml Medium); die Bakterientiter sind dargestellt als geometrische Mittel der Zellen pro ml Medium bzw. pro g Wurzelmaterial (Frischgewicht)

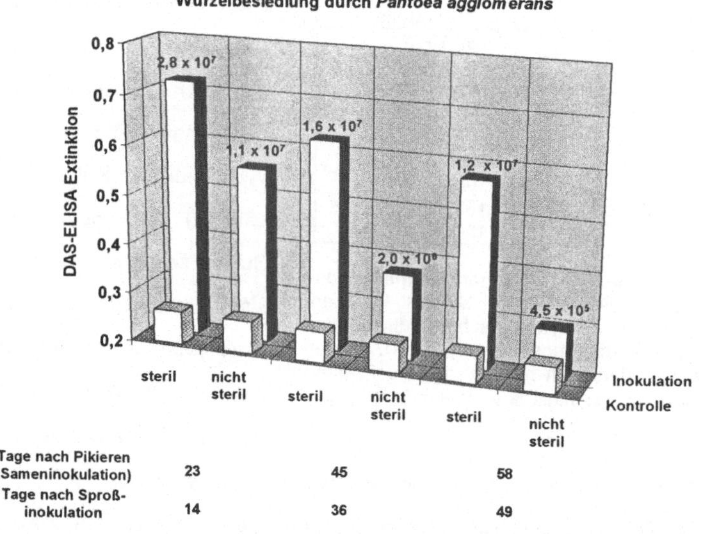

Abb. 1: DAS-ELISA•Extinktion und Populationsdaten [geometrische Mittel der Zellen pro g Wurzelmaterial (Frischmasse)] von *P. agglomerans* in einem Gefäßversuch mit Sommerweizen 'ETA'; bei dem der Bakterienstamm sowohl zum Saatgut als auch zum Sproß in zwei Varianten appliziert wurde; steril: der Boden wurde vor Versuchsbeginn autoklaviert, nicht steril: der Boden wurde nicht autoklaviert.

Allerdings betrug die Population des inokulierten Stammes selbst in der unsterilen Variante 58 Tage nach dem Pikieren in den Wurzelproben noch 4,5 x 10^5 Zellen pro g Frischgewicht (Abb. 1). Ähnlich wie in den Hydroponik- und Boden-Inokulationsexperimenten konnte auch im Quarzsand-Experiment eine Besiedlung der Rhizosphäre durch *P. agglomerans* detektiert werden (Tab. 3). Darüber hinaus wurde beobachtet, daß nach einer Inokulation der Samen die Wurzel in einem festen Substrat (hier Quarzsand) nicht gleichmäßig besiedelt wird. Dies gilt einerseits für die räumliche Verteilung der inokulierten Bakterien an der Wurzel und andererseits für die Häufigkeitsverteilung innerhalb eines Sets von Wurzeln. Es zeigte sich, daß die Besiedlungdichte des inokulierten Stammes (30 Tage nach dem Pikieren) an den Hauptwurzeln von dem Ort des Wurzelaustritts am Samen (1 cm; 1,9 x 10^5 bis 5,9 x 10^6 Zellen pro ml Probe) zu der Zone der stärksten Seitenwurzelbildung (2 bis 5 cm) leicht ansteigt, hier die höchsten Titer (maximal 5,9 x 10^7 Zellen pro ml Probe) erreicht und von dort zur Wurzelspitze hin stark absinkt. Die Wurzelspitzenregion (hier ca. 12 cm vom Samen) wurde somit am schwächsten durch den inokulierten Stamm (1,3 x 10^3 bis 2,1 x 10^5 Zellen pro ml Probe) besiedelt. Ein ähnlicher Verlauf der Besiedlungsdichten konnte auch an den Seitenwurzeln beobachtet werden. Der Test auf Normalität der Verteilung der Populationsdaten (Tab. 3) zeigt, daß die Bakterientiter (Zellen pro ml Probe) sowohl

Parameter		Ort der Detektion: rhizosphärer Sand	Ort der Detektion: Wurzel
DAS-ELISA Extinktion	Kontrolle	0,170	0,169
	Inokulation	0,852 +	1,041 +
P. agglomerans in der inokulierten Variante (Zellen pro ml Probe)		3,3 x 10^7	7,4 x 10^7
Saphiro-Wilk Test auf Normalität	DAS-ELISA-Extinktion	-	-
	Zellen pro ml Probe	*	*
	Log $_{10}$ Zellen pro ml P.	-	-

Tab. 3: Besiedlungsdichten (geometrische Mittel der Zelltiter) von *P. agglomerans* in einem Quarzsand-Inokulationsexperiment mit Winterweizen 'MIRAS' (30 Tage nach dem Pikieren)
+: die Behandlung unterscheidet sich signifikant von der Kontrolle (Mann-Whitney-U-Test, α = 5 %) und Prüfung der einzelnen Datensätze (DAS-ELISA Extinktion, Zellen pro ml und Log_{10} Zellen pro ml Probe) auf Normalität (Saphiro-Wilk-Test; α = 5 %)
-: es liegt kein signifikanter Unterschied zur Normalverteilung vor
*: die Verteilung ist signifikant verschieden von der Normalverteilung

in den Wurzelproben als auch in den Proben des rhizosphären Sandes nicht normalverteilt sind, während die logarithmisch (Basis 10) transformierten Titer (Log_{10} Zellen pro ml) annähernd normal verteilt sind. Dies läßt auf eine lognormale Verteilung der Bakterientiter (Zellen pro ml) in den untersuchten Proben schließen.

Das heißt, daß bei den meisten Wurzeln die Besiedlungsdichte von *P. agglomerans* unterhalb des arithmetischen Mittels aller Populationsdaten liegt. Allerdings weisen einige Wurzelsysteme Populationsdichten auf, die das arithmetische Mittel aller Populationsdaten weit übertreffen.

Diskussion

Die Populationsuntersuchungen dieses Artikels, wie auch die vorangegangenen Arbeiten (RUPPEL et al. 1992; REMUS et al. 1997) zeigen, daß *P. agglomerans* in der Interaktion mit Gramineen ein ähnliches Besiedlungsverhalten aufweist wie bestimmte Azospirillen (BASHAN and LEVANONY 1988; BODDEY and DOEBEREINER 1988). Ähnlich wie in der *Azospirillum-Triticum-* (BASHAN 1986) und *Klebsiella-Triticum*-Interaktion (HAATHELA et al. 1988) konnte in den Hydroponik-Experimenten eine Stimulierung des Wurzelwachstums nach Inokulation von *P. agglomerans* nachgewiesen werden. Es ist erstaunlich, daß diese Stimulierung bei der Anwesenheit einer 100fach höheren Fremdpopulation im Hydroponik-Experiment beobachtet werden konnte. Ob eine derartige Stimulierung auch unter natürlichen Bedingungen verursacht wird und zu einer verbesserten Nährstoffaufnahme führt, ist in weiteren Untersuchungen zu klären. Eine Verbesserung der NO_3^--Aufnahme durch stimuliertes Wurzelwachstum bei Weizen-Hydroponik-Experimenten konnte bereits von KAPULNIK et al. (1985) durch eine Azospirillen-Inokulation hervorgerufen werden. Die Untersuchung des Kolonisationsprozesses des Enterobakteriums *P. agglomerans* unter Bodenbedingungen zeigte, daß nach einer Sameninokulation die Population in der Rhizosphäre während des Untersuchungszeitraumes sank. Ein derartiges Absinken der Population von inokulierten Bakterienstämmen wurde auch von BELIMOV (1995) beobachtet. Die Populationen der applizierten Bakterien (*Azospirillum*, *Arthrobacter*, *Flavobacterium* und *Agrobacterium*) sanken in der Rhizosphäre von Reis, Weizen und Gerste im Verlauf von 50 Tagen um den Faktor 10-1000. Für dieses Absinken der Bakterienpopulation mögen verschiedene Ursachen verantwortlich sein. Eine große Rolle dürfte sicherlich die mikrobielle Konkurrenz spielen, wie aus der Abb. 1 zu ersehen ist. Die mikrobielle Konkurrenz um Nährstoffe und Habitate kommt wahrscheinlich beim Wachstum der Wurzel zum Tragen, denn die Population nimmt in Richtung Wurzelspitze ab. Vermutlich verläuft das Wurzelwachstum schneller als die Kolonialisierung der Wurzel durch das applizierte Bakterium. Neben der ungleichmäßigen Besiedlung der Wurzel über ihre Länge konnte gezeigt werden, daß auch die Besiedlung des inokulierten Stammes von Pflanze zu Pflanze ungleichmäßig verläuft, was sich in einer asymmetrischen Häufigkeitsverteilung niederschlägt (Tab. 3). Die Bakterientiter in einem Probenset (rhizosphärer Sand bzw. Wurzel) sind also nicht normal, sondern annähernd lognormal verteilt. Diese Ergebnisse bestätigen bereits früher durchgeführte Populationsstudien, in denen nachgewiesen wurde, daß *P. agglomerans* das Medium und die Wurzeln von Hydroponik-Experimenten annähernd lognormal besiedelt (REMUS et al. 1997). Wie LOPER et al. (1984) nachweisen konnten, besiedeln auch Bakterien anderer Gattungen - wie z. B. Pseudomonaden - die Rhizosphäre verschiedener Kulturpflanzen annähernd lognormal. In zukünftigen Arbeiten soll geklärt werden, ob und in welcher Art und Weise der phytoeffektive Effekt des Bakterienstammes auf die Pflanzen von dessen Besiedlungsdichten an der Pflanze abhängig ist. Um diese Problematik zu bearbeiten, schlagen LOPER et al. (1984) vor, die Besiedlung an einzelnen Wurzelsystemen näher zu analysieren und dabei zu prüfen, ob vielleicht ein Schwellenwert existiert, bei dem z. B. die Wirkung eines "biocontrol"-Stammes zur Ausbildung kommt.

Literaturverzeichnis

BASHAN, Y.; LEVANONY, H.: Migration, colonization, and absorption of *Azospirillum brasilense* to wheat roots. Lectins- Biology, Biochemistry, Clinical Biochemistry 6, 69-84 (1988).

BASHAN, Y.: Significance of timing and level of inoculation with rhizosphere bacteria on wheat plants. Soil Biochem. 18, No 3, 297-301 (1986).

BELIMOV, A.A.; KUNAKOVA, A.M.; ALEKSEYEVA, E.G.:Survival of associative nitrogen fixers in rhizoplane as a criterion for estimation of their effect on inoculated plants. NATO-ASI-ser,-Ser-G:-Ecol.-sci. Berlin, [East Germany]; New York, [N.Y.]: Springer-Verlag, 37, 535-542 (1995).

BODDEY, R.M.; DOEBEREINER, J.: Nitrogen fixation association with grasses and cereals: recent results and perspectives for future research. Plant and Soil 108, 53-65 (1988).

CLARK, F.M.; ADAMS, A.N.: Characteristics of the microplate method of enzyme-linked immunosorbent assay for the detection of plant viruses. J. Gen. Virol. 34, 475-483 (1977).

HAAHTELA, K.; LAAKSO, T.; NURMIAHO-LASSILA, E.L.; RONKKO, R.; KORHONEN, T.K.: Interactions between N_2-fixing enteric bacteria and grasses. Symbiosis. Philadelphia, Pa. : Balaban Publishers. 6 (1/2) 139-149 (1988).

KAPULNIK, Y.; GAFNY, R.; OKON, Y.: Effect of Azospirillum spp. inoculation on root development and NO_3^- uptake in wheat (*Triticum aestivum* cv. Miriam) in hydroponic systems. Can. J. Bot. 63, 627-631 (1985).

LOPER, E.J.; SUSLOW, T.V.; SCHROTH, M.N.: Lognormal Distribution of Bacterial Populations in the Rhizosphere. Phytopathology, 74, No. 12, 1454-1460 (1984).

RATTARAY, E.A.S.; PROSSER, J.I.; GLOVER, L.A.; KILLHAM, K.: Charakterization of rhizosphere colonization by luminescent *Enterobacter cloacae* at the population and single-cell levels. Applied and Enviromental Microbiology, 61, No. 8, 2950-2957 (1995).

REMUS, R.; RUPPEL, S.; JACOB, H.J.; MERBACH, W.; HECHT-BUCHHOLZ, C.: Colonization behaviour of enterobacteria on cereals. (in press http://www.hintze-online.com/sos/).

RUPPEL, S.: Isolation diazotropher Bakterien aus der Rhizosphäre von Winterweizen und Charakterisierung ihrer Leistungsfähigkeit. Dissertation, Akademie der Landwirtschaftswissenschaften der DDR. : 1-154, 1987.

RUPPEL, S.; HECHT-BUCHHOLZ, C.; REMUS, R.; ORTMANN, U.; SCHMELZER, R.: Settlement of the diazotrophic, phytoeffective bacterial strain *Pantoea agglomerans* on and within winter wheat: An investigation using ELISA and transmission electron microscopy. Plant and Soil 145, 261-273 (1992).

SCHOLZ-SEIDEL, C.; RUPPEL, S.: Nitrogenase- and phytohormone activities of *Pantoea agglomerans* in culture and their reflection in combination with wheat plants. Zentralbl. Mikrobiol. 147, 319-328 (1992).

4

Stoffumsatz und Stoffaufnahme durch Pflanzenwurzeln

Pflanzenernährung, Wurzelleistung und Exsudation.
8. Borkheider Seminar zur Ökophysiologie des Wurzelraumes.
(Ed. W. Merbach) B. G. Teubner Verlagsgesellschaft Stuttgart, Leipzig 1998, pp. 137-142

DIE KUPFERAUFNAHME VON ROTKLEE UND WEIDELGRAS AUS Cu-NITRAT-, HUMINSTOFF-Cu- UND Cu-CITRAT-LÖSUNGEN

RÖMER, W.; PATZKE, R.; GERKE, J.
Institut für Agrikulturchemie
Von Siebold-Str. 6
D - 37075 Göttingen

UPTAKE OF COPPER BY RED CLOVER AND RYEGRASS FROM Cu-NITRATE, HUMIC-Cu AND Cu-CITRATE COMPLEXES IN SOLUTION

Abstract

Copper (Cu) is taken up as Cu^{2+} by the roots of higher plants (WELCH et al. 1993). In soil, often most of the Cu in solution is organically complexed (BRÜMMER et al. 1986; GERKE 1995). We therefore conducted experiments on the uptake of Cu^{2+} and organically complexed Cu by red clover and ryegrass as representatives of monocots and dicots.

The short term influx of Cu by red clover was similar from solutions with Cu^{2+} and humic-Cu complexes, whereas the influx from Cu-citrate was lower especially in the -P treatment. The pretreatment with P strongly decreased the Cu influx independently from the Cu species which was applied. Ryegrass took up Cu from Cu^{2+} and humic-Cu solutions at a similar rate. In contrast, Cu uptake from Cu-citrate complexes was significantly lower.

The results show that plants can acquire Cu from organic Cu(II) complexes. The mechanism of uptake are still unknown but may at least partly be related to the excretion of mobilizing agents as suggested by the effect of P-defficiency on Cu influx.

Zusammenfassung

Kupfer (Cu) wird von den höheren Pflanzen als Cu^{2+} aufgenommen (WELCH et al. 1993). Im Boden liegt Cu in der Bodenlösung vielfach als organisch komplexiertes Metallkation vor (BRÜMMER et al. 1986; GERKE 1995). Deswegen wurden Untersuchungen zur Aufnahme von Cu aus Lösungen mit verschiedenen Cu-Spezies durch Weidelgras und Rotklee durchgeführt.

Die Ergebnisse zeigen, daß Rotklee alle drei Cu-Spezies mit ähnlicher Rate aufnimmt. Das heißt, Cu-Citrat- oder Huminstoff-Cu-Komplexe werden genausogut genutzt wie Cu^{2+}, außer in der -P-Variante. Dagegen nutzte Weidelgras Cu^{2+} und Huminstoff-Cu-Komplexe ähnlich gut, Cu-Citrat-Komplexe aber vergleichsweise gering. Die Ergebnisse zeigen, daß sowohl dikotyledone Arten als auch Gramineen organische Cu-Komplexe nutzen können. Die Mechanismen sind bis jetzt unbekannt, stehen möglicherweise in Zusammenhang mit der Ausscheidung mobilisierender Verbindungen.

Einleitung

Über den Übergang von Kupfer (Cu) aus dem Boden in die Pflanzenwurzel ist bis heute relativ wenig bekannt. Es wird angenommen, daß dieses Metall als Cu^{2+} von der Wurzel aufgenommen wird (WELCH et al. 1993). Andererseits wird das in der Bodenlösung befindliche Cu häufig von organischen Cu-Komplexen dominiert (BRÜMMER et al. 1986; GERKE 1995). Da Cu über die Bodenlösung zur Wurzel transportiert wird, ist es von Bedeutung zu wissen, ob das Cu der gelösten organischen Cu-Komplexe von der Pflanze genutzt werden kann.

Um dieser Frage nachzugehen, wurden in Nährlösungsversuchen Cu^{2+} (aus $Cu(NO_3)_2$), Cu-Citrat- und Huminstoff-Cu-Komplexe im Kurzzeitversuch (3 h) den Pflanzen angeboten und aus der Abnahme der Cu-Konzentration der Nährlösung die Cu-Aufnahme ermittelt. Damit wurde geprüft, ob und mit welcher Rate Cu aus den organischen Cu-Komplexen im Verhältnis zu Cu^{2+} aufgenommen wird. Dabei dienten natürliche Huminstoffe als organische Modellsubstanzen für gelöste organische Verbindungen im Boden. Citrat wird deshalb vergleichend geprüft, weil es von verschiedenen Leguminosenarten vor allem bei P-Mangel mit hoher Rate durch die Wurzel ausgeschieden wird. (DINKELAKER et al. 1989; GERKE 1995).

Material und Methoden

Für den eigentlichen Cu-Aufnahmeversuch wurden die Rotkleepflanzen 29 Tage und die Weidelgraspflanzen 15 Tage in einer Nährlösung folgender Zusammensetzung vorkultiviert: 250 µM N als $Ca(NO_3)_2$, 100 µM K als KCl, 75 µM Mg als $MgSO_4$, 10 µM P als NaH_2PO_4. Die Mikronährstoffe wurden nach HOAGLAND (vgl. SCHILLING, 1990) appliziert, davon 5µM Fe als Fe-Squestren. Rotklee wurde bei 3 µM Cu (+ Cu-Variante) oder bei 0,3 µM Cu (- Cu-Variante) und bei ausreichender P-Versorgung (10 µM P = + P-Variante) oder bei P-Mangel (1 µM P = - P-Variante) vorkultiviert. Weidelgras wuchs bei 3 µM Cu (+ Cu) oder bei 0,15 µM Cu (- Cu) und bei variiertem Fe-Angebot: 5 µM Fe (+ Fe) bzw. 0,2 µM Fe (- Fe-Variante). Im

eigentlichen Cu-Aufnahmeversuch wurden die Pflanzen in Lösungen überführt, die $10^{-6,275}$ M Cu (= 33,7 µM Cu L^{-1}) verschiedener Cu-Spezies in einer $CaCl_2$-Matrix von 0,2 mM enthielten. Die Cu-Bezugsvariante enthielt das Cu als Cu-Nitrat. Die Huminstoffe wurden nach einem Extraktionsverfahren von GERKE und JUNGK (1991) aus einem Humus-Podsol (Hodenhagen, Niedersachsen) gewonnen und nach GERKE (1990) mit Cu beladen. Die Huminsstoff-Cu-Komplexierung enthielt 10^{-5} M -COOH je L, die Cu-Citratlösung 10^{-4} M freies -COOH je L.
Um zu gewährleisten, daß bei den verwendeten Applikationslösungen vor allem Cu der gewünschten Spezies den Pflanzen angeboten werden, sind Cu-Speziesberechnungen durchgeführt worden. Dabei wurden folgende Spezies berücksichtigt (Gl. 1):

Gleichung 1

$[Cu_t] = [Cu^{2+}] + [CuOH^+] + [CuCl^+] + [Cu(OH)_2^0]+ [CuCO_3^0] +[Cu\text{-}Citrat^-] + [HSCu(OH)_x^{1-x}]$

Die darauf basierenden Cu-Speziesberechnungen weisen aus, daß bei Konzentrationen von 10^{-5} M an Huminstoff-COOH-Gruppen oder einer Citrataktivität von 10^{-4} M Lösungen hergestellt werden können, die mehr als 95% der entsprechenden organischen Cu-Spezies enthalten (Tab. 1).

Tabelle 1: Cu-Speziesverteilung (relative Anteile) der verwendeten Applikationslösungen mit und ohne Huminstoff (HS) (10^{-5} M) und Citrat (10^{-4} M)

	HS	Citrat	HS-Cu	Cu-Citrat	Cu^{2+}	$CuCO3^0$
pH 6,0	+	+	99,99	0,01	<0,01	<0,01
pH 6,0	-	+	-	98,66	1,24	0,05
pH 6,0	-	-	-	-	92,90	3,72

Randbedingungen: 0,2 mM $CaCl_2$; CO_2-Partialdruck: 0,03 bar

Die Cu-Gehalte der „Cu-Fütterungslösungen" wurden nach 3 h direkt oder nach saurem Aufschluß mit dem AAS (Graphitrohr) gemessen. Die Wurzellängen wurden nach NEWMAN (1966) bestimmt. Sie dienten als Basis für die Berechnung der Wurzeloberflächen.

Ergebnisse

Kupfermangel in der Vorkultivierung hat keinen Einfluß auf den Cu-Influx von Rotklee (Abb. 1). Das Cu der organischen Cu-Komplexe wird von Rotklee mit ähnlicher Rate aufgenommen, wie Cu^{2+}. Dagegen erhöhte P-Mangel in der Vorkultivierung den Cu-Influx von Rotklee um den

Faktor 2 (Abb. 1), wenn auch in den -P-Varianten die Nutzung von Cu als Citratkomplex tendenziell etwas geringer ist als die beiden anderen Spezies.

Anders als bei Rotklee zeigte Weidelgras eine Reaktion der Cu-Aufnahmerate in Abhängigkeit von der Cu-Versorgung bei der Anzucht. Die -Cu-Varianten zeigten stets höhere Cu-Influxwerte und zwar unabhängig von der Fe-Ernährung. Im Gegensatz zu Rotklee variierte auch der Cu-Influx von Weidelgras in Abhängigkeit von der angebotenen Cu-Spezies. Cu-Citrat-Komplexe werden mit geringerer Rate aufgenommen als Huminstoff-Cu-Komplexe oder $Cu(NO_3)_2$ (Abb. 2).

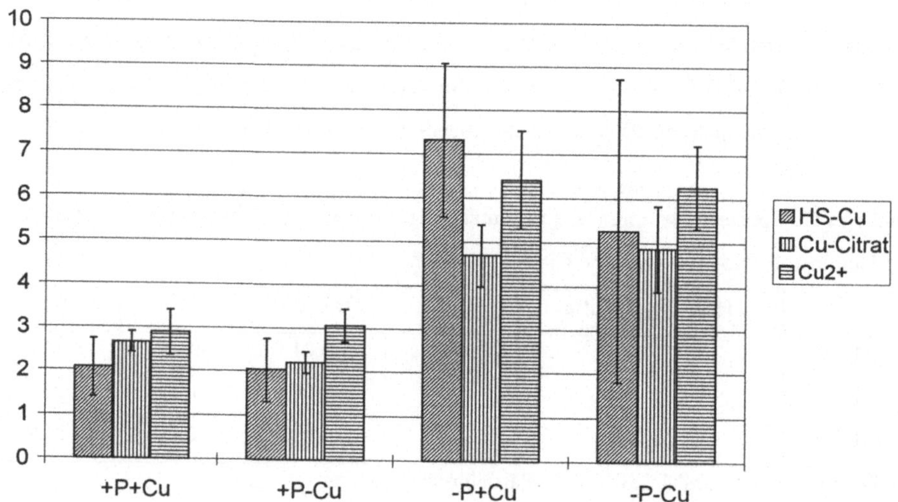

Abb. 1: Cu-Influx von Rotklee nach 3 h, Balken = Standardabweichung

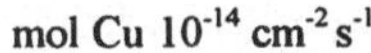

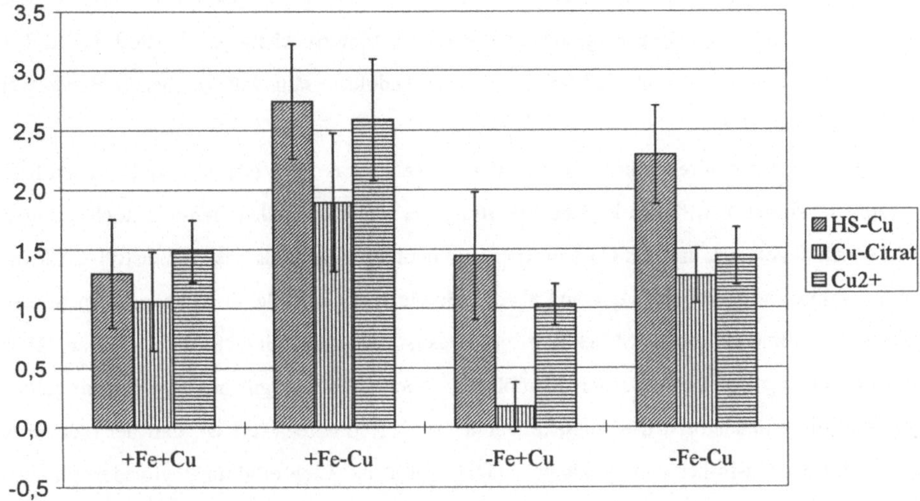

Abb. 2: Cu-Influx von Weidelgras nach 3 h, Balken = Standardabweichung

Diskussion

Offensichtlich gibt es Unterschiede im Cu-Aufnahmeverhalten der zwei Pflanzenarten. Was zunächst den dikotylen Rotklee betrifft, so kann er das unterschiedlich gebundene Cu^{2+} in gleicher Weise aufnehmen, aber in höherer Rate, wenn die Pflanzen P-Mangel aufweisen. Für Cu ist bekannt, daß dieses als Cu^{2+} von der Pflanzenwurzel aufgenommen wird (WELCH et al. 1993). Damit stellt sich die Frage, wie Cu^{2+} aus den gelösten organischen Komplexen für die Pflanze verfügbar wird. Dies könnte geschehen, wenn die in den AFS eingedrungenen Komplexe mit anderen Komplexen (Proteinen, Glucuronsäuren?) der Rindenzellen in Berührung kommen, die das Cu^{2+} binden, weil sie eine größere Affinität zum Cu^{2+} haben als die in den AFS eingedrungenen Huminstoff- bzw. Citratkomplexe. Allerdings ist die Stabilität der Huminstoff-Cu-Komplexe so hoch, daß dies wenig wahrscheinlich ist (GERKE 1995). Weiter ist denkbar, daß Cu^{2+}-Ionen in ihren Huminstoff- bzw. Citratkomplexen von plasmalemmagebundenen Reduktasen in den Zellwänden zu Cu^{+}-Ionen reduziert werden und damit aus den Komplexen freigesetzt werden (WELCH et al. 1993). Ob sie dann als solche aufgenommen oder vor ihrer Aufnahme zu Cu^{2+} aufoxidiert werden, ist unbekannt. Von WELCH et al. (1993) wurde jedenfalls bei Pisum ein solcher adaptiver Reduktionsmechanismus bei Cu-Mangel gefunden. Bei P-Mangel ist die Enzymaktivität von Wurzeln (saure Phosphatasen) oft drastisch erhöht (BEISSNER und RÖMER

1994). Ob dies auch für Reduktasen zutrifft, ist nicht untersucht. Aber eine unspezifische Erhöhung der Aktivität von Reduktasen in den Zellwänden der Wurzelzellen ist durch Protonen gegeben, die bei P-Mangel verstärkt ausgeschieden werden (DINKELAKER et al. 1989; GERKE et al. 1994). Außerdem ist bekannt, daß bei Cu-Mangel Reduktionsäquivalente ausgeschieden werden (WELCH et al. 1993).

Was die geringe Nutzbarkeit von Cu-Citrat durch Weidelgras im Vergleich zu Huminstoff-Cu bzw. freie Cu^{2+}-Ionen betrifft, so ist eine Erklärung der experimentellen Befunde noch schwieriger. Geht man davon aus, daß das Cu-Citratmolekül deutlich kleiner als das Huminstoff-Cu-Molekül ist, so müßte es in größerem Umfang als das Huminstoff-Cu-Molekül aufgenommen werden, wenn eine Aufnahme als ganzes Molekül erfolgt. Das ist offensichtlich nicht der Fall. Dann bleibt nur die Freisetzung des Cu^{2+} aus den Komplexen. Aber auch hier gilt aus den Speziesberechnungen, daß die Huminstoff-Cu-Komplexe stabiler sind. Bemerkenswert ist, daß bei reduzierter Fe-Ernährung der Cu-Influx von Weidelgras nicht erhöht ist. Eine erhöhte Phytosiderophorausscheidung führt offenbar nicht notwendig zu einem erhöhten Cu-Aneignungsvermögen der Graspflanzen. In den -Fe-Pflanzen war aber in den 15 Tage alten Pflanzen tatsächlich eine höhere Cu-Konzentration in der Sproß- und Wurzelmasse (hier nicht gezeigt, PATZKE 1997). Das heißt, die Aufenthaltsdauer der Wurzeln von 3 h in der Nährlösung für die 3 Cu-Spezies könnte zu kurz gewesen sein, um Phytosiderophoreffekte zur Ausprägung zu bringen. Insgesamt zeigt sich, daß das Cu der Huminstoff-Cu-Komplexe mit ähnlicher Rate wie freie Cu^{2+}-Ionen durch eine mono- und eine dicotyle Pflanzenart aufgenommen werden, Cu-Citrat aber mit z. T. deutlich geringerer Rate. Die dafür entscheidenden Mechanismen sind jedoch bis jetzt noch nicht klar.

Literaturverzeichnis

BEISSNER, L.; RÖMER, W.: Phosphataseaktivität der Zuckerrübenwurzel und Nutzung von Phytat-P. VDLUFA-Schriftenreihe 38, Kongreßband, 733-736 (1994).

BRÜMMER, G.; GERTH, J.; HERMS, U.: Heavy metal species, mobility and availability in soils. Z. Pflanzenernähr. Bodenk. 149, 392-398 (1986).

DINKELAKER, B.; RÖMHELD, V.; MARSCHNER, H.: Citric acid excretion and precipitation of calcium citrate in the rhizosphere of white lupin (*Lupinus albus* L.). Plant Cell Environment 12, 285-292 (1989).

GERKE, J.; JUNGK, A.: Separation of phosphorus bound to organic matrices from inorganic P in alkaline soil extracts by ultrafiltration. Commun. Soil Sci. Plant Anal. 22, 1621-1630 (1991).

GERKE, J.; RÖMER, W.; JUNGK, A.: The excretion of citric and malic acid by proteoid roots of *Lupinus albus* L.. Z. Pflanzenernähr. Bodenk. 157, 289-294 (1994).

GERKE, J.: Chemische Prozesse der Nährstoffmobilisierung in der Rhizosphäre und ihre Bedeutung für den Übergang vom Boden in die Pflanze. Cuvillier Verlag Göttingen (1995).

NEWMAN, E.: A method of estimating the total length of root in a sample. J. Appl. Ecol. 3, 133-145 (1966).

PATZKE, R.: Aufnahme von organisch komplexiertem Kupfer und Cu^{2+} durch Rotklee und Weidelgras in Nährlösung. Diplomarbeit, Fakultät Agrarwissenschaft Göttingen (1997).

SCHILLING, G.: Pflanzenernährung und Düngung. Teil I Pflanzenernährung. Deutscher Landwirtschaftsverlag Berlin (1990).

WELCH, R.M.; NORWELL, W.A.; SCHAEFER, S.C.; SHAFF, J.E.; KOCHIAN, V.: Induction of iron III and copper II reduction in pea (*Pisum sativum* L.) roots by Fe and Cu status. Planta 190, 555-561 (1993).

Pflanzenernährung, Wurzelleistung und Exsudation.
8. Borkheider Seminar zur Ökophysiologie des Wurzelraumes.
(Ed. W. Merbach) B. G. Teubner Verlagsgesellschaft Stuttgart, Leipzig 1998, pp. 143-149

ZUM PHOSPHATANEIGNUNGSVERMÖGEN VON GELBLUPINE (*Lupinus luteus* L.) und KICHERERBSE (*Cicer arietinum* L.) AUF ZWEI SAUREN, P-ARMEN BÖDEN PORTUGALS

RÖMER, W.; CASTANEDA-ORTIZ, N.; GERKE, J.
Institut für Agrikulturchemie
Von Siebold-Str. 6
D - 37075 Göttingen

PHOSPHATE ACQUISITION OF YELLOW LUPIN (*Lupinus luteus* L.) AND CHICK PEA (*Cicer arietinum* L.) ON TWO ACID P-DEFICIENT SOILS FROM PORTUGAL

Abstract

Yellow lupin and chick pea were cultivated on two acid P-deficient soils (pH: 5.3; < 2 mg lactate extractable P/100 g soil) in a pot experiment.
The application of 50 mg P/kg soil strongly increased dry matter production in both species. Lupines showed a higher P-concentration in the shoots than chick pea especially in the P-treatment (0.13 - 0.19 % vs. 0.08 - 0.15 % P).
This result was caused by a higher P-influx in yellow lupin compared to chick pea, which was, on average, a factor of 4 higher in the P-treatment. Root morphology parameters or differing root/shoot ratio did not explain the differences in P acquisition between both plant species. We explain this result by the excretion of mobilizing agents by yellow lupines. Like white lupin, this plant species forms proteoid roots as a result of P deficiency.

Zusammenfassung

In zwei sauren, P-armen Böden (weniger als 2 mg P/100 g Boden, Laktat-Extraktion) steigert eine P-Gabe von 50 mg/kg Boden den Sproßertrag in 45 bzw. 90 Tagen bei Kichererbse und Lupine, weil die P-Gehalte in der Sproßmasse in den optimalen Bereich angehoben werden. Interessant ist, daß die Lupinen stets, aber besonders bei niedrigem P-Niveau, höhere P-Gehalte in der Sproßmasse (0,13 bis 0,19 %) besitzen als die Kichererbsen (0,08 bis 0,15 %). Das höhere P-Aneignungsvermögen der Lupine beruht nicht auf einem höheren Wurzel/Sproß-Verhältnis, sondern auf einer höheren P-Aufnahmerate je cm Wurzel (Influx). Der Influx ist bei niedrigem P-Niveau ca. 4 mal größer und bei hohem P-Niveau ca. 1,8 mal größer als bei Kichererbse. Die Ursache kann darin bestehen, daß die Gelblupine Proteoidwurzeln ähnlich denen der Weißlupine bildet, die über Citratausscheidung Phosphor mobilisieren.

Einleitung

Es gibt im wesentlichen drei Gründe, sich mit dem Phosphataneignungsvermögen von Kulturpflanzen zu beschäftigen. Erstens muß auf hoch mit P versorgten und erosionsgefährdeten Standorten die Düngeranwendung (organisch und mineralisch) aus ökologischen Gründen reduziert werden (RÖMER 1997), so daß die Boden-P-Gehalte zukünftig sinken werden. Dies ist auch ökonomisch sinnvoll, wie Versuche mit längerfristig unterlassener P-Düngung zeigten (WENDT et al. 1996). Zweitens ist das Niveau der Boden-P-Gehalte in „ökologisch“ wirtschaftenden Betrieben häufig niedriger als im konventionellen Landbau (DIETZ et al. 1991). Drittens gibt es weltweit riesige landwirtschaftliche Areale, vorzugsweise in den Tropen, an P-verarmten Böden und/oder geringer P-Verfügbarkeit (VLEK und KOCH 1992; SOLTAN et al. 1993). Pflanzen haben für die Situation geringer P-Versorgung Anpassungsmechanismen verschiedener Art (Vergrößerung des Wurzel/Sproß-Verhältnisses, Steigerung der Wurzelphosphataseaktivität, Ausscheidung von Protonen und/oder organischer Säureanionen etc.) entwickelt (vgl. BEISSNER 1997). Im vorzustellenden Versuch wurde das P-Aneignungsvermögen von zwei Leguminosen auf zwei P-armen sauren portugiesischen Böden im Gefäßversuch geprüft. Als wesentliche Kriterien des P-Aneignungsvermögens wurde in Anlehnung an CLAASSEN (1990) das Wurzel/Sproß-Verhältnis, also die je Sproßeinheit zur Verfügung stehende Wurzellänge und die P-Aufnahmerate je cm Wurzel (Influx) bei zwei P-Niveaus bestimmt.

Material und Methoden

In Gefäßen (3 000 cm^3) mit zwei sauren (pH $CaCl_2$: 5,3) und P-armen Böden (laktatlöslicher P im Humic Cambisol: 1,2; im Vertic Luvisol: 2,0 mg/100 g Boden) wurden beide Pflanzenarten in der Klimakammer ohne und mit P-Düngung (50 mg P/kg Boden als $Na_2\,HPO_2$) für 45 bzw. 90 Tage angezogen. Die Pflanzen wurden mit K_2SO_4 gedüngt, erhielten aber keine mineralische N-Düngung. Statt dessen wurden die Böden mit Knöllchenbakterien beimpft (Kichererbse mit einem

Rhizobiumpräparat der Gruppe „chick pea", Lupine mit „Radizin" für Lupinen. Zu den Ernteterminen wurden je 3 Gefäße pro Versuchsglied geerntet und die Pflanzenparameter bestimmt, Wurzellängen nach NEWMAN (1966), P-Influx nach WILLIAMS (1948), P im Pflanzenmaterial nach KITSON und MELLON (1944).

Ergebnisse und Diskussion

Eine P-Düngung führte bei Kichererbse nach 45 bzw. 90 Tagen zu relativ geringen Mehrerträgen der Sprosse (Abb. 1), obwohl die P-Konzentration in der Sproßtrockenmasse sich verdoppelte bzw. verdreifachte, wenn P gedüngt wurde. Die Düngung mit 50 mg P/ kg Boden reichte offenbar aus, den P-Gehalt in den optimalen Konzentrationsbereich von ca. 0,25-0,30 % bei Körnerleguminosen in diesem Stadium zu bringen (BERGMANN 1993). Wichtig ist zu bemerken, daß die P-Konzentrationswerte in den Varianten ohne Phosphatgabe zur zweiten Ernte von 0,15 auf unter 0,08 % absanken (Abb. 2).

Gelblupine produzierte in allen Versuchsgliedern höhere Sproßtrockenmasseerträge als Kichererbse (Abb. 1). Die P-Konzentrationen im Sproß lagen in der Mehrzahl der Varianten deutlich über denen der von Kichererbse (Abb. 2). Damit ergibt sich insgesamt, daß sich die Gelblupine bei gleichem P-Angebot mehr P aus dem Boden aneignen konnte.

Verschiedene Ursachen können für das höhere P-Aneignungsvermögen von Gelblupine verantwortlich sein. Einerseits kann das Wurzel/Sproß-Verhältnis (cm Wurzel/mg TM Sproß) von Gelblupine höher als das von Kichererbse sein. Dadurch wäre die aufnehmende Wurzeloberfläche pro Einheit Sproß erhöht und bei gleicher P-Verfügbarkeit im Boden auch die aufgenommene P-Menge. Andererseits könnte ein unterschiedlicher P-Influx die differierende P-Aufnahme erklären. Beide Möglichkeiten wurden geprüft. Beide Pflanzenarten wiesen, wie erwartet, ohne P-Düngung ein höheres Wurzel/Sproß-Verhältnis auf als mit P-Düngung (Abb. 3). Dabei sind jedoch die Unterschiede zwischen den zwei Arten relativ gering, aber die Kichererbse zeigte stets die größere Wurzellänge je Einheit Sproß. Das erklärt somit nicht die Unterschiede in der P-Aufnahme. Dagegen ist der P-Influx von Gelblupine ohne P-Düngung um den Faktor 3 bis 4 höher als der von Kichererbse (Abb. 4). Die Unterschiede zeigen sich ebenso, wenn auch abgeschwächt, in den P-gedüngten Varianten.

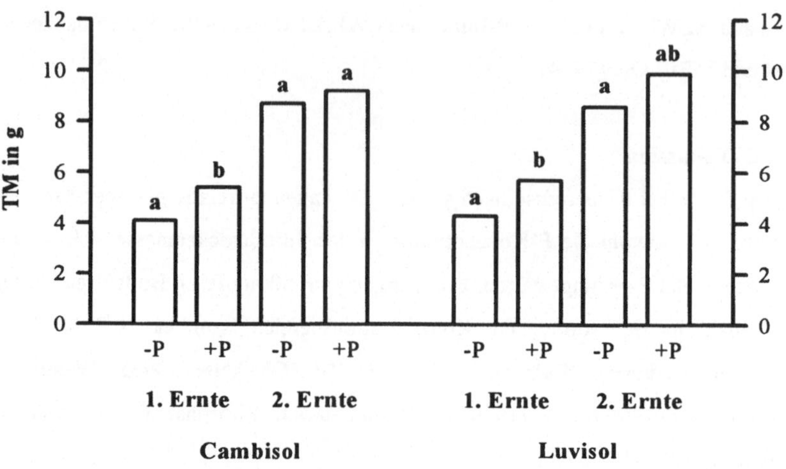

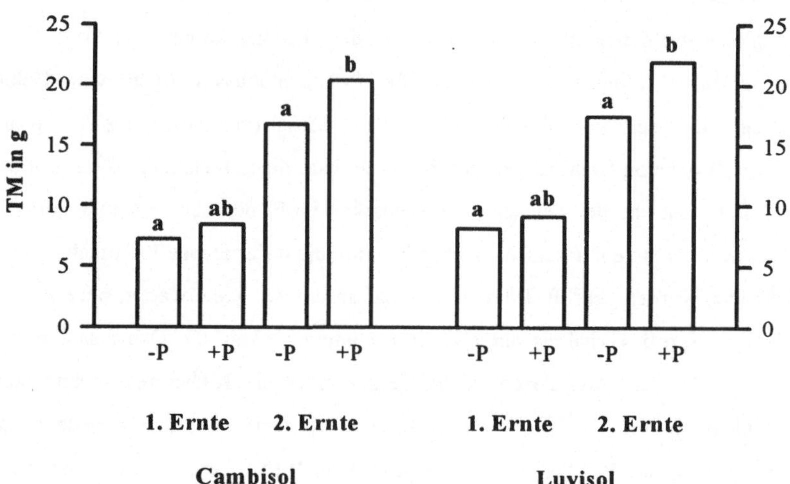

Abb. 1: Sproßtrockenmasseerträge in g je Gefäß
Säulen mit verschiedenen Buchstaben (a, b) sind statistisch signifikant voneinander verschieden bei p = 0,05.

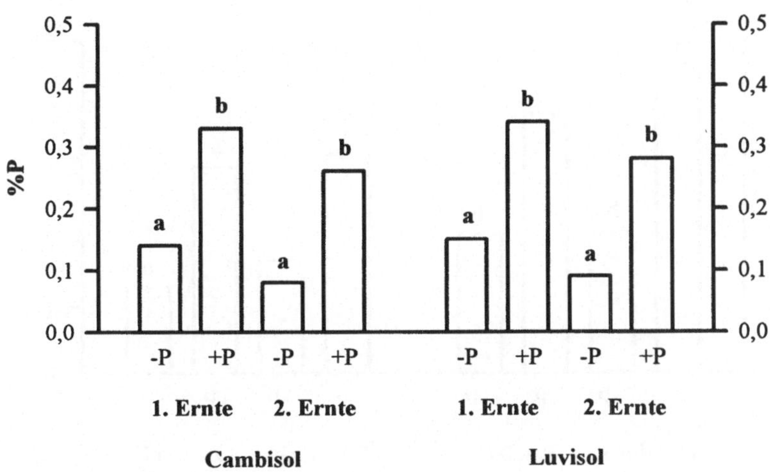

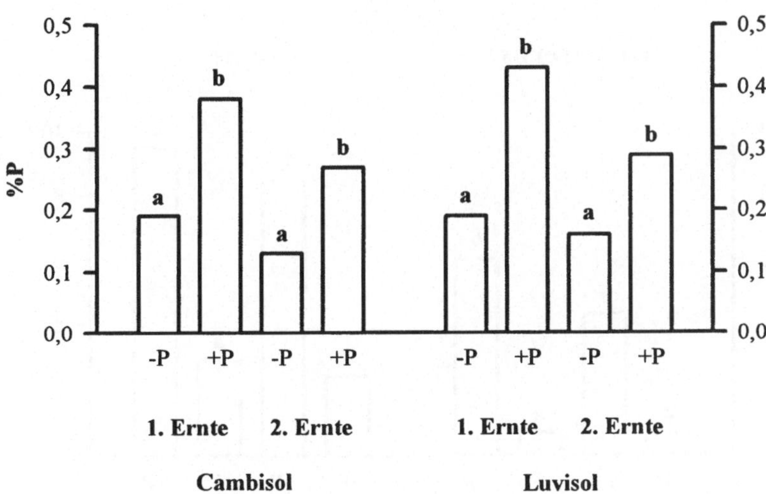

Abb. 2: P-Konzentration in der Sproßtrockenmasse
Säulen mit verschiedenen Buchstaben (a, b) sind statistisch signifikant voneinander verschieden bei p = 0,05.

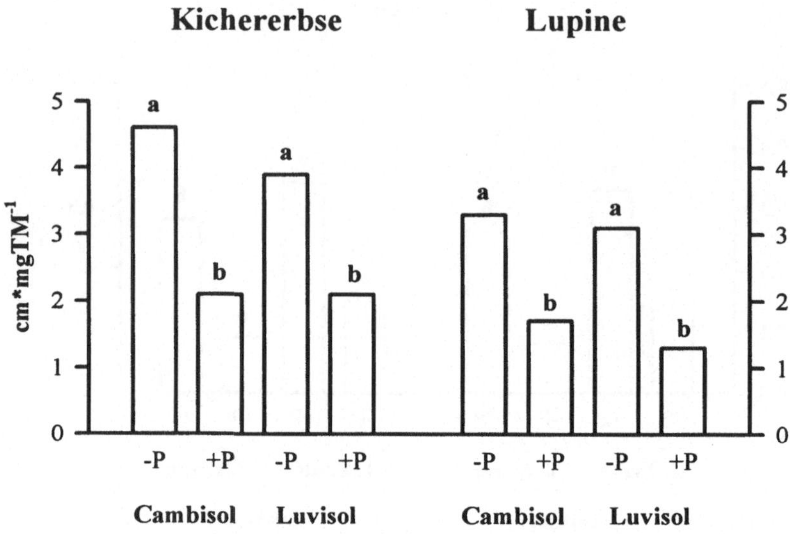

Abb. 3: Wurzel/Sproß-Verhältnisse ($cm*mgTM^{-1}$) zur 2. Ernte.

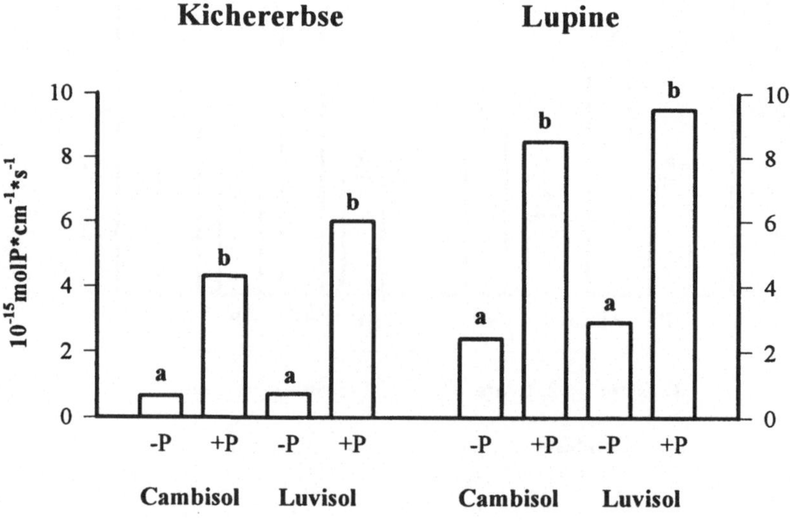

Abb. 4: P-Influxwerte ($10^{-15}molP*cm^{-1}*s^{-1}$) zwischen 1. und 2. Ernte.

Die Gründe für das größere P-Aneignungsvermögen der Gelblupine könnte in einer stärkeren Ausbildung von Wurzelhaaren und/oder der Exsudation von P-mobilisierenden Substanzen sein. Beides ist bisher nicht in vergleichenden Untersuchungen geprüft worden. Es ist aber bekannt, daß beide Pflanzenarten Protonen ausscheiden, damit den pH-Wert in der Rhizosphäre absenken und vermutlich Ca-Phosphate in Lösung bringen (DINKELAKER 1990; GERKE 1995). Hier handelte es sich aber um zwei saure Böden, in denen kaum mit nennenswerten Mengen an Ca-Phosphaten zu rechnen ist. Damit dürfte die Protonenausscheidung in bezug auf eine P-Mobilisierung wenig bewirken. Während die Protonenausscheidung bei der Kichererbse nach DINKELAKER (1990) eine unspezifische Reaktion ist, werden aber von den Proteoidwurzeln der Weißlupine Protonen offenbar in Verbindung mit Citrat und Malat ausgeschieden (DINKELAKER et al. 1989). Beide organische Säuren sind aber effektiv bei der P-Mobilisierung (GERKE 1995). Gelblupinen-Pflanzen bilden bei geringem P-Angebot ebenfalls Wurzeln mit proteoidwurzelähnlichem Charakter aus. Daraus ergibt sich die Vermutung, daß das größere P-Aneignungsvermögen der Gelblupine vielleicht ebenfalls auf der verstärkten Säureausscheidung in die Rhizosphäre und die damit verbundene P-Mobilisierung beruht.

Literaturverzeichnis

BERGMANN, W.: Ernährungsstörungen bei Kulturpflanzen. Gustav Fischer Verlag, Jena, Stuttgart, S. 386 (1993).

CLAASSEN, N: Nährstoffaufnahme höherer Pflanzen aus dem Boden - Ergebnis von Verfügbarkeit und Aneignungsvermögen. Severin Verlag, Göttingen (1990).

DIEZ, T.; BECK, T.; BORCHERT, H.; CAPRIEL, P.; BAUCHHENSS, J.: Vergleichende Bodenuntersuchungen von konventionell und alternativ bewirtschafteten Betriebsschlägen. 2. Mitteilung. Bayer. Landw. Jahrbuch 68, 409-443 (1991).

DINKELAKER, B.; RÖMHELD, V.; MARSCHNER, H.: Citric acid excretion and precipitation of calcium citrate in the rhizosphere of white lupin (*Lupinus albus* L.). Plant Cell Environment, 12, 285-292 (1989).

DINKELAKER, B.: Genotypische Unterschiede in der Phosphateffizienz von *Kichererbse (Cicer arietinum* L.). Diss. Agrarfak. Stuttgart-Hohenheim (1990).

GERKE, J.: Chemische Prozesse der Nährstoffmobilisierung in der Rhizosphäre und ihre Bedeutung für den Übergang vom Boden in die Pflanze. Cuvillier Verlag, Göttingen (1995).

KITSON, R.E.; MELLON, M.G.: Colorimetric determination of phosphorus as molybdovanado acid. Industr. Engineering Chem. Anal. Ed. 16, 379-383 (1994).

NEWMAN, E.J.: A method of estimating the total length of root in a sample. J. Appl. Ecol. 3, 133-145 (1966).

RÖMER, W.: Phosphataustrag aus der Landwirtschaft in Gewässer. Wasser und Boden 8, 51-54 (1997).

SOLTAN, S.; RÖMER, W.; ADGO, E.; GERKE, J.; SCHILLING, G.: Phosphate sorption by Egyptian, Ethiopian and German soils and P uptake by rye (*Secale cereale* L.) seedlings. Z. Pflanzenernähr. Bodenk. 156, 501-506 (1993).

VLEK, P.L.G.; KOCH, H.: The soil resource base and food production in the developing world: special focus on africa. Göttinger Beiträge zur Land- und Forstwirtschaft in den Tropen und Subtropen. 139-160 (1992).

WENDT, J.; JUNGK, A.; CLAASSEN, N.: Höhe der Erhaltungsdüngung und Ausnutzung von Düngerphosphat vor dem Hintergrund der P-Alterung im Boden. Z. Pflanzenernähr. Bodenk. 159, 271-278 (1996).

WILLIAMS, R.F.: The effect of phosphorus supply on the rates of intake of phosphorus and upon certain aspects of phosphorus metabolism in gramineous plants. Austr. J. Sci. Res. 1, 333-361 (1948).

Pflanzenernährung, Wurzelleistung und Exsudation.
8. Borkheider Seminar zur Ökophysiologie des Wurzelraumes.
(Ed. W. Merbach) B. G. Teubner Verlagsgesellschaft Stuttgart, Leipzig 1998, pp. 150-157

WIE VERÄNDERT SICH DIE PHYSIOLOGISCHE FÄHIGKEIT VON MAISWURZELN ZUR ^{15}N-NITRATAUFNAHME BEI GERINGEN BODENWASSERGEHALTEN?

BULJOVČIĆ, Ž.; ENGELS, C.
Universität Hohenheim
Institut für Pflanzenernährung (330)
D - 70593 Stuttgart

Abstract

The physiological ability of corn roots to take up nitrate after culture at different degrees of soil drought and during recovery after rewatering the soil was investigated.

Plants were cultured in a split root system where only one root compartment was dried out to different soil water contents (23, 15, 10 and 5 % per weight) for 3 and 6d, and rewatered afterwards. The other part of the root system was continuously growing in wet soil (23 % per weight) to maintain growth and thus water and nutrient demand of the shoot. The nitrate uptake ability was examined by $^{15}NO_3^-$-supply in nutrient solution for 6h before harvest.

In roots growing at moderate soil water deficit (15 and 10 % water content) for 6 days, the ability for nitrate uptake was similar as in roots growing in wet soil (23 % water content). In contrast, at severe soil water deficit (5 % water content) root growth was completely inhibited and after 3 days the ability of the roots for nitrate uptake was severely impaired, despite increased sugar contents in these roots and high growth-related demand of the shoot for nitrogen.

After rewatering root growth was observed in the formerly dry soil already within the first two days. This root growth was due to new nodal roots as well as resumption of growth in the stressed roots, presumably by regrowth of laterals. Five days after rewatering, ^{15}N uptake rates of the roots were similar to those from roots growing continuously in wet soil. Obviously, maize is able to take up nitrogen from transiently desiccated soil zones already shortly after rewatering, presumably because of both, growth of new nodal and lateral roots.

Einleitung

Es gibt verschiedene Faktoren, die die Nährstoffaneignung von Pflanzen in trockenem Boden behindern. Dazu zählen die Verminderung des Wurzelwachstums bzw. der räumlichen Nährstoffverfügbarkeit (BALL et al. 1994), der Rückgang des Nährstofftransportes im Boden (insbesondere der Diffusion) zur Wurzeloberfläche (COX u. BARBER 1992), die Verringerung des Wurzel-Boden-Kontaktes, die Abnahme der mikrobiellen Aktivität (CORTEZ 1989) sowie eine Hemmung des gesamten Pflanzenwachstums und damit, des wachstumsbedingten Nährstoffbedarfs. Demgegenüber gibt es bisher nur wenige Untersuchungen darüber, wie stark die physiologische Fähigkeit der Wurzeln zur Nährstoffaufnahme in trockenem Boden abnimmt bzw. ob und wie schnell nach Wiederbewässerung eine Erholung des Wurzelwachstums und der Nährstoffaufnahme eintritt (BASSIRIRAD u. CALDWELL 1992 a und b; BRADY et al. 1995). Um die physiologische Fähigkeit der Wurzeln zur N-Aufnahme bei Trockenheit näher zu untersuchen, ist es nötig, den Einfluß der oben genannten, die Nährstoffaufnahme begrenzenden Faktoren möglichst auszuschliessen.

Um den wachstumsbedingten Nährstoffbedarf des Sprosses zu gewährleisten, wurden Split-Root-Gefäße verwendet. In diesen Gefäßen wird der Spross über den ganzen Versuchszeitraum von einer Wurzelhälfte mit Wasser und Nährstoffen versorgt, während die zweite Wurzelhälfte austrocknen kann. Damit der Nährstofftransport zur Wurzel und der Boden-Wurzel-Kontakt für die Nährstoffaufnahme nicht mehr begrenzend wirken, wurden Kurzzeitaufnahmeversuche in Nährlösung mit dem stabilen Isotop ^{15}N durchgeführt.

Die dabei verfolgten Ziele waren,

1. den Einfluß unterschiedlich lang andauernder und unterschiedlich starker Bodentrockenheit auf die physiologische Fähigkeit der Wurzeln zur Nitrataufnahme zu untersuchen und
2. zu unterscheiden, welche Wurzeln nach Wiederbewässerung Nitrat aufnehmen: a) Nodienwurzeln, die während der Trockenheit im Boden verbleiben und sich nach Wiederbewässerung erholen, b) neu austreibende Seitenwurzeln, die während der Trockenheit angelegt werden (STASOVSKY u. PETERSON 1991), c) Seitenwurzeln, die während der Trockenheit eine Art Ruhephase einlegen und dann weiterwachsen oder d) neue Nodienwurzeln.

Methoden

Pflanzenanzucht

Die Mais-Keimlinge (*Zea mays* L., ssp Helix) wurden eine Woche lang zwischen Filterpapier, angefeuchtet mit $CaSO_4$, vorkultiviert. Bevor die Pflanzen dann in horizontal unterteilte Split-

Root-Gefäße (22,5*42*2,5 cm^3) mit gedüngtem C-Löß (Dichte: 1,3 $g*cm^{-3}$) eingesetzt wurden, wurden die Primärwurzeln abgeschnitten, damit die nachwachsenden Nodienwurzeln sich möglichst gleichmäßig in den zwei Bodenkompartimenten verteilen konnten.

Bis zum Versuchsbeginn wurde ein Bodenwassergehalt von etwa 23 Gew.% (70 % Wasserkapazität) im Boden beider Gefäßhälften eingestellt. Der Bodenwassergehalt wurde täglich mittels Time-Domain-Reflectometry gemessen und nach ROTH et al. (1990) berechnet.

Versuchsdurchführung

Im 4-5-Blatt-Stadium wurde bei allen Behandlungen der Boden in der linken Gefäßhälfte kontinuierlich bewässert (23 Gew.%) und der Boden in der rechten Gefäßhälfte unterschiedlich stark bewässert bzw. ausgetrocknet (Soll-Bodenwassergehalt: 23, 15, 10 bzw. 5 Gew.%). In einem Alter von 23 Tagen (3 d nach Erreichen des Soll-Bodenwassergehalts) war die erste Ernte der Behandlungen 10, 15 und 23 %. Drei Tage später (6 d Soll-Bodenwassergehalt bei 10, 15 und 23 % bzw. 3 d Soll-Bodenwassergehalt bei der 5%-Behandlung) war die zweite Ernte, auf die sich auch die gezeigten Ergebnisse beziehen. Anschließend wurden die übrigen Pflanzen wiederbewässert und nach verschiedenen Intervallen (3 bzw. 5 d) ebenfalls geerntet.

Bestimmung der N-Aufnahmefähigkeit der Wurzeln

Die physiologische Fähigkeit der Wurzeln zur N-Aufnahme wurde an intakten Pflanzen bestimmt, indem die Wurzeln zusammen mit den Versuchsgefäßen in eine große Wanne mit kompletter, belüfteter Nährlösung eingetaucht wurden. Die Nährlösung enthielt 1 mM $Ca(^{15}NO_3)_2$ (30 at-% $^{15}N_{exc.}$). Sechs Stunden später wurden die Pflanzen geerntet und die ^{15}N-Abundanz mit einem Massenspektrometer gemessen. Die Wurzeln, die in der kontinuierlich bewässerten Hälfte des Versuchsgefäßes gewachsen waren, wurden vor dem ^{15}N-Angebot an der Sproßbasis abgeschnitten und bei der Bestimmung der ^{15}N-Aufnahmerate nicht weiter berücksichtigt. Die Sprosse wurden während der ^{15}N-Angebotsperiode abgedunkelt, um einen möglichen Einfluß der Transpiration auf die Nitrataufnahme und die N-Verteilung innerhalb der Pflanze zu vermeiden.

Zusätzliche Messungen

Bei jeder Ernte wurden die Frischmasse von Sproß und Wurzeln sowie nach Trocknung bei 65°C die Trockenmasse bestimmt. Da die Blattstreckung empfindlich auf Bodentrockenheit reagiert (TARDIEU et al. 1993), wurde während des Versuchs täglich die Länge des jüngsten, sichtbaren Blattes gemessen und daraus der tägliche Blattlängenzuwachs errechnet.

Der Wurzellängenzuwachs entlang der Plexiglasscheibe wurde aufgezeichnet und nach der Intersektionsmethode von TENNANT (1975) ausgewertet.

Der Gehalt an reduzierenden Zuckern und Saccharose im getrockneten Pflanzenmaterial wurde nach BLAKENEY u. MUTTON (1980) bestimmt.

Agarmethode

Die Verteilung der Wurzelaktivität entlang der Wurzeln wurde qualitativ mit Hilfe einer Agarmethode abgeschätzt. Dazu wurden die Wurzeln vorsichtig aus dem Boden ausgewaschen und mit Agar überschichtet, der den pH-Indikator Bromkresolpurpur und 2 mM NH_4^+ enthielt (MARSCHNER et al. 1982).

Statistik

Bei normalverteilten Stichproben wurde ein t-Test bzw. die Einfache Varianzanalyse durchgeführt. Bei nicht-normalverteilten Daten wurde der U-Test nach MANN und WHITNEY (1947) bzw. der H-Test nach KRUSKAL und WALLIS (1952) verwendet. Unterschiedliche Buchstaben in den Grafiken stellen signifikante Unterschiede ($p \leq 0,05$) dar.

Ergebnisse und Diskussion

Die Wurzeln, die im Boden mit mäßig starkem Wassermangel (15 und 10 % Wassergehalt) wuchsen, besaßen auch nach 6 d ähnlich hohe Nitrataufnahmeraten wie die Wurzeln im feuchten Boden (23 %, Daten nicht gezeigt). Im Gegensatz dazu wurde das Wurzelwachstum bei starker Bodentrockenheit (5 Gew.%) eingestellt, und die Fähigkeit zur Nitrataufnahme war nach 3 Tagen stark verringert (Abb. 1). Eine stark gehemmte Nitrataufnahme nach etwa 21tägiger Trockenheit fanden auch BRADY et al. (1995) bei Weizen und BASSIRIRAD u. CALDWELL (1992 a, b) bei *Artemisia tridentata* und bei 2 Gräsern.

Die Austrocknung des Bodens in einem Teil des Versuchsgefäßes auf 5 Gewichtsprozent führte zu einer leichten Hemmung der Blattstreckung (Abb. 2) und zu einer Verringerung der Sproßbiomasse (Tab. 1), obwohl der Boden im anderen Teil des Versuchsgefäßes kontinuierlich feucht (23 Gewichtsprozent) gehalten wurde. Eine Hemmung des Sproßwachstums von Mais bei partieller Bodentrockenheit wurde auch von anderen Autoren gefunden und mit hormonellen Signalen aus den Wurzeln in trockenem Boden erklärt (GOWING et al. 1990). Wahrscheinlich verringerte das gehemmte Wachstum den wachstumsbedingten Nährstoffbedarf geringfügig; das allein erklärt aber nicht die stark verringerte Nitrataufnahme. Die Ergebnisse sprechen vielmehr dafür, daß die physiologische Fähigkeit der Wurzeln zur Nitrataufnahme bei starker Bodentrockenheit (3 d bei 5 Gew.%) beeinträchtigt war.

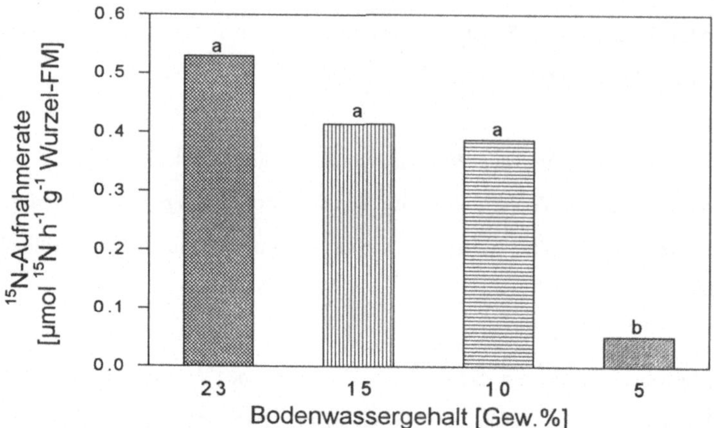

Abb. 1: Einfluß des Bodenwassergehalts auf die Fähigkeit der Wurzeln zur ^{15}N-Aufnahme. Die Wurzeln wuchsen für 3 d (bei 5 %) bzw. 6 d (bei 10 % und 15 %) bzw. kontinuierlich (23 % Wassergehalt) bei den angegebenen Bodenwassergehalten.

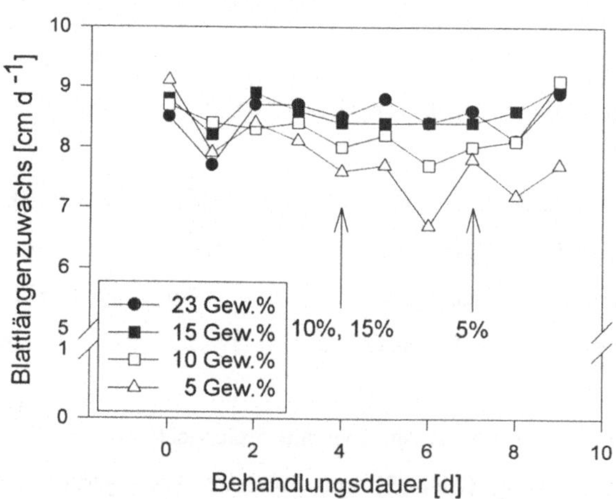

Abb. 2: Einfluß der Bewässerungsbehandlung auf die Blattstreckung. Die Pfeile zeigen an, ab wann die angegebenen Bodenwassergehalte erreicht wurden.

Tab. 1: Einfluß des Bodenwassergehaltes auf die Frischmasse in Sproß und Wurzeln.

Bodenwassergehalt*	**Frischmasse [g]**					
[Gew.%]	**Spross**		**Wurzeln 1****		**Wurzeln 2*****	
5	39,2	± 5,1	18,4	± 2,7	6,7	± 2,1
10	50,2	± 6,0	18,3	± 3,1	11,3	± 2,4
15	48,0	± 3,5	14,7	± 3,3	11,9	± 2,2
23	51,2	± 3,6	15,4	± 7,2	13,9	± 2,5

*Die angegebenen Werte geben den Bodenwassergehalt in einer Gefäßhälfte wieder, in der anderen Gefäßhälfte lag der Bodenwassergeh. einheitl. für alle Behandlungen bei 23 %; für die Behandlungsdauer siehe Legd. zu Abb.1

** Wurzeln in der kontinuierlich bewässerten Gefäßhälfte

*** Wurzeln in der Gefäßhälfte, in der der Bodenwassergehalt variiert wurde

Die Gesamtzuckerkonzentration der Wurzeln aus dem stark ausgetrockneten Boden (5 Gew.%) war höher als diejenige in den kontinuierlich bewässerten Wurzeln (Abb. 3). Offensichtlich war der Zuckertransport in die Wurzeln weniger stark beeinträchtigt als der Zuckerverbrauch für Wachstum und Atmung. Es ist also unwahrscheinlich, daß die Nitrataufnahme durch Zuckermangel gehemmt wurde.

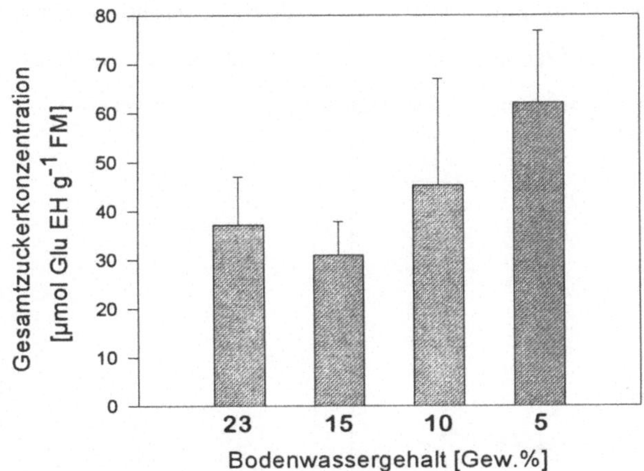

Abb. 3: Einfluß des Bodenwassergehaltes auf die Gesamtzuckerkonzentration der Wurzeln in der Gefäßhälfte, in der der Bodenwassergehalt variiert wurde; Balken geben Standardabweichung an; Glu EH = Glukoseeinheiten.

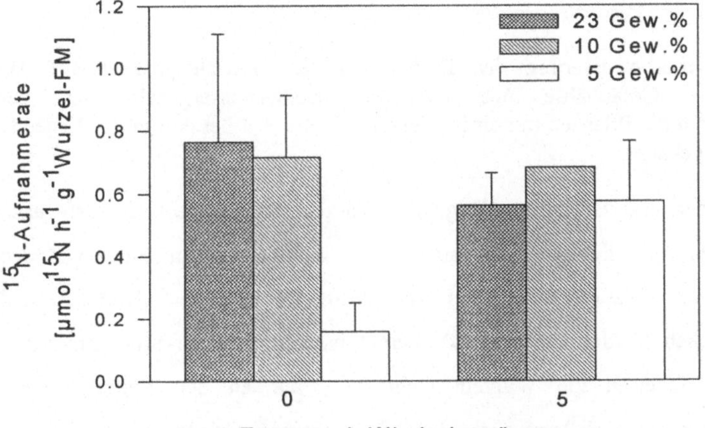

Abb. 4: Einfluß der Wiederbewässerung des Bodens auf 23 Gewichtsprozent auf die Fähigkeit der Wurzeln zur ^{15}N-Aufnahme. 0 d nach Wiederbewässerung: 3 d nach Erreichen der in der Legende angegebenen Bodenwassergehalte.

Fünf Tage nach Wiederbewässerung war die ^{15}N-Aufnahmerate der 5 %-Behandlung ähnlich hoch wie bei den Behandlungen bei 10 und 23 Gew.% (Abb. 4).

Um genauer zu untersuchen, welche Wurzeln diese Erholung ermöglichen, alte oder neue, wurde das Wurzelwachstum nach Wiederbewässerung aufgezeichnet und in einem weiteren Versuch die physiologische Aktivität der Wurzeln mit einer Agartechnik abgeschätzt.

Das Wurzelwachstum setzte bereits ein bis zwei Tage nach Wiederbewässerung wieder ein, sowohl bei der 10 % - als auch bei der 5%-Variante (Abb. 5). Dieser Zuwachs setzte sich sowohl aus dem Wachstum neuer Nodienwurzeln als auch Seitenwurzeln zusammen (nicht gezeigt).

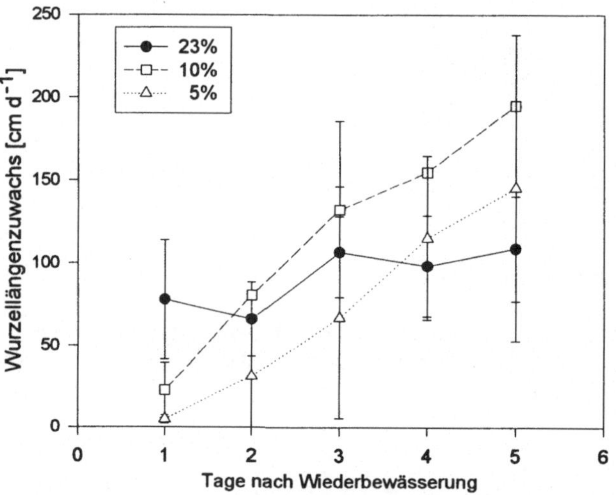

Abb. 5: Einfluß der Wiederbewässerung des Bodens auf 23 Gewichtsprozent auf das Wurzelwachstum in der Gefäßhälfte mit variiertem Bodenwassergehalt; vor der Wiederbewässerung wuchsen die Pflanzen mit einer Wurzelhälfte für 3 d bei den in der Legende angegebenen Bodenwassergehalten.

Anhand der Verteilung der Agarfärbung entlang der Wurzeln wurde deutlich, daß nach Ammoniumangebot über den Agar die Ansäuerung auch bei den kontinuierlich in feuchtem Boden wachsenden Kontrollpflanzen hauptsächlich auf die Wurzelspitzen von Nodien- und Seitenwurzeln beschränkt blieb (Bilder nicht gezeigt). Direkt nach der 3tägigen Streßperiode bei 5 % Bodenwassergehalt säuerten die Wurzeln nicht bzw. nur an den Spitzen junger Nodienwurzeln an. Aber schon 2 - 3 Tage nach Wiederbewässerung säuerten neben den neu zugewachsenen Nodienwurzeln auch die Spitzen einiger Seitenwurzeln den Agar an. Entlang der alten Nodienwurzeln war keine Ansäuerung zu erkennen.

Möglicherweise hängt die gehemmte Nitrataufnahme nach starker Trockenheit mit zusätzlichen hydrophoben Einlagerungen (Suberin, Lignin) in Exo- und Endodermis (STASOVSKY u. PETERSON 1991) der alten Nodienwurzeln zusammen, so daß der Wasser- wie Nährstofftransport in diesen alten Wurzeln auch noch nach Wiederbewässerung behindert wird.
Die Erholung der Nitrataufnahme und des Wurzelwachstums nach Wiederbewässerung ist wohl vor allem auf die neu ausgetriebenen oder auch weitergewachsenen Seitenwurzeln sowie die neu in das Kompartiment gewachsenen Nodienwurzeln zurückzuführen (BASSIRIRAD u. CALDWELL 1992 b), nicht aber auf die Erholung der Aufnahmefähigkeit der schon während der Bodentrockenheit vorhandenen Wurzeln (BRADY et al. 1995).

Literaturverzeichnis

BALL, R.A.; OOSTERHUIS, D.M.; MAUROMOUSTAKOS, A.: Agron. J. 86, 788-795 (1994).

BASSIRIRAD, H.; CALDWELL, M.M.: Root Growth, osmotic adjustment and NO_3^- uptake during and after a period of drought in *Artemisia tridentata*. Aust. J. Plant Physiol. 19, 493 - 500 (1992 a).

BASSIRIRAD, H.; CALDWELL, M.M.: Temporal changes in root growth and ^{15}N uptake and water relations of two tussock grass species recovering from water stress. Physiol. Plant. 86, 525 - 531 (1992 b).

BLAKENEY, A.B.; MUTTON, L.L.: A simple colorimetric method for determination of sugars in fruit and vegetables. J. Sci. Food Agric. 31, 889 - 897 (1980).

BRADY, D. J.; WENZEL, C. L.; FILLERY, I. R. P.; GREGORY, P. J.: Root growth and nitrate uptake by wheat (*Triticum aestivum* L.) following wetting of dry surface soil. J. Exp. Bot. 46, 557 - 564 (1995).

COX, M. S.; BARBER, S. A.: Soil phosphorus levels needed for equal P uptake from four soils with different water contents at the same water potential. Plant Soil 143, 93 - 98 (1992).

CORTEZ, J.: Effect of drying and rewetting on mineralization and distribution of bacterial constituents in soil fractions. Biology and Fertility of Soils 7, 142 - 151 (1989).

GOWING, D.J.G.; JONES, H.G.; DAVIES, W.J.: A positive root-sourced signal as an indicator of soil drying in apple, *Malus x domestica* Borkh. J. Exp. Bot. 41, 1535-1540 (1990).

KRUSKALL, W.H.; WALLIS, W.A.: Use of ranks in one-criterion variance analysis. J. Amer. Statist. Assoc. 47, 583 -21 (1952) und 48, 907 - 911 (1953).

MARSCHNER, H.; RÖMHELD, V.; OSSENBERG-NEUHAUS, H.: Rapid method for measuring changes in pH and reducing process along roots of intact plants. Z. Pflanzenphysiol. 105, 407 - 416 (1982).

MANN, H.B.; WHITNEY, D.R.: On a test of whether one of two random variables is stochastically larger .than the other. Ann. Math. Statist. 18, 50 - 60 (1947).

ROTH, K.; SCHULIN, R.; FLÜHLER, H.; ATTINGER, W.: Calibration of time domain reflectometry for water content measurement using a composite dielectric approach. Water Resour. Res. 26, 2267 - 2273 (1990).

STASOVSKY, E.; PETERSON, C. A.: The effects of drought and subsequent rehydration on the structure and vitality of *Zea mays* seedling roots. Can. J. Bot. 69, 1170-1178 (1991).

TARDIEU, F.; ZHANG, J.; GOWING, D. J. G.: Stomatal control by both [ABA] in the xylem sap and leaf water status: a test of a model for drought or ABA-fed field-grown maize. Plant, Cell and Environ. 16, 413 - 420 (1993).

TENNANT, D.: A test of a modified line intersect method of estimating root length. J. Ecol. 63, 995-1001 (1975).

Pflanzenernährung, Wurzelleistung und Exsudation.
8. Borkheider Seminar zur Ökophysiologie des Wurzelraumes.
(Ed. W. Merbach) B.G. Teubner Verlagsgesellschaft Stuttgart, Leipzig 1998, pp. 158-166

UNTERSUCHUNGEN ZUM EINFLUß VON HELOPHYTEN BEIM ABBAU PHENOLISCHER VERBINDUNGEN UNTER HYDROPONIKBEDINGUNGEN

WAND, H.[1)]; MOORMANN, H.[2)]

[1)] Sächsisches Institut für Angewandte Biotechnologie (SIAB), Permoserstr. 15, D - 04318 Leipzig

[2)] UFZ-Umweltforschungszentrum Leipzig-Halle GmbH, Permoserstraße 15, D - 04318 Leipzig;
gefördert durch das Stipendienprogramm der Deutschen Bundesstiftung Umwelt

Abstract

Investigations with different helophytes (especially *Carex gracilis*) in hydroponic culture indicate a positive influence of plant roots on degradation of phenolic compounds (especially 2,6-Dimethylphenole).

The function of roots as a habitat for microorganisms under extreme conditions (e.g. pollutant exposition) could be significant for the adaptation on pollutants and the following degradation of these compounds.

Zusammenfassung

Versuche mit unterschiedlichen Helophyten (insbesondere *Carex gracilis*) unter Hydroponikbedingungen weisen auf einen positiven Einfluß der Pflanzenwurzel beim Abbau phenolischer Verbindungen (insbesondere 2,6-Dimethylphenol) hin. Die wichtigste Funktion der Wurzel für Mikroorganismen dürfte in ihrer Bedeutung als Besiedlungs- und Überlebensnische unter extremen Bedingungen (z.B. bei Schadstoffexposition) liegen. Für die Adaptation an den Schadstoff und einem folgenden Abbau könnte die Bedeutung der Wurzel signifikant sein.

Einleitung

Der Einsatz von Pflanzen zur Sanierung wird zunehmend unter dem Begriff "Phytoremediation" diskutiert. Die Funktion der Pflanzen kann dabei sowohl in der Sicherung als auch in der Dekontaminierung schadstoffbelasteter Standorte liegen (u.a. CUNNINGHAM et al. 1996).

Helophyten als Sumpfpflanzen scheinen zur Sanierung schadstoffbelasteter Wässer besonders geeignet zu sein.

Pflanzen können über die Aufnahme organischer Schadstoffe direkt beteiligt sein (SIMONICH u. HITES 1995) und des weiteren durch die Durchwurzelung des Bodenkörpers und der Interaktion mit der Bodenfauna (Mikroorganismen, Pilze) einen Einfluß auf das Abbauverhalten haben (u.a. HSU u. BARTHA 1979; FEDERLE u. SCHWAB 1989; WALTON u. ANDERSON 1990). Die Wurzeln können durch Gasaustausch, als Besiedlungsfläche für Bodenorganismen und durch die Abgabe von anorganischen und organischen Verbindungen den Lebensraum für die Organismen wesentlich beeinflussen.

Im Vordergrund der bisherigen Untersuchungen stand die Rhizodeposition der Pflanzen sowie die Bedeutung ihrer Wurzeln als Besiedlungsfläche für Mikroorganismen.

Pflanzen geben einen hohen Anteil ihrer hergestellten Assimilate über die Wurzeln ab. Abhängig von den untersuchten Pflanzen und den Standortfaktoren variieren die Literaturangaben zur Rhizodeposition stark. Die Angaben lassen eine Abgabe von 10 % bis 30 % (u.a. GISI 1990) der Photosynthesenettoproduktion realistisch erscheinen.

Die Rhizodeposition beinhaltet Sekrete, Lysate, Gase und Mucigelprodukte. Dabei überwiegen Verbindungen wie Kohlenhydrate und organische Säuren. Darüber hinaus finden sich Wachstumsfaktoren, Nukleotide, Flavone , Enzyme und in geringen Spuren diverse Abschreckstoffe und Attraktantien (u.a. KLEIN et al. 1990).

Durch diese Abgabe wird die Besiedlung der Wurzel durch Bodenorganismen gefördert und eine "Rhizosphäre" geschaffen, die sich durch einen im Durchschnitt 5 bis 20fachen Anstieg der Mikroorganismenzahl auszeichnet (ANDERSON et al. 1995).

Untersuchungsgegenstand ist der Einfluß von Helophyten auf die Degradation organischer Schadstoffe. Dabei wird der Einfluß der Pflanzen auf die mikrobielle Zönose und die dadurch bedingten möglichen Veränderungen bezüglich des Schadstoffabbaues untersucht.

Für den Schadstoffabbau ergeben sich (u.a. abhängig von den Schadstoffen) durch den Einfluß der Pflanzen folgende Möglichkeiten:

♦ Beschleunigung des Abbaues durch:
  - Anstieg der Mikroorganismenzahl
  - Anstieg der Diversität → • synergistische Effekte
    • Anstieg des Adaptationspotentials

- ♦ Ermöglichung des Abbaues durch:
  - wurzelassoziierte Mikrooganismen
  - Wirkung als Co-Substrat (pflanzliche Substanzen fungieren als Wachstumssubstrat für cometabolische Prozesse)
- ♦ Verzögerung des Abbaues durch:
  - Wirkung als zusätzliche Nährstoffquelle (z. B. diauxischer Effekt)
  - bakterizide Substanzen

Die bisher durchgeführten Versuche zum Einfluß der Pflanzen auf den organischen Schadstoffabbau werden dargestellt. Sie bilden einen ersten Abschnitt eines umfangreichen Untersuchungsprogramms, welches die komplexen Vorgänge der Phytoremediation erhellen soll.

Material und Methoden

1. Verwendete Pflanzen, Schadstoffe und Kultivierungsmethoden

   Als Helophyten wurden *Phragmites australis*, *Phalaris arundinacea*, *Scirpus lacustris* und *Carex gracilis* verwendet. Die Pflanzen wurden in einer modifizierten HOAGLAND-Nährlösung in Hydroponikkultur herangezogen.

   Der Einfluß der Pflanzen auf den mikrobiellen Abbau wurde mit 2,6-Dimethylphenol und 4-Chlorphenol als Testschadstoffe untersucht.

   Die Untersuchungen erfolgten in batch-Kulturen und mit einem kontinuierlich betriebenen Testsystem.

   Bei den batch-Pflanzenkulturen wurden der Verdunstungsverlust und der Nährstoffverbrauch regelmäßig ausgeglichen. Dem Lichtbedarf der Pflanzen wurde durch eine Belichtungsdauer von 14 h pro Tag entsprochen.

2. Untersuchungen zum Einfluß von Pflanzen und Mikroorganismen auf den Abbau phenolischer Verbindungen

2.1. Einfluß der Rhizodeposition ausgewählter Helophyten auf 2,6-Dimethylphenol-Abbauer

   Für die Untersuchungen wurden die Pflanzen zu Beginn mit unterschiedlicher Verweilzeit in Nährlösung gegeben. Als Richtwert für die erfolgte Rhizodeposition wurde der DOC-Gehalt ermittelt. Anschließend erfolgten batch-Versuche mit der zuvor sterilfiltrierten Nährlösung unter Zugabe des Schadstoffes und zuvor angereicherter Abbauer (Inokulum 5 Vol.-%). Die Untersuchungen erfolgten gegen eine Kontrolle, die von Pflanzen unbeeinflußt war.

Die Schadstoffkonzentration lag zwischen 1 mg und 10 mg pro Liter. Der pH-Wert der Nährlösungen wurde vor dem Versuchsstart der Kontrolle angeglichen.

Die Abbaumessungen erfolgten mittels HPLC.

2.2. Untersuchungen mit homogenisierten Wurzeln in batch-Kultur

Wurzelteile von *Phalaris arundinacea*, *Carex gracilis* und *Phragmites australis* wurden homogenisiert und 5 Vol.-% als Suspension zu einer Nährlösung mit 2,6-Dimethylphenol und 4-Chlorphenol als Schadstoff gegeben. Zusätzlich wurden 5 Vol.-% Grabenwasser als Inokulum hinzugegeben. Die Kontrolle beinhaltete keine Pflanzenmasse. Die Schadstoffkonzentrationen (UV-Vis Messungen) wurden über die Versuchsdauer gemessen. Nach Ablauf des Versuchs wurde die Gesamtzellzahl bestimmt.

2.3. Abbau von 2,6-Dimethylphenol mit und ohne Pflanze und nach zusätzlicher Beimpfung

Der Abbau von 2,6-Dimethylphenol (50 mg/l) in Nährsalzlösung nach Hoagland wurde unter unsterilen Bedingungen vergleichend mit und ohne Pflanze (*Carex gracilis*) untersucht. In einer weiteren Versuchsreihe wurden die Versuchsbedingungen durch Zugabe eines Inokulums aus einem zuvor durchgeführten Abbauversuch ohne Pflanze modifiziert.

2.4. Untersuchungen mit einer kontinuierlich betriebenen Hydroponikkultur

Einer kontinuierlich betriebenen Hydroponikkultur wurden mittels einer Kolbenpumpe Nährsalze und 2,6-Dimethylphenol (50 mg/l) als Lösung zugeführt. Die Durchmischung erfolgte mit einem Magnetrührer. Die Temperatur betrug 25°C. Der Sauerstoffgehalt wurde kontinuierlich gemessen.

3. Untersuchungen zur Abundanz und Lokalisation der Mikroorganismen

Die Mikroorganismengesamtzellzahl wurde epifluoreszenzmikroskopisch über Acridinorangeanfärbung nach HOBBIE et al. (1977) ermittelt. Mittels Laserscanningmikroskopie (**C**onfucal**S**canning**L**aser**M**icroscopy) wurden nach Acridinanfärbung Untersuchungen zum Vorkommen von Mikroorganismen sowohl in der Rhizoplane wie auch in der Rhizosphäre durchgeführt.

Ergebnisse

1. Einfluß der Rhizodeposition ausgewählter Helophyten auf 2,6-Dimethylphenol-Abbauer

Die DOC Werte, die als Richtgröße für die Rhizodeposition bestimmt wurden, lagen im Bereich von 0,8 bis 3,2 mg pro Liter.

Ein signifikanter Einfluß der Rhizodeposition der Pflanzen *Phalaris arundinacea, Carex gracilis* und *Scirpus lacustris* auf den mikrobiellen Schadstoffabbau konnte in den batch-Versuchen nicht festgestellt werden.

2. Untersuchungen mit homogenisierten Wurzeln in batch-Kultur

Erste Untersuchungen deuten auf einen Abbaueinfluß der homogenisierten Pflanzensuspension hin. Wie Abb. 1 zeigt, ist in den Testbehältern mit pflanzlicher Biomasse nach 10 Tagen eine Konzentrationsabnahme meßbar. Die Konzentrationsabnahme korreliert positiv mit der gemessenen Gesamtzellzahl. Die persistentere Verbindung 4-Chlorphenol war unter *Phragmites*-Einfluß nach 15 Tagen nicht mehr meßbar. In diesem Testgefäß lag die Zellzahl 30-mal höher als in der Kontrolle (s. Abb. 2). Die Zellzahlen lassen auf einen mikrobiellen Abbau schließen.

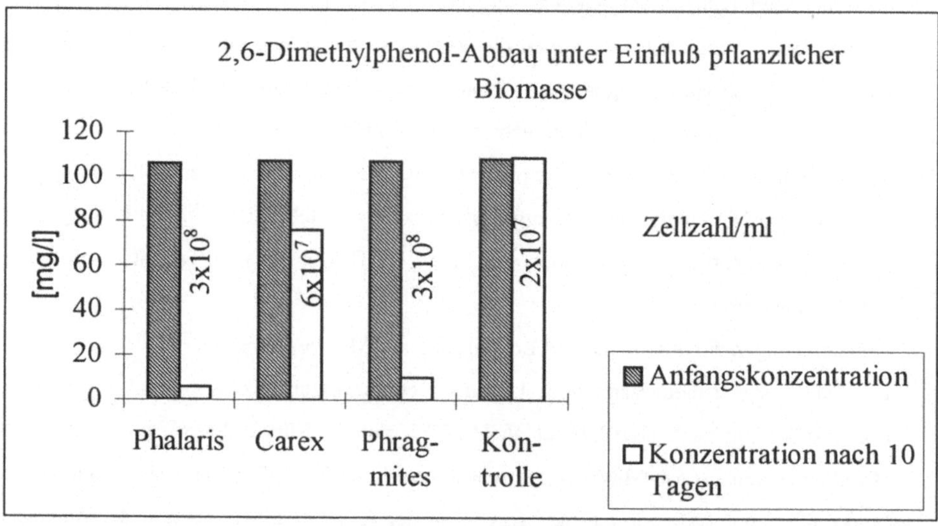

Abb. 1: Abbauversuche mit 2,6-Dimethylphenol nach Zugabe von pflanzlicher Biomasse (*Phalaris arundinacea, Carex gracilis und Phragmites australis*) und eines 5 %igen Inokulums (eutrophiertes Flußwasser)

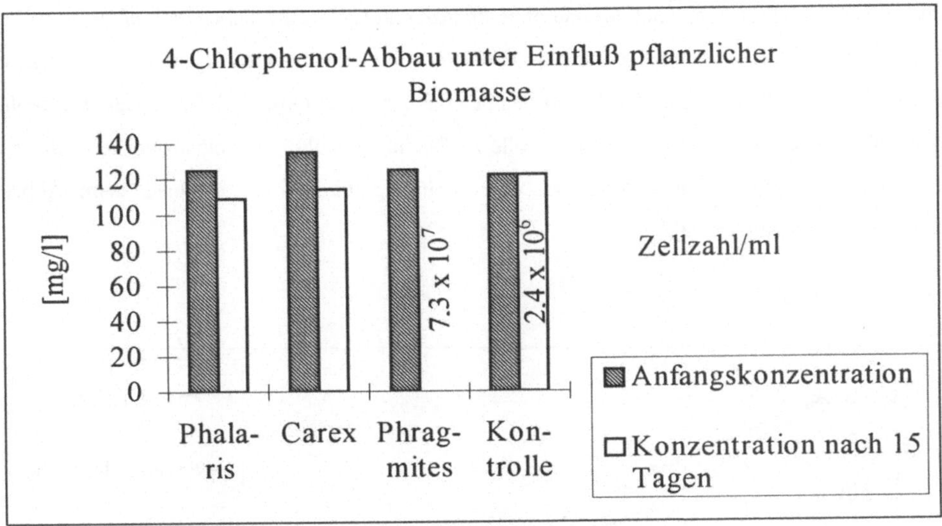

Abb. 2: Abbauversuche mit 4-Chlorphenol nach Zugabe von pflanzlicher Biomasse (*Phalaris arundinacea, Carex gracilis und Phragmites australis*) und eines 5 %igen Inokulums (eutrophiertes Flußwasser)

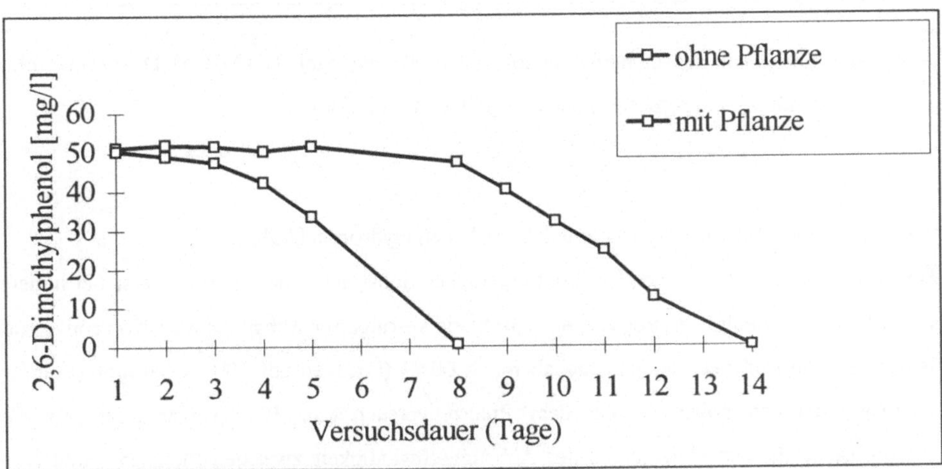

Abb. 3a: Abbau von 2,6-Dimethylphenol in Nährsalzlösung nach HOAGLAND mit und ohne Pflanze (*Carex gracilis*)

3. Abbau von 2,6-Dimethylphenol mit und ohne Pflanze und nach zusätzlicher Beimpfung

Unter unsterilen Bedingungen wird 2,6-Dimethylphenol sowohl mit wie auch ohne Pflanze abgebaut. Ohne Pflanze setzt der Abbau deutlich verzögert ein (Abb. 3a). Wird jedoch sowohl dem Pflanzenversuch wie auch der Kontrolle zu Beginn Inokulum aus einem vorhergehenden Abbauversuch ohne Pflanze zugesetzt, kann kein signifikanter Unterschied beim Abbau festgestellt werden (Abb. 3b).

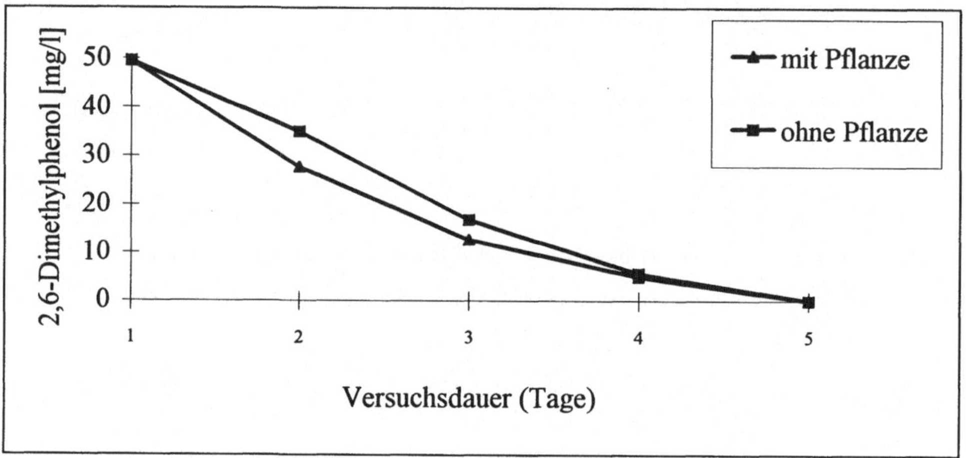

Abb. 3b: Abbau von 2,6-Dimethylphenol in Nährlösung nach HOAGLAND mit und ohne Pflanze (*Carex gracilis*) nach Zugabe von Inokulum

4. Untersuchungen mit einer kontinuierlich betriebenen Hydroponikkultur

Bei den Hydroponikversuchen mit kontinuierlicher Substratzuführung wurde erst bei höherer Durchflußgeschwindigkeit (Verweilzeit < 30 h) ein verringerter Abbau bei dem Kontrollversuch festgestellt, obwohl der Sauerstoffgehalt mit > 60 % (bezogen auf 100 % Sättigung) bei der Kontrolle deutlich höher als bei dem Pflanzenversuch (ca. 10 %) war (Abb. 4). Die Hauptursache für den Unterschied der Abbaugeschwindigkeit zwischen Pflanzen - und Kontrollversuch muß in dem durch Auswaschung verringertem Abbaupotential beim Kontrollversuch gesehen werden.

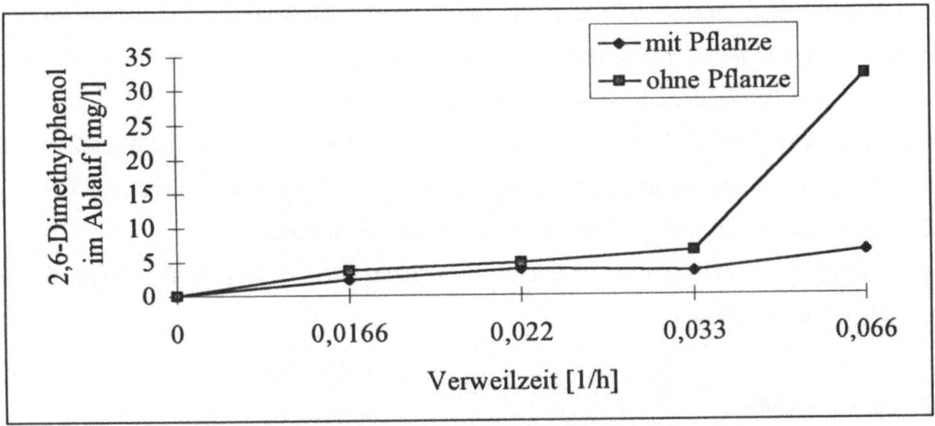

Abb. 4: Abbau von 2,6-Dimethylphenol in kontinuierlicher Hydroponikkultur mit und ohne Pflanze (*Carex gracilis*)

5. Untersuchungen zur Abundanz und Lokalisation der Mikroorganismen

Die mikroskopischen Untersuchungen (Epifluoreszenzmikroskopie, CSLM) zeigten deutliche Unterschiede in der Besiedlungsdichte der Wurzeln von 2,6-Dimethylphenol-exponierten Pflanzen zu Kontrollpflanzen.

Diskussion

Ein Einfluß der Rhizodeposition auf Schadstoffabbauer konnte unter den genannten Versuchsbedingungen nicht gezeigt werden.

Dagegen scheint ein Einfluß der Pflanzen auf den Schadstoffabbau durch wurzelbesiedelnde Mikroorganismen gegeben zu sein. Dieser kann durch die hohe Besiedlungsdichte der Wurzeln und dem dadurch vorhandenen hohen Adaptationspotential bei Schadstoffexposition gegeben sein. Die Wurzeln könnten außerdem günstige Milieubedingungen für Mikroorganismen bieten und somit die Adaptationszeit für Mikroorganismen erhöhen. Unter der Voraussetzung, daß durch Wurzeleinfluß nicht nur die Zellzahl, sondern auch die Diversität steigt, sind synergistische Effekte zu erwarten, die sich positiv auf den Abbau auswirken dürften (vgl. LAPPIN et al. 1985).

Weiterhin sind insbesondere bei persistenten Schadstoffen cometabolische Abbaureaktionen in Erwägung zu ziehen, bei denen die relativ leicht abbaubaren pflanzlichen Substanzen als Wachstumssubstrat dienen.

Kritisch anzumerken bleibt, daß die Versuche unter Laborbedingungen stattfanden und insbesondere durch die Hydroponikkultivierung nur bedingt Aussagen über das Abbauverhalten unter natürlichen Bedingungen bzw. bei Sanierungsfällen möglich sind.

Diese Methode wurde aber dennoch gewählt, um komplexe Reaktionsmöglichkeiten mit der Bodenmatrix auszuschließen und dadurch erste Hinweise hinsichtlich der Interaktion Pflanze - Mikroorganismus und ihren Einfluß auf den Schadstoffabbau zu bekommen.

Die ermittelten Ergebnisse sind zu verifizieren, bevor komplexere Systeme unter Einschluß einer festen Matrix untersucht werden.

Literaturverzeichnis

ANDERSON, T.A.; WHITE D.C; WALTON, B.T.: Degradation of hazardous organic compounds by rhizosphere microbial communities. In: Biotransformations: Microbial Degradation of Health Risk Compounds, Ved Pal Singh (Hrsg.) : 205-225. Elsevier (1995).

CUNNINGHAM, S.D.; ANDERSON, T.A.; SCHWAB, A.P.; HSU, F.C.: Phytoremediation of soils contaminated with organic pollutants. Advances in Agronomy, 56, 55-114 (1996).

FEDERLE, T.W.; SCHWAB, B.S.: Mineralization of surfactants by microbiota of aquatic plants. Applied and Environmental Microbiology, 55, 8, 2092-2094 (1989).

GISI, U.: Bodenökologie. - Thieme Verlag Stuttgart, New York (1990).

HOBBIE, J.E.; DALEY, R. J.; JASPER, S.: Use of nuclepore filters for counting bacteria by fluorescence microscopy. Appl. Environ. Microbiol., 33, 1225-1228 (1977).

HSU, T.-S.; BARTHA, R.: Accelerated mineralization of two organophosphate insecticides in the Rhizosphere. Applied and Environmental Microbiology, 37, 1, 36-41 (1979).

KLEIN, D.A.; SALZWEDEL, J.L.; DAZZO, F.B.: Microbial colonization of plant roots. In: Biotechnology of plant-microbe interactions, Nakas, J.P. & C. Hagedorn (Hrsg.), McGraw-Hill Publishing Company (1990).

LAPPIN, H.M.; GREAVES, M.P.; SLATER, J.H.: Degradation of the herbicide Mecoprop [2-(2-Methyl-4-Chlorophenoxy) Propionic Acid] by a Synergistic Microbial Community. Applied and Environmental Microbiology, 49, 2, 429-433 (1985).

WALTON, B.T.; ANDERSON, T.A.: Microbial degradation of trichlorethylene in the rhizosphere: potential application to biological remediation of waste sites. Applied and Environmental Microbiology, 56, 4, 1012-1016 (1990).

Pflanzenernährung, Wurzelleistung und Exsudation.
8. Borkheider Seminar zur Ökophysiologie des Wurzelraumes.
(Ed. W. Merbach) B. G. Teubner Verlagsgesellschaft Stuttgart, Leipzig 1998, pp. 167-177

MOBILIZATION OF SOIL AND FERTILIZER PHOSPHATE BY COVER CROPS

KAMH, M. [1]; HORST, W. J.[2]; CHUDE, V.O.[3]

[1] Soil and Water Science Dept. Faculty of Agriculture, University of Alexandria, Alexandria, Egypt.

[2] Institute of Plant Nutrition, University of Hannover, Herrenhäuser Straße 2, D - 30419 Hannover

[3] Departement of Soil Science, IAR, Ahmadu Bello University, Zaria, Nigeria

Abstract

Nine tropical cover crops, which had produced positive residual effects on following year maize yield in field experiments in Northern Nigeria on a luvisol low in available P, and maize were grown in a pot experiment using the same soil. The effect of plant growth on pH, organic acids, soil P fractions and phosphatase activity in bulk and rhizosphere soil was studied. All plant species raised the pH in the rhizosphere, differed widely in acid phosphatase activity, and derived most of their P from the resin and bicarbonate-extractable inorganic P (P_i). Organic P (P_o) accumulated especially in the rhizosphere in all plant species. There was a negative correlation between the species-specific rhizosphere phosphatase activity and P_o accumulation. Pigeonpea (*Cajanus cajan*) appeared to be more P-efficient than other plant species because it was less reduced in biomass production at low compared to adequate P supply and the highest rhizosphere acid phosphatase activity. The results of this ongoing research indicate that inclusion of cover crops into cropping systems can contribute to more efficient use of soil and fertilizer P by less P-efficient crops such as maize. However, further work is necessary to get a better quantitative understanding of the mechanisms involved.

Introduction

Phosphorus is a major limiting factor for crop production on many tropical and subtropical soils (NORMAN et al. 1995), as a result of high P fixation in soil and/or nutrient mining in traditional agricultural land-use systems. Given the limited access of small farmers to fertilizer P, it is desirable to find plant species that can take P up from soil-P pools that are unavailable to cereal crops (SHEPHERD 1991). Some leguminous cover crops are reported to possess a remarkable capacity to mobilize soil P through root exudates e.g. pigeonpea (AE et al. 1990) and white lupin (GARDNER et al. 1983). Some studies have indicated that cereals may benefit from the high P efficiency of the leguminous component of the cropping system (GARDNER and BOUNDY 1983, HORST and WASCHKIES 1987). On the other hand mixed cropping of maize with cowpea did not lead to improved use of soil and fertilizer P (HÄRDTER and HORST 1991). In contrast to the well established contribution of legumes to the nitrogen budget of soils (PEOPLES et al. 1995) the contribution of such crops to a more efficient utilization of soil and fertilizer P by less P-efficient crops grown in rotation is not yet sufficiently established. In the present work, the effect of nine leguminous cover crops on P dynamics in the rhizosphere and on growth of maize grown in rotation has been studied in a pot experiment.

Material and Method

The soil used in this study was a luvisol from the experimental farm of the IAR, ABU, Samaru (Zaria), Nigeria. It is sandy loam with pH 5.8 (H_2O), 6.4 and 159 mg resin-extractable P and total P kg^{-1} soil, respectively, and 0.53 % organic carbon.

Nine leguminous species and *Zea mays* were selected to study their ability to tolerate low P and to acquire soil and fertiliser P. Leguminous species were *Mucuna pruriens, Lablab purpureus* (black), *Glycine max, Phaseolus vulgaris* (brown), *Phaseolus vulgaris* (variegated), *Cajanus cajan, Chaemacrista rotundifolia, Clitoria ternatea*, and *Centrosema pubescens*. Plants were grown in Mitscherlich pots (one plant each) containing 3 kg soil mixed with 2 kg quartz sand fertilized with 5, 10, or 50 mg P kg^{-1} soil as $Ca(H_2PO_4)_2$. H_2O. The following nutrients were also added as a basal dressing per pot: 400 mg N as $Ca(NO_3)_2$, 250 mg K as K_2SO_4, 50 mg Mg as $MgSO_4$, and 15 mg Zn as $ZnSO_4$. The experiment was laid out in a simple randomized block design consisting of ten plant species, and three phosphate treatments with four replicates. Plants were grown in a green house in Hannover at a temperature ranging from 35 - 30 °C (day) to 25 °C (night) throughout the growing period (May to September). Pots were watered with distilled water to 60 % of the water holding capacity of the soil by weighing every two days.

After the growing period plants were harvested and soil samples were taken from the rhizosphere and bulk soil. Roots were returned and incorporated into the soil and pots were left in the heated green house until the next season. Plant shoots were dried, ground to a fine powder, and phosphorus was measured using the yellow colour method after dry ashing. The different phosphate fractions in bulk and rhizosphere soil were determined according to the procedure proposed by HEDLEY et al. (1982). Since in this soil HCl soluble P was very low, this step was omitted. Acid phosphatase activity in the rhizosphere soil was assayed at 26°C using p-nitrophenyl phosphate according to TABATABAI and BREMNER (1969). The modified universal buffer at pH 6.5 was replaced by a malate buffer at the same pH. The pH of the rhizosphere and the bulk soil was determined in the effluent after 15 min equilibration of 1 g soil with 5 ml distilled water in a 10 cm^3 plastic column. Root exudates were extracted from the rhizosphere soil with distilled water. Extracts were filtered through a 0.2 µm membrane, passed through a cation exchange resin, and organic acids were measured by HPLC. In the next season (May-June) *Zea mays* was planted after readjusting the N level to 400 mg N per pot. After 45 days, maize plants were harvested and their P content determined as described above.

Results

All species significantly ($p > 0.001$) responded to increasing P supply in biomass production and P uptake (Fig. 1). *Zea mays* showed a strong increase in yield with P applications while

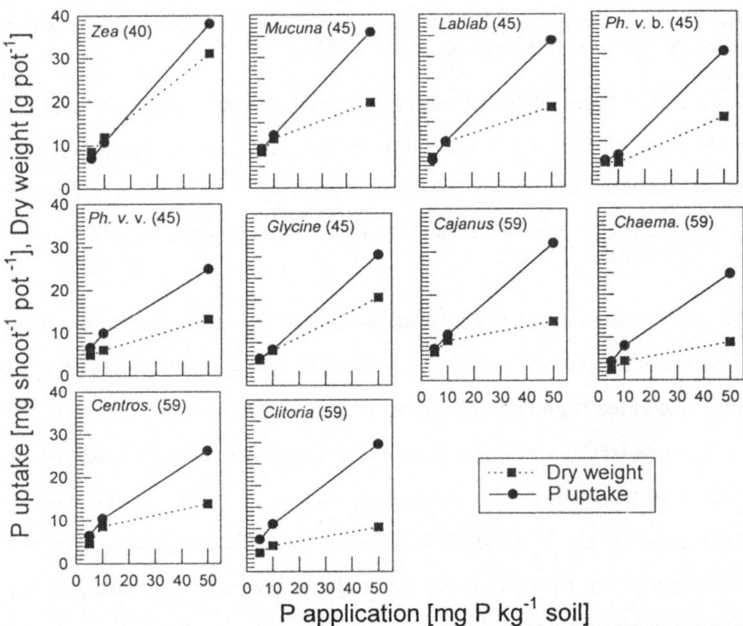

Fig. 1. Dry weight and P uptake of different plant species grown in Zaria soil as affected by P application (Numbers between brackets indicate growing periods in days).

plant species such as *Cajanus cajan*, *Clitoria ternatea*, *Chaemacrista rotundifolia*, and *Centrosema pubescens* showed a small increase. Since the plant species differed substantially in absolute biomass production, the differences in response to P application between plant species is better illustrated on the basis of relative biomass production (Fig. 2). Compared to all other plant species, *Cajanus cajan* was least reduced in relative shoot dry weight. On the other hand, *Phaseolus vulgaris*, *Zea mays*, and *Glycine max* were among the most responsive to low P.

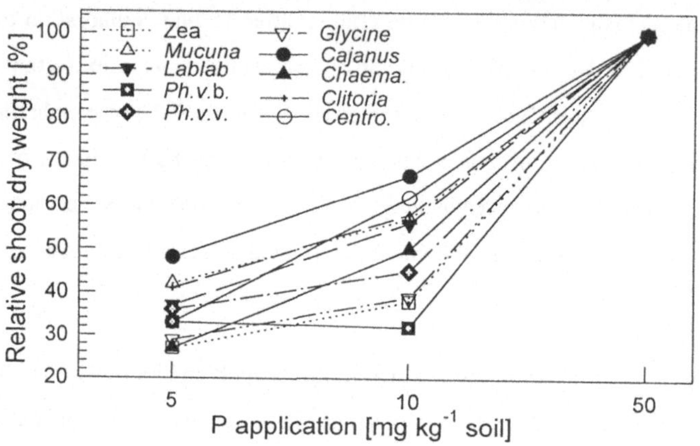

Fig. 2. Relative shoot dry weight of different plant species grown in Zaria soil as affected by P application (highest yield of each plant species = 100 %).

Since pH greatly affects soil P availability pH was measured in the bulk and in the rhizosphere soil at harvest. At low P supply all plant species raised the pH in the rhizosphere compared to the bulk soil (Tab. 1). The pH increase was less marked, and sometimes even a decrease occurred at 50 mg kg^{-1} P supply. This might be due to the much better nodulation which was observed in some species.

There were major differences in acid phosphatase activity between the plant species (Fig. 3). *Cajanus cajan* had the highest and *Zea mays* the lowest activity. With increasing P supply, phosphatase activity decreased slightly in all species except in *Centrosema pubescens*. Phosphate mobilization by plant roots could be strongly affected by the release of organic acids. Citrate was found as the major organic anion in the rhizosphere soil of all plant species with no major differences between species (Tab. 2). Whereas in some species (*Centrosema pubescens*, *Clitoria ternatea*, *Cajanus cajan*) the citrate concentration decreased with increasing P supply, it increased in *Mucuna pruriens*. Malate and succinate was only found in the rhizosphere of *Lablab purpureus* and *Clitoria ternatea* at lower than the citrate concentrations. Succinate was also found with *Phaseolus vulgaris*. Fumarate could generally be detected at very low concentrations.

Table 1. pH in rhizosphere and bulk soil after harvest of different plant species grown in Zaria soil amended with 3 phosphate levels.

Plant	P treat.	pH		Plant	P treat.	pH	
		rhizo.	bulk			rhizo.	bulk
Zea	5	6.36	5.90	Glycine	5	6.20	5.98
	10	6.29	6.09		10	6.00	5.98
	50	6.30	6.26		50	5.90	6.00
Mucuna	5	6.42	6.15	Cajanus	5	6.35	6.28
	10	6.15	6.13		10	6.34	6.20
	50	6.02	6.02		50	5.98	6.11
Lablab	5	6.47	6.21	Chae-macrista	5	6.25	6.09
	10	6.38	6.09		10	6.30	6.15
	50	6.04	6.04		50	6.11	5.90
Ph. v. b.	5	6.30	5.90	Clitoria	5	6.37	5.90
	10	6.30	6.01		10	6.35	6.02
	50	6.01	6.28		50	6.17	6.02
Ph. v. v.	5	6.36	6.18	Centro-sema	5	6.32	6.17
	10	6.34	6.13		10	6.31	6.12
	50	5.98	6.10		50	5.97	6.01

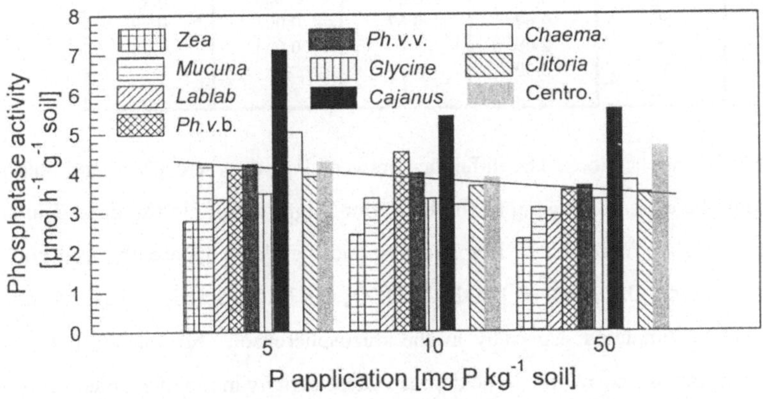

Fig. 3. Phosphatase activity in the rhizosphere soil of different plant species grown in Zaria soil as affected by P application.

The effect of P uptake and rhizosphere reactions on soil P dynamics has been studied using a P fractionation method. The distribution of P among the different soil P fractions in the bulk and in the rhizosphere soil as mean over all plant species is shown in Fig. 4. Their was a depletion of inorganic P forms in the rhizosphere compared to the bulk or the control (without plant) soil. Resin-extractable P_i was the most depleted P_i form especially at high and

Table 2. Organic anions extracted by distilled water from the rhizosphere of different plant species grown in Zaria soil.

Plant	P treat. [mg P kg^{-1}]	Organic anions [μ mol g^{-1} soil]			
		Citrate	Malate	Fumarate	Succinate
Zea mays	5	1.05	-	-	-
	10	1.02	-	0.001	-
	50	1.16	-	0.005	0.27
Mucuna	5	0.36	-	0.005	-
	10	0.72	-	0.001	-
	50	1.06	-	0.002	-
Lablab	5	1.27	0.34	0.008	0.27
	10	1.16	0.61	0.008	0.22
	50	1.11	0.18	0.008	0.40
Ph. v. b.	5	0.95	-	0.006	0.76
	10	0.30	-	0.003	0.38
	50	0.82	-	0.004	0.39
Glycine max	5	0.75	-	0.001	-
	10	0.43	-	0.001	-
	50	0.78	-	-	-
Cajanus	5	1.60	-	0.005	-
	10	0.83	-	0.004	-
	50	0.18	-	0.001	-
Clitoria	5	1.45	0.15	0.004	0.60
	10	0.37	0.28	0.005	0.25
	50	0.62	0.67	0.001	0.29
Centrocema	5	2.09	-	0.004	0.78
	10	0.90	-	-	-
	50	0.45	-	-	-

$NaHCO_3$-P_i at low P applications. The difference between P in the rhizosphere and bulk soil was smaller than could be expected, owing to the high root-length density in the pots. The NaOH-P_i fraction was only slightly increased by P application and the plants apparently used only a small fraction of this P_i source. Organic P (P_o) in the $NaHCO_3$ and NaOH fractions was little affected by P application but accumulated especially in the rhizosphere soil. Accumulation of P_o in the rhizosphere was negatively correlated to acid phosphatase activity in the rhizosphere soil (Fig. 5). The residual effect of the leguminous crops on dry matter production and P uptake of maize grown in rotation is presented in Fig. 6. It can be seen that maize yield was enhanced by P supply to the previous crop especially at the high P level (50 mg P). At low P supply there were no significant differences between maize grown after legumes and after maize. However, at high P supply dry weight and P uptake of maize grown in rotation with legumes were statistically greater than of maize grown after maize. Although there were no significant differences in maize dry weight and P uptake when grown in rotation with different leguminous species, *Mucuna*, *Phaseolus* and *Cajanus* ranged among the best previous crops at all P levels.

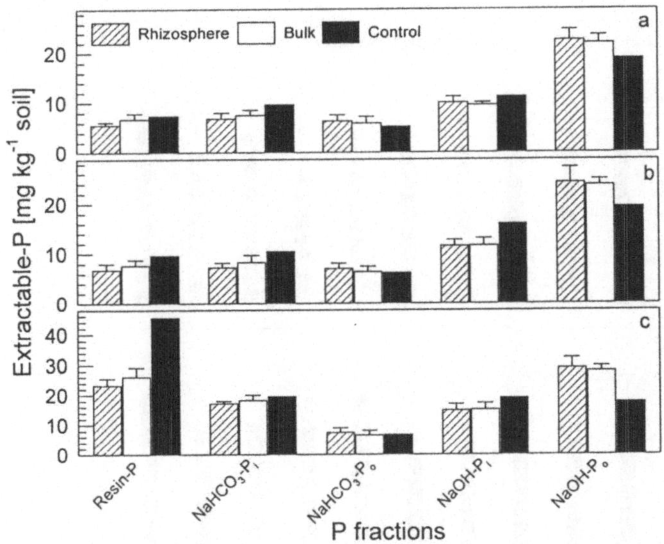

Fig. 4. Phosphate fractions in rhizosphere, bulk, and control Zaria soil amended with (a) 5, (b) 10, and (c) 50 mg P kg^{-1} soil. Mean over all plant species.

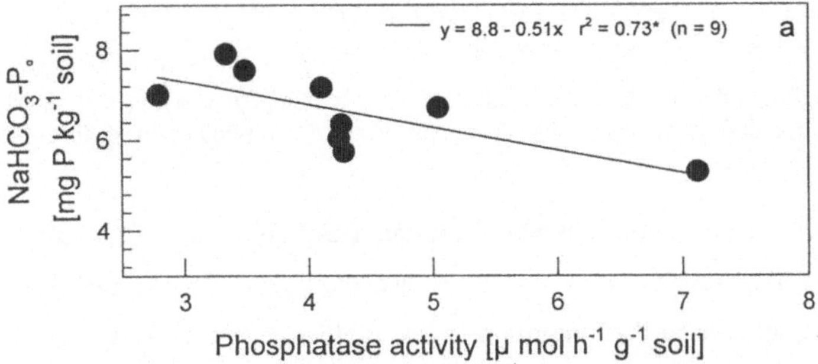

Fig. 5. Relationship between $NaHCO_3$-P_o and acid phosphatase activity in the rhizosphere soil of different plant species grown in Zaria soil at 5 mg P kg^{-1} soil.

Discussion

There is ample evidence that the integration of legumes into cropping systems in rotation improves the yield of the non-leguminous component (FRANCIS and CLEGG 1990). This positive rotational effect of legumes on maize growth could successfully be mimicked in our pot experiment (Fig. 6). It is mostly attributed to an improvement of the N supply of the non-legume through addition by the legume to the soil N pool because of symbiotic N_2 fixation (PEOPLES et al. 1995) or an 'N sparing' effect (EVANS et al. 1991). However, other effects than the increased N supply, such as improved soil physical and biological characteristics

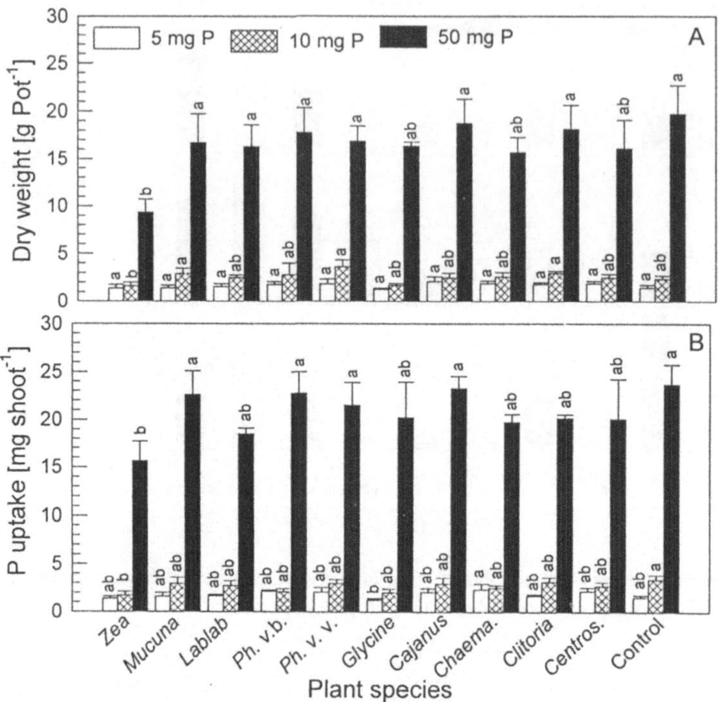

Fig. 6. Shoot dry weight production (A) and P uptake (B) of maize grown without P supply for 40 days in Zaria soil previously applied at different P supplies with different plant species.

after the legume crop, may be equally or even more important (LATTIF et al. 1992; HORST and HÄRDTER 1994). Since little information is available on whether, on soil low in available P, P-efficient legumes could contribute to the P nutrition of less P-efficient cereals grown in rotation the present study was initiated.

The soil from Northern Nigeria used in this study is representative for the luvisols (alfisols) of the West African Guinea Savanna. It is low in total and available P and characterized by a low to medium P fixation capacity. Growth of maize and all legumes was severely restricted by P deficiency at the lower P supplies (Fig. 1). P concentrations of the plant tissue only slightly increased due to greatly enhanced growth (not shown). There appeared to be a negative correlation between dry matter production and P concentrations among the plant species indicating a higher P utilization efficiency of the fast growing species. Therefore, it cannot be excluded that even the high P supply was not adequate for maximum growth for some species. Based on relative dry matter production clear differences between the plant species became apparent (Fig. 2). Among the legumes especially *Cajanus cajan* and *Mucuna pruriens* were consistently superior to maize. Phosphorus-deficient *Cajanus cajan* has been reported to release picidic acid into the rhizosphere thus solubilizing especially P bound to Fe oxides (AE et al. 1990). Picidic acid could not be determined in this study due to lack of analytical facilities. However, among the organic acids determined in the rhizosphere soil citrate, which is known to very efficiently mobilize soil P (GERKE 1993) and which is the main organic acid excreted by P-efficient *Lupinus albus* (DINKELAKER et al. 1989; KAMH et al. this volume), was the most abundant (Tab. 2). But although there was a clear tendency to increased citrate concentrations at low compared to high P supply, no consistent differences between the plant species in relation to the P efficiency of the species were found.

Modification of the rhizosphere soil pH could also contribute to soil-P mobilization (SATTELMACHER et al. 1994). Proton extrusion will lead to the solubilization of Ca-P (YAN et al. 1996) whereas the release of OH^- will mobilize P sorbed on Fe/Al oxides (GAHOONIA et al. 1992) which was the main P fraction in the soil used in this study. All plant species increased the pH of the rhizosphere soil at the lower P supplies (Tab. 1) probably because nitrate was the dominant N form absorbed. No differences between the plant species were apparent. Only at the high P supply some species decreased the rhizosphere soil pH indicating an increased contribution of N_2 fixation to N uptake (WAN OTHMAN 1991).

Most of the P applied to the soil was recovered in the resin-exchangeable P fraction confirming the low P fixation capacity of this soil. At high P supply the plants derived most of their P from this P fraction which is indicated by its depletion in the rhizosphere soil (Fig. 4). At low P supply $NaHCO_3$-P_i became more important. Among the plants species, maize appeared to be mainly dependent on resin-exchangeable P whereas *Cajanus cajan* and *Mucuna pruriens* were able to use $NaHCO_3$-P_i more efficiently (not shown).

Unlike other reports (TARAFDAR and JUNGK 1987; HÄUSSLING and MARSCHNER 1989), an accumulation of organic P (P_o) in the rhizosphere soil was observed in our study (Fig. 4). This may reflect high microbial activity in the rhizosphere and a build up of more stable organic P forms or a low P_o use efficiency of the plants. The latter is proposed by the negative relationship between P_o accumulated and phosphatase activity in the rhizosphere soil of the different plant species (Fig. 5). Among the plant species, *Cajanus cajan* showed the highest phosphatase activity. The relationship is even improved using root-surface phosphatase activity (not shown) suggesting that the measured rhizosphere activity was mainly plant-derived which might be different in the rhizosphere of mycorrhized plants (HÄUSSLING and MARSCHNER 1989). A similar relationship was found by ASMAR et al. (1995) who compared a range of barley genotypes. The positive rotational effect of the legumes on subsequent maize growth observed in this pot experiment (Fig. 6) can definitely not be explained by a better N supply since N was adequately supplied as mineral N to maize in all treatments. Whether improved P nutrition was a contributing factor can not yet be conclusively decided on the basis of the available data. Fractionation of P after legume harvest (Fig. 4) does not support the suggestion by GARDNER and BOUNDY (1983) and HORST and WASCHKIES (1987) based on their work with *Lupinus albus* that P-efficient legumes mobilize P in excess of their own demand which could be used by less P-efficient crops grown in mixed culture or in rotation. Consequently, transfer of mobilized P through crop residues will be of major importance. In our pot experiment emphasis was laid on modification of soil-P fractions. Therefore only roots and not shoots were incorporated into the soil after harvest. This has substantially reduced the total amount of P recycled to the soil and might be the reason for the comparatively small rotational effects at low P supply, where mineralization of the plant residues might be additionally limited by low P concentrations (NGULUU et al. 1996). Present ongoing work focuses on the assessment of the role of P in crop residues in the positive rotational effect of legumes on subsequent maize growth.

Acknowledgement

Financial support through GIARA 96-7 is highly acknowledged.

References

AE, N.; ARIHARA, J.; OKADA, K.; YOSHIHARA, T.; JOHANSEN, C.: Phosphorus uptake by pigeopea and its role in cropping systems of the Indian subcontinent. Science **248**, 477-480 (1990).

ASMAR, F.; GAHOONIA, T.S.; NIELSEN, N.E.: Barley genotypes differ in activity of soluble extracellular phosphatase and depletion of organic phosphorus in the rhizosphere soil. Plant Soil **172**, 117-122 (1995).

DINKELAKER, B.; RÖMHELD, V.; MARSCHNER, H.: Citric acid excretion and precipitation of calcium citrate in the rhizosphere of white lupin (*Lupinus albus* L.). Plant Cell and Environment **12**, 285-292 (1989).

EVANS, J.; FETTEL, N.A.; CONVENTRY, D.R.; O'CONNER, G.E.; WALSGOTT, D.N.; MAHONEY, J.; ARMSTRONG, E.L.: Wheat response after temperate crop legumes in south-eastern Aust. J. Agric. Res. **42**, 31-43 (1991).

FRANCIS, C.A.; CLEGG, M.D.: Crop rotation in sustainable production systems. In EDWARDS, C.A.; LAL, R.; MADDEN, P.; MILLER, R.H.; HOUSE, G. (eds). Sustainable Agriculture Systems. Soil and Water Covcervation Society, Ankeny, Jowa 107-122 (1990).

GAHOONIA, T.S.; CLASSEN, N.; JUNGK, K.A.: Mobilization of phosphate in different soils by ryegrass supplied with ammonium or nitrate. Plant Soil **140**, 241-248 (1992).

GARDNER, W.K.; BARBER, D.A.; PARBERY, D.G.: The acquisition of phosphorus by *Lupinus albus* L. III. The probable mechanism by which phosphorus movement in the soil/root interface in enhanced. Plant Soil **70**, 107-124 (1983).

GERKE, J.: Solubilization of Fe (III) from humic-Fe complexes, humic/Fe oxide mixtures and from poorly ordered Fe-oxide by organic acids-consequences for P adsorption. Z. Pflanzenernähr. Bodenk. **156**, 253-257 (1993).

HÄRDTER, R.; HORST, W.J.: Nitrogen and phosphorus use in maize sole cropping and maize/cowpea mixed cropping systems on an Alfisol in the northern Guinea Savanna of Ghana. Biol. Fertil. Soils **10**, 267-275 (1991).

HÄUSSLING, M.; MARSCHNER, H.: Organic and inorganic soil phosphates and acid phosphatase actvity in the rhizosphere of 80-year-old Norway spruce. Biol. Fertil. Soils **8**, 128-133 (1989).

HEDLY, M.; WHITE, R.; NYE, P.: Plant-induced changes in the rhizosphere of rape (*Brassica napus* var. Emerald) seedling. III. Changes in L value, soil phosphate fractions and phosphatase activity. New Phytol. **91**, 45-56 (1982).

HORST, W.J.; HÄRDTER, R.: Rotation of maize and cowpea improves yield and nutrient use of maize compared to maize monocropping in an alfisol in the northern Guinea Savanna of Ghana. Plant Soil **160**, 171-183 (1994).

HORST, W.J.; WASCHKIES, C.: Phosphorus nutrition of spring wheat in mixed culture with white lupin. Z Pflanzenernähr. Bodenk. **150**, 1-8 (1987).

KAMH, M.; HORST, W.J.; AMER, F.; MOSTAFA, H.: Exudation of organic anions by white lupin (*Lupinus albus* L.) and their role in phosphate mobilization from soil. This volume, 238-245.

LATTIF, M.A.; MEHUYS, G.R.; MACKENZIE, A.F.; ALI, I.; FARIS, M.A.: Effect of legumes on soil physical quality in a maize crop. Plant Soil **140**, 15-23 (1992).

NGULUU, S.; PROBERT, M.; MYERS, R.; WARING, S.: Effect of tissue phosphorus concentration on the mineralization of nitrogen from stylo and cowpea residues. Plant Soil **191**, 139-146 (1996).

NORMAN, M.; REARSONAND, C.; SEARLE, P.: The Ecology of Tropical Food Crops. Cambridge University Press (1995).

PEOPLES, M.B.; HERRIDGE, D.F.; LAND, J.K.: Biological nitrogen fixation: An efficient source of nitrogen for sustainable agriculture production. Plant Soil **174**, 3-28 (1995).

SATTELMACHER, B.; HORST, W.J.; BECKER, H.C.: Factors that contribute to genetic variation for nutrient efficiency of crop plants. Z. Pflanzenernähr. Bodenk. **157**, 215-224 (1994).

SHEPHERD, K.D.: Phosphorus in agroforestry systems: New research initiatives of the international council for research in Agroforestry. In Phosphorus Cycles In Terrestrial and Aquatic Ecosystems. Regional Workshop **4**: Africa. UNEP, Nairobi, Kenya. March 18-22 (1991).

TABATABAI, M.; BREMNER, J.: Use of p-nitrophenyl phosphate for assay of soil phosphatase activity. Soil Biol. Biochem. **1**, 301-307 (1969).

TARAFDAR, J.C.; JUNGK, A.: Phosphatase activity in the rhizosphere and its relation to the depletion of soil organic phosphorus. Biol. Fertil. Soils **3**, 199-481 (1987).

WAN OTHMAN, W.M.; LIE, T.A.; MANNETJE, L.; WASSINK, G.Y.: Low level phosphorus supply affected nodulation, N_2 fixation and growth of cowpea (*Vigna unguiculata* L. Walp). Plant Soil **135**, 67-74 (1991).

YAN, X.; LYNCH, J.P.; BEEBE, S.E.: Utilization of phosphorus substrates by contrasting common bean genotypes. Crop Sci. **36**, 936-941 (1996).

Pflanzenernährung, Wurzelleistung und Exsudation.
8. Borkheider Seminar zur Ökophysiologie des Wurzelraumes.
(Ed. W. Merbach) B. G. Teubner Verlagsgesellschaft Stuttgart, Leipzig 1998, p. 178

DAS ANEIGNUNGSVERMÖGEN VON WEIßER LUPINE UND SOMMERWEIZEN FÜR NICHTAUSTAUSCHBARES KALIUM

STEFFENS, D.; ZARHLOUL, K.

Justus-Liebig-Universität

Institut für Pflanzenernährung

Südanlage 6

D - 35390 Gießen

Abstract

Summer wheat and white lupin were grown in small Mitscherlich pots under greenhouse conditions. Both plants were cultivated in a treatment with (K_1) and without (K_0) K fertilization. The soil contained 230 g clay kg^{-1} soil and was low in Ca-exchangeable K (47 mg K kg^{-1} soil). The response in grain yield, as a precentage of the K_0 treatment was 107 % in wheat and 108 % in lupin. The relative K uptake from nonexchangeable K was between 60 and 68 % of the total K uptake in white lupin and summer wheat, respectively. This indicates that both plants have a good exploitation potential for clay-fixed K, even though wheat roots were three times longer than those of white lupin. The exploitation potential of wheat for clay-fixed K is explained by a high root density and by a low K uptake m^{-1} root length day^{-1}, which enhances the release of nonexchangeable K. However, in contrast to phosphorus, K had noeffect on the number of proteoid root clusters of white lupin roots grown in soil. It is assumed, that the exploitation potential of white lupin for clay-fixed K is based on an excretion of citric acid by roots of white lupin. Addition of citric acid in a quantity analyzed in the rhizosphere of the proteoid roots of white lupin, increased the amount of electro-ultrafiltration (EUF) extractable clay-fixed K of the soil.

5

Wurzelexsudation:

Beeinflußbarkeit und Funktionen

Pflanzenernährung, Wurzelleistung und Exsudation.
8. Borkheider Seminar zur Ökophysiologie des Wurzelraumes.
(Ed. W. Merbach) B. G. Teubner Verlagsgesellschaft Stuttgart, Leipzig 1998, pp. 181-186

EINFLUSS EINER KUPFERBEHANDLUNG AUF DIE EXSUDATION VON ORGANISCHEN SÄUREN BEI *HELIANTHUS ANNUUS*

JUNG, C.[1]; FUNK, F.[1]; MÄCHLER, F.[2]; FROSSARD, E.[2]; STICHER, H.[1]

[1] ETH-Zürich, Institut für Terrestrische Ökologie
Grabenstrasse 3
CH-8952 Schlieren

[2] ETH-Zürich, Institut für Pflanzenwissenschaften,
Versuchsstation Eschikon,
Eschikon 33
CH-8315 Lindau

Abstract

After a copper treatment under sterile and hydroponic conditions, *Helianthus annuus* showed an increasing exudation of low-molecular weight organic acids. The release of citric, malic, lactic, fumaric and acetic acid was maximal after 7 hours; 3 hours later the medium contained only small quantities of the acids. Copper concentration in the nutrient solution decreased with the increase of the acids.

Zusammenfassung

Helianthus annuus zeigte nach einer Kupferbehandlung unter sterilen, hydroponischen Bedingungen eine erhöhte Exsudation, u.a. auch von niedermolekularen organischen Säuren. Die Ausscheidung von Zitronensäure, Maleinsäure, Milchsäure, Fumarsäure und Essigsäure war nach 7 Stunden maximal. Nach 10 Stunden enthielt das Medium nur noch geringe Mengen der Säuren. Die Kupferkonzentration in der Nährlösung nahm dagegen mit Zunahme der Säuren ab.

Einleitung

Für die Aufnahme von Pflanzennährstoffen spielen die chemischen Bedingungen in der Rhizosphäre und das Maß, mit dem die Wurzel diese Bedingungen zu verändern vermag, eine entscheidende Rolle (MARSCHNER *et al.* 1986; MARSCHNER *et al.* 1991).

Durch die Abgabe von niedermolekularen Wurzelexsudaten können essentielle Spurenelemente mobilisiert werden (MENCH and MARTIN 1991). Insbesondere organische Säuren, Aminosäuren und phenolische Komponenten können durch die Bildung von löslichen Metallkomplexen zu einer erhöhten Verfügbarkeit dieser Nährstoffe beitragen (MARSCHNER 1995). Andererseits kann die Komplexbildung mit Wurzelexsudaten auch zu einer Einschränkung der Metallaufnahme durch die Wurzeln führen (KOCHIAN 1995).

Aus Untersuchungen von JAUREGUI und REISENAUER (1982) wurden Mechanismen für die Mobilisierung von Metallen in der Rhizosphäre vorgeschlagen. Nach diesen erfolgt zunächst die Desorption der organischen Säure von der Wurzeloberfläche. In einem zweiten Schritt wird das Metallkation chelatisiert, und anschließend der so gebildete Metallkomplex von der Wurzel absorbiert (MARSCHNER 1995). Über den zeitlichen Verlauf der Ausscheidung und Resorption von Wurzelexsudaten ist bisher noch wenig bekannt; diese Prozesse sind jedoch auch von entscheidender Bedeutung für die Dynamik der Metallspeziierung.

Eine Kernfrage dieser Arbeit ist, inwiefern die Aufnahme bzw. der Ausschluß von Metallen mit deren Speziierung zusammenhängt, und in welchem Ausmaß die Pflanze die Metallaufnahme durch Wurzelexsudate beeinflussen kann. In ersten Experimenten wurde am Beispiel von *Helianthus annuus* und einer Kupferbelastung untersucht, ob und in welcher zeitlichen Entwicklung Veränderungen in den Wurzelausscheidungen erfolgen. Um eine Dezimierung der Exsudate durch mikrobiellen Abbau auszuschließen, wurden die Pflanzen in steriler Nährlösung angebaut.

Material und Methoden

Als Versuchspflanzen dienten Sonnenblumen (*Helianthus annuus*). Zur Sterilisierung der Samen wurden diese zunächst 5 Minuten in destilliertem Wasser, dann 5 Minuten in Ethanol (97 %) und anschließend 30 Minuten in einer 1%igen $Ca(OCl)_2$-Lösung gewaschen. Die Keimung erfolgte auf Agar (Merck, “Standard-Nähragar-I”), wodurch eine ständige Kontrolle der Sterilität gewährleistet war. Nach 5-8 Tagen wurden die Jungpflanzen in einem flexiblen Teflonnetz befestigt und in die ebenfalls sterilen Wachstumsbehälter (siehe Abb. 1) geklemmt. Nach Zugabe einer Nährlösung (HOAGLAND-ARNON 1950) wurden die Glasrohre mit Aluminiumfolie abgedeckt und in eine Klimakammer transferiert. Sobald die Pflanzen eine geeignete Größe erreicht hatten (ca. 5 cm), wurde eine 50 °C warme Paraffin/Vaselinmischung um den Pflanzenspross auf die Lösungsoberfläche gegossen.

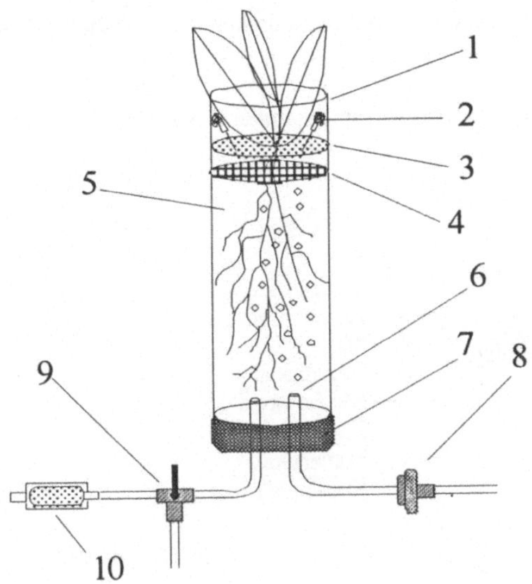

Abb. 1: *Schematische Darstellung der im Versuch verwendeten Wachstumsbehälter.*
1: Glasrohr (L=30 cm, Ø=5 cm), 2: Spritzenkanüle, mit steriler Watte verschlossen
3: Paraffin/Vaselin-Schicht, 4: Teflonnetz (entspricht dem maximalen Niveau der Lösung), 5: Nährlösung, 6: Belüftung, 7: Septum, 8: Luftfilter (0,22 µm), 9: Zweiwegehahn, 10: Lösungsfilter (0,22 µm) (modifiziert nach TREMBLAY-BOEUF 1995).

Die erstarrte, flexible Paraffinschicht stellt die Schnittstelle zwischen dem sterilen Wurzelraum und dem nicht-sterilen Sproß der Pflanze dar. Mit dem hier beschriebenen System wurde bei der Mehrzahl der Versuche die Nährlösung länger als 10 Tage steril gehalten. Um eine ausreichende Nährstoffversorgung zu gewährleisten, wurde die Lösung alle 5 Tage erneuert. Hierbei wurde jedesmal die Sterilität der Lösung durch Ausbreiten auf Agar überprüft. Nach einer Wachstumsperiode von 10-24 Tagen erfolgte die Behandlung mit einer Nährlösung, die eine im Vergleich zur HOAGLAND-Lösung hundertfach höhere Kupferkonzentration (50 µM) aufwies.

Anschließend wurden in Abständen von zwei Stunden jeweils 50 ml-Proben entnommen, die vor der ionenchromatographischen Analyse filtriert wurden (0, 45 μm).

Daten zur Ionenchromatographie: Modell Dionex "DX 500", Säule: IonPac ICE-AS6, Eluent: 0,4 mM Heptafluorbuttersäure, Eluentfließgeschwindigkeit: 1,0 ml/min, Suppressor: Anion-ICE Micro Membran Suppressor.

Daten zur Atom-Absorptions-Spektrometrie: Flammen-AAS, Varian "Spectra 400".

Ergebnisse

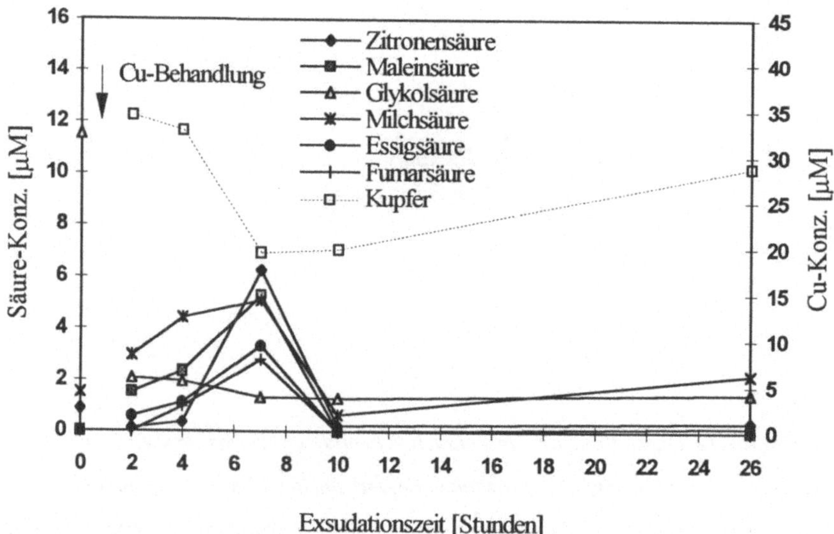

Abb. 2: *Zeitlicher Verlauf der Gehalte an organischen Säuren und Kupfer in der sterilen Nährlösung. Die Kupferbehandlung (zwischen t=0 und t=2 Stunden) erfolgte durch Austausch der kompletten Lösung. Zu diesem Zeitpunkt war die Pflanze 10 Tage alt. Die ursprüngliche, unbehandelte Lösung war (zu t=0) 24 Stunden alt.*

Wie der Abb. 2 zu entnehmen ist, werden nach der Kupferbehandlung in zunehmendem Maß organische Säuren von *Helianthus annuus* ausgeschieden. Die Gehalte an Zitronensäure, Maleinsäure, Milchsäure, Fumarsäure und Essigsäure steigen gegenüber der ausgewechselten Lösung um den Faktor 3 (Fumarsäure) bis 7 (Zitronensäure) an. Nachdem von den genannten Säuren nach 7 Stunden ein Maximum erreicht wird, erfolgt binnen 3 Stunden ein drastischer Abfall bis zu den Gehalten der ursprünglichen, unbehandelten Lösung. Auffallend ist, daß die

Konzentration an Glykolsäure, welche in der unbehandelten Lösung (bei t=0) den höchsten Wert aller Säuren aufwies, im Gegensatz zu den anderen Säuren nach der Kupferbehandlung nur schwach ansteigt.

Die Kupferkonzentrationen in der Lösung zeigen einen zeitlichen Verlauf, der sich zu dem der organischen Säuren umgekehrt-proportional verhält. Zum Zeitpunkt t=7 Stunden, zu dem die Säuregehalte maximal sind, erreichen die Kupferwerte ein Minimum (Abfall um den Faktor 2).

Aus Messungen des Total-Kohlenstoffgehaltes und des Gesamt-Zuckergehaltes (nicht abgebildet) geht hervor, daß die Wurzelexsudate zum großen Teil aus Zuckern zusammengesetzt sind. Der Anteil der organischen Säuren beträgt unter den vorliegenden Bedingungen weniger als 5 %.

Diskussion

Helianthus annuus reagiert nach einer Kupferzufuhr von 50 µM u.a. mit einer Exsudation niedermolekularer organischer Säuren, deren Konzentration nach 7 Stunden wieder drastisch abnimmt. Die Ursachen und Konsequenzen dieser zeitlichen Entwicklung (bezüglich Kupfer) lassen sich aus den bisher vorliegenden Resultaten noch nicht schlüssig beurteilen. Dazu sind Vergleichsmessungen mit tieferen Kupferkonzentrationen sowie die Ermittlung der durch die Wurzeln adsorbierten und absorbierten Kupfermengen notwendig.

Der Abfall des Gehaltes an organischen Säuren kann auf eine Reabsorption durch die Wurzel, möglicherweise aber auch auf einen enzymatischen Abbau zurückzuführen sein. Ein mikrobieller Abbau ist im gewählten sterilen System auszuschließen.

In der verwendeten HOAGLAND-Nährlösung sind keine freien Komplexbildner vorhanden. Das zugegebene Kupfer liegt demnach zunächst in hydratisierter Form vor und ist gut verfügbar. Die Ausscheidung von Komplexbildnern sollte somit nicht der Mobilisierung dienen, sondern bezweckt entweder dessen Ausschluß oder ist eine indirekte Reaktion auf die neue Situation der Kupferzufuhr. Auch nach 7 Stunden, beim Maximum des Säuregehaltes im Medium, dürfte noch ein großer Teil des Kupfers in einer gut verfügbaren Form vorliegen. Citrat vermag etwa 30 % des vorhandenen Kupfers zu komplexieren, die übrigen Säuren komplexieren nur vernachlässigbare Mengen. Es stellt sich auch die Frage, ob der Rückgang der Exsudation eine Folge einer starken Kupferaufnahme ist. Zur Beurteilung der Wechselwirkungen Wurzel-Medium sollen daher in nachfolgenden Experimenten die unter verschiedenen Bedingungen ausgeschiedenen Wurzelexsudate (organische Säuren, Uronsäuren, Phenole, Aminosäuren, hochmolekulare Exsudate) eingehender charakterisiert werden. Des weiteren sollen die durch die

Exsudate resultierende Kupferspeziierung mit der Metalladsorption an und -absorption durch die Wurzeln verglichen werden.

Aus den bisherigen Resultaten geht klar hervor, daß die Kenntnis der Kinetik der Ausscheidung und Reabsorption von Wurzelexsudaten einen wesentlichen Beitrag zum Verständnis der Dynamik der Metalle in der Rhizosphäre und ihrer Aufnahme durch die Pflanze sein kann.

Literaturverzeichnis

HOAGLAND, D.R.; ARNON, I.R.: The water culture method for growing plants without soil, University of California, *Experimental Station Circular*, 347 (1950).

JAUREGUI, M.A.; REISENAUER, H.M.: Dissolution of oxides of manganese and iron by root exudate components. *Soil Sci. Soc. Am. J.* **46**, 314-317 (1982).

KOCHIAN, L.V.: Cellular mechanisms of aluminum toxicity and resistance in plants. *Annu. Rev. Plant Physiol. Plant Mol. Biol.* **46**, 237-260 (1995).

MARSCHNER, H.; RÖMHELD, V.; HORST, W.J.; MARTIN, P.: Root-induced changes in the rhizosphere: importance for the mineral nutrition of plants. *Z. Pflanzenernähr. Bodenk.* **149**, 441-456 (1986).

MARSCHNER, H.; HÄUSSLING, M.; GEORGE, E.: Ammonium and nitrate uptake rates and rhizosphere-pH in non-mycorrhizal roots of Norway spruce (*Picea abies* L. Karst.). *Trees* **14-21** (1991).

MARSCHNER, H.: Mineral nutrition of higher plants. Academic Press, London, UK (1995).

MENCH, M.; MARTIN, E.: Mobilization of cadmium and other metals from two soils by root exudates of *Zea mays* L., *Nicotiana tabacum* L. and *Nicotiana rustica* L., Plant and Soil **132**, 187-196 (1991).

MEYER, U.; GERKE, J.; RÖMER, W.: Einfluß von Citrat auf die Mobilisierung und Aufnahme von Zn und Cu bei Weidelgras und Weißer Lupine. In: MERBACH, W. (Hrsg.): Mikroökologische Prozesse im System Pflanze-Boden, B. G. Teubner Verlagsgesellschaft Stuttgart, Leipzig, 137-143 (1995).

TREMBLAY-BOEUF, V.: Influence des contraintes mécaniques sur l'exsudation racinaire du maïs (dissertation). Academie de Nancy-Metz, Institut National Polytechnique de Lorraine, 59-64 (1995).

Pflanzenernährung, Wurzelleistung und Exsudation.
8. Borkheider Seminar zur Ökophysiologie des Wurzelraumes.
(Ed. W. Merbach) B. G. Teubner Verlagsgesellschaft Stuttgart, Leipzig 1998, pp. 187-195

AUSSCHEIDUNG ORGANISCHER SÄUREN BEI SPINAT IN ABHÄNGIGKEIT VON DER P-ERNÄHRUNG UND DEREN EINFLUß AUF DIE LÖSLICHKEIT VON CU, ZN UND CD IM BODEN

KELLER, H.; RÖMER, W.
Institut für Agrikulturchemie
von-Siebold-Straße 6
D - 37075 Göttingen

INFLUENCE OF P-NUTRITION ON THE EXUDATION OF ORGANIC ACIDS BY SPINACH AND THEIR EFFECTS ON CU-, ZN- AND CD-SOLUBILITY IN SOIL

Abstract

The spinach cultivars *Monnopa* and *Tabu* exudate a similar spectrum of organic acids. Next to oxalic acid, malic-, citric-, lactic- and succinic acid were identified as the main components. The genotypes differ in their exudation rates per unit root: *Tabu* exudates up to three times more organic acids than *Monnopa*. At low-P-level both cultivars are able to increase their exudation rates.

Organic acids are increasing the solubility of P, Fe, Cu, Zn and Cd in the soil. While Zn and Cd are mainly influenced by a decreasing pH-value (proton effects), the organic anion plays the dominant role for P-, Fe- and Cu-solubility.

Zusammenfassung

Die Spinatsorten *Monnopa* und *Tabu* weisen in ihren Exsudaten ein ähnliches Spektrum an organischen Säuren auf. Neben Oxalsäure wurden Äpfelsäure, Zitronensäure, Milchsäure und Bernsteinsäure als die Hauptkomponenten identifiziert. In den Ausscheidungsraten pro Wurzeleinheit zeigen sich jedoch wesentliche genotypische Unterschiede: *Tabu* scheidet bis zu dreimal so hohe Mengen aus wie *Monnopa*. Bei P-Mangelbedingungen ist außerdem eine Erhöhung der Ausscheidungsraten bei beiden Sorten festzustellen.

Organische Säuren erhöhen die Löslichkeit von P, Fe, Cu, Zn und Cd im Boden. Während bei Zn und Cd im wesentlichen der pH-Wert (Protoneneffekte) eine Rolle spielt, geht die entscheidende Wirkung bei P, Fe und Cu vom Säureanion aus.

Einleitung

Kulturpflanzen unterscheiden sich beträchtlich im Aneignungsvermögen für Nährstoffe insbesondere für Phosphat (FÖHSE et al. 1988), das einer spezifischen Adsorption im Boden unterliegt und deshalb nur in geringen Konzentrationen in der Bodenlösung vorkommt. Interessant ist, daß Weiße Lupine besonders effizient in der P-Aufnahme ist und im Vergleich z.B. mit Weizen mit relativ geringen P-Gehalten im Boden auskommt (HORST und WASCHKIES 1987). Die Ursache ist die Exsudation vor allem von Zitronensäure (DINKELAKER et al. 1989), welche über mehrere Mechanismen Phosphat im Boden mobilisiert (GERKE 1992). Gleichzeitig steigt aber auch die Konzentration an Fe und Al in der Bodenlösung an. Hier stellt sich die Frage, ob neben einer Erhöhung der Löslichkeit von Fe und Al auch Schwermetalle wie Cu, Zn und Cd stärker in Lösung gehen und deshalb stärker von Pflanzen aufgenommen werden können, wenn organische Säuren in die Rhizosphäre exsudiert werden. Die Experimente von NEUMANN et al. (1996) zeigen, daß die Applikation von 5,2mM Äpfelsäure und 2,6mM Fumarsäure zum Boden die Löslichkeit einer ganzen Anzahl von Kationen im Boden erhöht.

So ergaben sich als Ziel der eigenen Untersuchungen folgende Fragen:

1. Hängt die Exsudation organischer Säuren bei Spinat ebenfalls von der Phosphaternährung ab, und welche Säuren werden in welchen Mengen und Zeiteinheiten ausgeschieden?
2. Erhöht die Zugabe von organischen Säuren, die die Pflanzen exsudieren, die Löslichkeit von Cu, Zn und Cd im Boden?
3. Inwieweit werden Änderungen der Löslichkeit durch Protonen bzw. Säureanionen verursacht?

Spinat wurde ausgewählt, da er zu hoher Schwermetallakkumulation in den Sprossen neigt (ISERMANN et al. 1983; LÜBBEN 1991) und diese Akkumulation eine genotypische Abhängigkeit von der P-Versorgung zeigt (KELLER und RÖMER 1997).

Material und Methoden

Pflanzenexperiment

Die Anzucht der Spinatsorten *Monnopa* und *Tabu* erfolgte in Plastikgefäßen (Volumen ca. 2,5l), in Quarzsand als Substrat in der Klimakammer (14h Licht/10h Dunkelheit, 20°C Tag und 15°C Nacht, 70 % rel. Feuchte, 1200µE m^{-2} s^{-1} im Licht).

Die Nährstoffmengen je kg Substrat betrugen 75mg N ($Ca(NO_3)_2$), 125mg K (K_2SO_4), 30mg Mg ($MgSO_4*7H_2O$), Mikronährstoffe nach HOAGLAND (vgl. SCHILLING 1990). Phosphor wurde als Na_2HPO_4 in 2 Stufen - 6mg und 12mg pro kg Substrat - gegeben. Je P-Variante gab es 4 Wiederholungen. 6 Pflanzen wuchsen je Gefäß für 35 Tage.

Zur Ermittlung der Exsudation der Wurzeln wurden die Pflanzen vorsichtig aus den Gefäßen ausgespült, 1h in entmineralisiertem Wasser gehalten, dann in 250ml Erlenmeyerkolben überführt, die mit entmineralisiertem Wasser befüllt und mit Folie abgedunkelt waren. Sie blieben dann für 2h in der beleuchteten Klimakammer. Die so gewonnenen Exsudatlösungen wurden über Faltenfilter 602 h1/2 filtriert und anschließend aufkonzentriert.

Die Aufkonzentrierung der Exsudatlösungen erfolgte über eine Festphasenextraktion (Chromabond SB, quaternäre Amine) aus 20ml Lösung, die mit 0,01M NaOH auf einen pH-Wert von 8-8,5 eingestellt wurde. Eluiert wurden die organischen Säuren mit 3ml H_2SO_4 (0,2M); die erhaltene Probe wurde nach Filtration über eine 0,45µm Membran direkt für die HPLC-Analyse eingesetzt.

Die Trennung der organischen Säuren erfolgte mittels Anionenausschlußchromatographie unter Verwendung einer Merck Polyspher OA KC (300mm Länge; 7,8mm Innendurchmesser) als Trennsäule. Als Laufmittel wurde 0,015M Schwefelsäure unter isokratischen Bedingungen mit einer Flußrate von 0,3ml/min eingesetzt. Die Säulentemperatur betrug 52°C. Die Detektion erfolgte bei 210nm. Es lassen sich so 14 organische Säuren identifizieren und quantifizieren (Oxalsäure, Zitronensäure, Weinsäure, 2-Oxoglutarsäure, Äpfelsäure, Brenztraubensäure, Malonsäure, t-Aconitsäure, Bernsteinsäure, Milchsäure, Ameisensäure, Glutarsäure, Essigsäure und Fumarsäure).

Die Wiederfindungsraten unter Einbeziehung aller Aufarbeitungsschritte liegen zwischen 82 und 108 %. Die Standardabweichungen der Resultate für 5 Wiederholungen betragen maximal 10 %.

Die Bestimmung der Wurzellängen erfolgte nach TENNANT (1975).

Bodenexperiment

Zur Bestimmung der Löslichkeit von Phosphor und von Schwermetallen im Boden nach Applikation von organischen Säuren wurde ein Lößlehmboden (Börry; Niedersachsen : 5 % Sand, 75 % Schluff, 20 % Ton, 1,1 % C_{org}, 0,7 % $CaCO_3$, pH($CaCl_2$): 7,3, CAL-P: 6,7mg P_2O_5/100g Boden) benutzt, der mehrere Monate nach einer Cu-, Zn- und Cd-Zugabe feucht gehalten und öfters gemischt worden war.

Die Gesamtgehalte an Cu-, Zn- und Cd (nach Königswasseraufschluß) entsprechen den Grenzwerten der Klärschlammverordnung. Verglichen wurde nun die Wirkung eines synthetischen Gemisches aus organischen Säuren, wie es in früheren Exsudatmessungen an der Sorte *Monnopa* gefunden wurde, mit der Wirkung von destilliertem Wasser bzw. zugesetzter Salpetersäure. Damit sollte eine Abschätzung der Protonen- und Anioneneffekte ermöglicht werden. Die Behandlung des Bodens mit den Lösungen erfolgte wie bei NEUMANN et al. (1996) beschrieben, indem 16g Boden mit 3,2ml Lösung für 6h befeuchtet und dann mit 40ml demineralisiertem Wasser für 20 min geschüttelt wurde.

Die Zugabe der organischen Säuren erfolgte in drei Konzentrationsstufen. Stufe 1 enthielt: Oxalsäure 109; Zitronensäure 16,5; Bernsteinsäure 11; Milchsäure 38 und Ameisensäure 16,5 µmol/16g Boden. Die 2. und 3. Stufe enthielten jeweils die doppelte bzw. 4-fache Menge.

Die angegebenen Säuremengen ergaben sich aus den Ausscheidungsraten (Oxalsäure 2; Zitronensäure 0,3; Bernsteinsäure 0,2; Milchsäure 0,7 und Ameisensäure 0,3 nmol cm^{-1} h^{-1}) über einen Zeitraum von 24h betrachtet, in ein Bodenvolumen von 0,029mm^3 um dieses Wurzelstück (Wurzelradius 0,25mm, Diffusionsweite 0,75mm). Weiterhin wurde für Stufe 1 auf die 5-fache, für Stufe 2 und 3 jeweils die 10- bzw. 20-fache Ausscheidungsrate hochgerechnet. Dies trägt den Ergebnissen von BEISSNER (1997) Rechnung, der wesentlich höhere Exsudationsraten an der Wurzelspitze von Zuckerrüben gefunden hat, als dies bei älteren Wurzelteilen der Fall war.

Die Zugabe der HNO_3 erfolgte so, daß sich in den Bodenproben bzw. in der Schüttellösung pH-Staffelungen von pH 7 bis ca. pH 3,5 einstellten (0,05m bis 0,5m HNO_3).

Nach dem Schütteln wurden die Proben filtriert (Faltenfilter 602 h1/2) und die P-Konzentration im Filtrat nach MURPHY und RILEY (1962) und die der Metalle mittels AAS bestimmt.

Ergebnisse und Diskussion

Die Spinatsorten *Monnopa* und *Tabu* zeigen qualitativ ein identisches Säuremuster in ihren Exsudaten (Tab 1). Oxalsäure ist hierbei die Hauptkomponente, gefolgt von Äpfelsäure, Zitronensäure, Milchsäure und Bernsteinsäure. Bei beiden konnten außerdem geringe Ausscheidungsraten für Brenztraubensäure, Fumarsäure und 2-Oxoglutarsäure, bei der Sorte Tabu zudem auch Glutarsäure festgestellt werden.

Beide Sorten weisen einen erhöhten Efflux an organischen Säuren bei niedriger P-Versorgung (P1) auf, der bei Oxalsäure, Zitronensäure und Bernsteinsäure deutlich, bei Äpfelsäure und Milchsäure nur schwach ausgeprägt ist. Die Ausscheidungsraten der Sorte *Tabu* bewegen sich allerdings auf einem deutlich höheren Niveau als die der Sorte *Monnopa*, dies gilt unabhängig vom P-Ernährungszustand. Damit bestätigen sich im wesentlichen die Resultate von GERKE (1995) für Spinat und BEISSNER (1997) für die verwandte Zuckerrübe. Beide fanden auch bei reduziertem P-Angebot gesteigerte Oxalat-und Citratausscheidungen. Ihre Absolutzahlen weichen jedoch von den hier genannten aufgrund anderer Sorten und Analysenverfahren ab.

Tabelle 1: Exsudationsraten von organischen Säuren bei zwei Spinatsorten in Abhängigkeit von der P-Versorgung (P1 = 6mg/kg und P2 = 12mg/kg Substrat). Mittelwerte aus 4 Wiederholungen; n.n. = nicht nachweisbar

	Monnopa		Tabu	
	P1	P2	P1	P2
	nmol/(cm*h)		nmol/(cm*h)	
Oxalsäure	1,70	1,08	3,91	2,76
Zitronensäure	0,31	0,22	0,95	0,69
2-Oxoglutarsäure	0,007	0,004	0,02	0,01
Äpfelsäure	0,36	0,31	0,68	0,63
Brenztraubensäure	0,06	0,03	0,08	0,06
Bernsteinsäure	0,17	0,12	0,29	0,22
Milchsäure	0,32	0,27	0,48	0,45
Glutarsäure	n.n.	n.n.	0,10	0,04
Fumarsäure	0,02	0,01	0,02	0,02

Wie wirkt sich nun ein künstliches Säuregemisch auf die Löslichkeit von P und die vier Schwermetalle aus?

Abb.1 zeigt, daß die P-Konzentration in der Schüttellösung von 0,07mg/l (Kontrolle mit Wasser) mit der Zugabe organischer Säuren auf 1,50mg/l (Stufe 3) ansteigt. Der pH-Wert sank dabei auf 4,5 ab. Die Zugabe von HNO_3 führt bei pH 4,5 ebenfalls zu einerm Anstieg der P-Löslichkeit, jedoch nur auf etwa 0,25mg/l. Das bedeutet, daß der P-Lösungseffekt der organischen Säureanionen wesentlich größer ist als der Protoneneffekt. Damit bestätigen sich die Effekte, die BEISSNER (1997) mit einem ähnlichen Säuregemisch an anderen Böden gemessen hat.

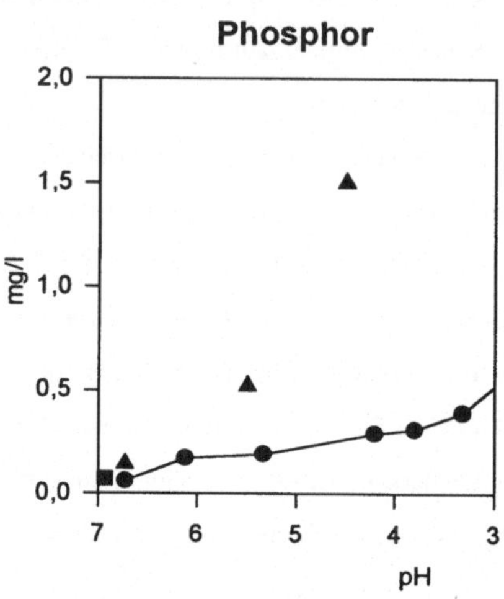

Abb. 1: Mobilisierung von Phosphat (dargestellt als Erhöhung der P-Konzentration der Schüttellösung) durch HNO_3 (●) und einer Mischung aus organischen Säuren (▲) verschiedener Konzentrationsstufen (Stufe 1: Oxalsäure 109, Zitronensäure 16,5, Bernsteinsäure 11, Milchsäure 38, Ameisensäure 16,5 (µmol/16g Boden); Stufe 2 = zweifache und Stufe 3 = vierfache Konzentration wie Stufe 1) im Vergleich zur Behandlung des Bodens mit demineralisiertem Wasser (■). Die aufgetragenen pH-Werte entsprechen den in den Schüttellösungen gemessenen Werten.

In Abb. 2 wird nun die Wirkung der organischen Säuren bzw. der HNO_3 auf das Löslichkeitsverhalten der vier Schwermetalle gezeigt. Bei den Elementen Fe und Cu fällt auf, daß die Löslichkeiten durch Zugabe der organischen Säuren deutlich ansteigen: beim Eisen von 0,01mg/l (Kontrolle) auf 12,5 mg/l (Stufe 3), beim Kupfer von 0,03 auf 1,1mg/l bei einer pH-Wertabsenkung auf 4,5. Durch die HNO_3-Zugabe steigt die Fe- und Cu-Löslichkeit vergleichsweise nur geringfügig an. Der Charakter der Anionen spielt offenbar für die Löslichkeit von Fe und Cu eine große Rolle.

Im Gegensatz hierzu ist bei den Elementen Zn und Cd das Säureanion ohne großen Einfluß. Es ist zwar ebenfalls ein Anstieg der Löslichkeit mit steigender Konzentration der organischen Säuren festzustellen, jedoch liegen die Löslichkeiten durch Zugabe von HNO_3 in ähnlichen Bereichen.

Interessant ist, daß diese Erhöhung bis pH 5,5 nahezu unabhängig vom begleitenden Anion ist, d.h. der mobilisierende (lösende) Effekt ist offenbar nur von der Protonenkonzentration abhängig. Sinkt infolge stärkerer Säurezufuhr der pH-Wert auf 4,5, so steigt sogar das Löslichkeitsverhalten von Zn und Cd bei HNO_3-Zufuhr stärker an, als bei der Zugabe organischer Säuren.

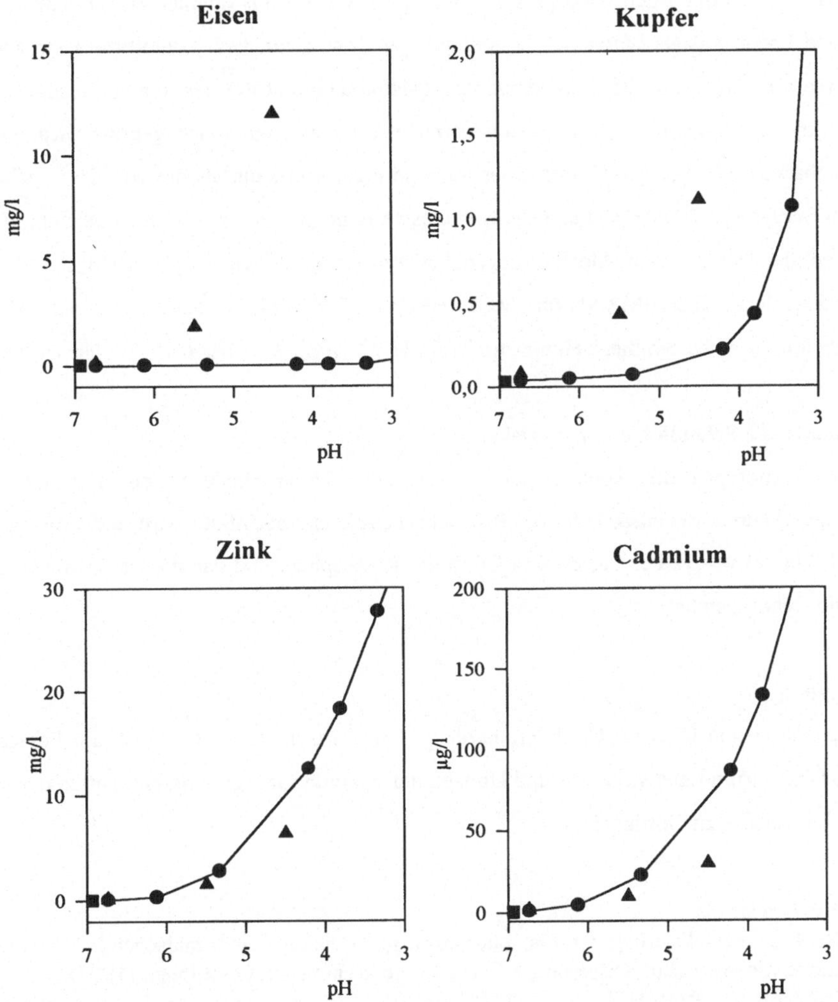

Abb. 2: Mobilisierung der Metalle Eisen, Kupfer, Zink und Cadmium (dargestellt als Erhöhung der Konzentration in der Schüttellösung) durch HNO_3 (●) und einer Mischung aus organischen Säuren (▲) verschiedener Konzentrationsstufen (vgl. Abb.1) im Vergleich zu Wasser(■).

Bei der Anzucht der zwei Spinatsorten *Monnopa* und *Tabu* auf einem mit Cu, Zn und Cd belasteten Boden, der jedoch differenzierte P-Gehalte enthielt (KELLER und RÖMER 1997), zeigte die Sorte *Tabu* bei geringem P-Angebot deutlich erhöhte Schwermetallgehalte. Diese beruhten auf einem erhöhten Influx. Die Ursache für diesen könnte die erhöhte Löslichkeit der Schwermetalle infolge der verstärkten Säureausscheidung der P-Mangelpflanzen sein (Tab.1). Die Sorte *Tabu* schied unter den vorgegebenen Bedingungen zwei- bis dreimal so viel Oxalat, Citrat, Malat und Lactat aus als *Monnopa*. Ein endgültiger Beweis für diese Hypothese kann aber erst angetreten werden, wenn die Aufnehmbarkeit (Membrandurchtritt) der Schwermetalle in Form ihrer Komplexverbindungen im Vergleich zu nicht komplexierten Ionen geprüft wird. Daß die Aufnehmbarkeit z.B. von Cu-Citratspecies auch geringer sein kann als die von Cu^{2+}, geht z. B. aus dem Beitrag von RÖMER et al. (1998) in diesem Band hervor. Weiterhin ist bekannt, daß das Verhalten der betrachteten Metalle gegenüber sauerstoffhaltigen Komplexbildnern durchaus unterschiedlich ist. ZIECHMANN und MÜLLER-WEGENER (1990) beschreiben eine Abnahme der Sorption an einen Synthese-Huminstoff bei pH 4,2 von Fe^{3+} über Cu^{2+} bis hin zu Zn^{2+} und Cd^{2+}.

Insgesamt ist die Schlußfolgerung zu ziehen:

Zwischen Genotypen des Spinates gibt es deutliche Unterschiede in der Exsudation von organischen Säuren, die zusätzlich vom P-Ernährungszustand beeinflußt wird und Konsequenzen für die Mobilität von P, Fe, Cu, Zn und Cd in der Rhizosphäre und damit deren Aufnehmbarkeit durch die Genotypen hat.

Danksagung

Gefördert durch die DFG im Graduiertenkolleg „Landwirtschaft und Umwelt" am Forschungs- und Studienzentrum Landwirtschaft und Umwelt der Fakultät für Agrarwissenschaften der Georg-August-Universität zu Göttingen

Literaturverzeichnis

BEISSNER, L.: Mobilisierung von Phosphor aus organischen und anorganischen P-Verbindungen durch Zuckerrübenwurzeln. Dissertation Georg-August-Universität Göttingen (1997).

DINKELAKER, B.; RÖMHELD, V.; MARSCHNER, H.: Citric acid excretion and precipitation of calcium citrate in the rhizosphere of white lupin (*Lupinus albus* L.). Plant Cell Environment, 12, 285-292 (1989).

FÖHSE, D.; CLAASSEN, N.; JUNGK, A.: Phosphorous efficiency of plants.I. External and internal P requirement and P uptake efficiency of different plant species. Plant and Soil, 110, 101-109 (1988).

GERKE, J.: Phosphate, aluminium and iron in the soil solution of three different soils in relation to varying concentrations of citric acid. Z. Pflanzenernähr. Bodenk., 155, 339-343 (1992).

GERKE, J.: Chemische Prozesse der Nährstoffmobilisierung in der Rhizosphäre und ihre Bedeutung für den Übergang vom Boden in die Pflanze, Cuvillier Verlag Göttingen (1995).

SCHILLING, G.: Pflanzenernährung und Düngung. Teil I Pflanzenernährung. Deutscher Landwirtschaftsverlag Berlin (1990).

HORST, W.J.; WASCHKIES, C.: Phosphatversorgung von Sommerweizen (*Triticum aestivum* L.) in Mischkultur mit Weißer Lupine (*Lupinus albus* L.). Z. Pflanzenernähr. Bodenk. 150, 1-8 (1987).

ISERMANN, K.; KARCH, P.; SCHMIDT, J.A.: Cadmium-Gehalt des Erntegutes verschiedener Sorten mehrerer Kulturpflanzen bei Anbau auf stark mit Cadmium belastetem, neutralem Lehmboden. VDLUFA-Schriftenreihe, Sonderheft 40, Kongreßband 1983, 283-294 (1983).

KELLER, H.; RÖMER, W.: Einfluß der P-Versorgung auf die Cu-, Zn- und Cd-Gehalte der Sprosse von zwei Spinatsorten. Posterpräsentation Deutsche Gesellschaft für Pflanzenernährung, Kiel (1997).

LÜBBEN, S.: Sortenbedingte Unterschiede bei der Aufnahme von Schwermetallen durch verschiedene Gemüsepflanzen. VDLUFA-Schriftenreihe 33, Kongreßband, 605-612 (1991).

MURPHY, J.; RILEY, J.: A modified single solution method for the determination of phosphate in natural waters. Anal. Chim. Acta, 27, 31-36 (1962).

NEUMANN, G.; DINKELAKER, B.; MARSCHNER, H.: Kurzzeitige Abgabe organischer Säuren aus Proteoidwurzeln von Hakea Undulata (*Proteaceae*). In: MERBACH, W. (Ed.): 6. Borkheider Seminar zur Ökophysiologie des Wurzelraumes B. G. Teubner Verlagsgesellschaft Stuttgart, Leipzig, 129-136 (1996).

RÖMER, W; PATZKE, R.; GERKE, J.: Die Kupferaufnahme von Rotklee und Weidelgras aus Cu-Nitrat, Huminstoff-Cu- und Cu-Citrat-Lösungen. In: MERBACH, W. (Ed.): Pflanzenernährung, Wurzelleistung und Exsudation, 8. Borkheider Seminar zur Ökophysiologie des Wurzelraumes. B. G. Teubner Verlagsgesellschaft Stuttgart, Leipzig, 137-142 (1998).

TENNANT, D.: A test of a modified line intersect method of estimating root length. J. Ecol. 63, 995-1001 (1975).

ZIECHMANN, W.; MÜLLER-WEGENER, U.: Bodenchemie. BI-Wissenschaftsverlag, 257-262 (1990).

Pflanzenernährung, Wurzelleistung und Exsudation.
8. Borkheider Seminar zur Ökophysiologie des Wurzelraumes.
(Ed. W. Merbach) B.G. Teubner Verlagsgesellschaft Stuttgart, Leipzig 1998, pp. 196-204

ARYLSULFATASE-AKTIVITÄT IM KONTAKTRAUM BODEN/WURZELN BEI VERSCHIEDENEN LANDWIRTSCHAFTLICHEN KULTURPFLANZEN

KNAUFF, U.; SCHERER, H.W.
Agrikulturchemisches Institut der Rheinischen Friedrich-Wilhelms-Universität Bonn
Meckenheimer Allee 176
D - 53115 Bonn

Abstract

More than 95 % of the total S in most aerobic soils occurs as organic S compounds with three broad fractions identified: ester sulfate, C-bonded S and residual S. But organic S compounds are unavailable for plants and therefore must be converted to inorganic sulfate before uptake. The mechanisms involved in the mineralization of organic S compounds are still unknown. However, it seems that microorganisms are involved in this process. As a large proportion of the organic S compounds are ester sulfates, it may be expected that especially the turnover of these compounds may be important for the S nutrition of plants. For this reason we investigated the activity of the arylsulfatase in the close vicinity of the roots of different plant species and factors, which may control the release of sulfate by arylsulfatase. In total these informations are fundamental for developing improved predictions for crop S requirements.

Einleitung

Bis noch vor etwa 15 Jahren galt die Schwefelversorgung landwirtschaftlicher Kulturpflanzen als gesichert, da ihr Bedarf über die Zufuhr S-haltiger Einnährstoffdünger und Wirtschaftsdünger sowie aufgrund hoher Schwefeldepositionen gedeckt wurde. Geänderte Düngegewohnheiten als auch verschiedene gesetzliche Bestimmungen zur Reinhaltung der Luft haben jedoch zu einer Verringerung der S-Zufuhr geführt.

Im humiden Klimabereich bewegt sich der Schwefelgehalt der Böden zwischen 0,02 und 2 %. Vom gesamten Schwefel liegen in den Oberböden zwischen 60 und 98 % in organischer Bindung vor. Die chemische Natur des organisch gebundenen Schwefels wird durch ihr unterschiedliches

Verhalten gegenüber reduzierenden Reagentien charakterisiert (FRENEY 1986). Demnach sind folgende Fraktionen zu unterscheiden:

1. **Estersulfate** (HJ-reduzierbar): Die Estersulfatfraktion macht gemeinsam zwischen 30 und 70 % des gesamten organisch gebundenen S der Böden aus (TABATABAI und BREMNER 1972; BETTANY et al. 1973; NEPTUNE et al. 1975).
2. **C-gebundener S**, z. B. Cystein und Methionin (Raney-Nickel-reduzierbar): Der Gehalt an kohlenstoffgebundenem S umfaßt in mineralischen Böden 5 bis 30 % des gesamten organisch gebundenen S (LOWE und DELONG 1963; LOWE 1965; TABATABAI und BREMNER 1972).
3. **Restschwefel** (nicht reduzierbar): Die Restfraktion repräsentiert den Teil an organisch gebundenem S, welcher nicht durch HJ oder Raney-Nickel zu H_2S reduziert wird. Der Gehalt dieser Fraktion liegt bei annähernd 20 % vom Gesamtschwefel (FRENEY 1986).

Da die Pflanzen Schwefel hauptsächlich in Form von Sulfat aufnehmen, spielt der mikrobielle Umsatz schwefelhaltiger organischer Verbindungen (Mineralisierung) eine wichtige Rolle für die S-Versorgung der Pflanzen. Dabei dürfte besonders den Sulfatasen bei der Transformation von organisch gebundenem S in die SO_4^{2-}-Form eine große Bedeutung zukommen, da der größte Teil des organisch gebundenen S in den Böden in Form von Estersulfaten vorliegt. Arylsulfatasen (Arylsulfatsulfohydrolasen, EC 3.1.6.1) katalysieren die Hydrolyse des Arylsulfats durch Spaltung der O-S-Bindung [$R\text{-}C\text{-}O\text{-}SO_3^- + H_2O \xrightarrow{\text{Sulfatase}} R\text{-}CO\text{-}H + H^+ + SO_4^{2-}$] (SPENCER 1958).

Da in der Rhizosphäre von einer erhöhten mikrobiellen Aktivität auszugehen ist, sollte in den vorgelegten Untersuchungen zunächst der Einfluß der wachsenden Pflanzen auf die Mineralisierung organischer Schwefelverbindungen untersucht werden. Hierzu wurde mit einer speziellen Versuchstechnik die Arylsulfatase-Aktivität in definierten Wurzelabständen untersucht. Weiterhin interessierten Parameter, die vermutlich die Arylsulfatase-Aktivität beeinträchtigen, der experimentelle Nachweis hierfür seither aber noch nicht erbracht wurde. Insgesamt soll der Erkenntniszuwachs zur Verbesserung der S-Düngerbedarfsprognose beitragen.

Material und Methoden

Um Boden aus definierten Wurzelabständen gewinnen zu können, wurde die Methode nach KUCHENBUCH (1983) mit Modifikationen verwendet (Abbildung 1). Als Versuchsgefäß dient ein PVC-Rohr mit einem Außendurchmesser von 50 mm und einer Wandstärke von 2,4 mm. Es ist zweigeteilt, wobei der obere Teil mit 50 mm Höhe die wachsenden Pflanzen (Pflanzengefäß) und der untere Teil mit 25 mm Höhe den Boden (Bodengefäß) beinhaltet. Das Pflanzengefäß ist unten mit einem Nylongewebe versehen, welches unter Spannung aufgeklebt wurde. Hierzu wurde „NY 7 HD Super" der Fa. ZBF, CH-8803 Rüschlikon, verwendet mit einer freien Maschenweite von 7 µm. Somit konnten weder Wurzeln noch Wurzelhaare in das mit Boden gefüllte Gefäß hinein wachsen und dennoch Nährstoffe aus ihm entnehmen. Vor dem Befüllen des Bodengefäßes wurde dieses an der Unterseite durch Aufkleben eines Nylongewebes verschlossen. Anschließend wurden 50 g luftgetrockneter Boden so eingefüllt, daß eine plane Oberfläche entstand (abziehen mit einer PVC-Platte) und beide Gefäßteile mit einem Klebeband gegen seitliche Verschiebung gesichert.

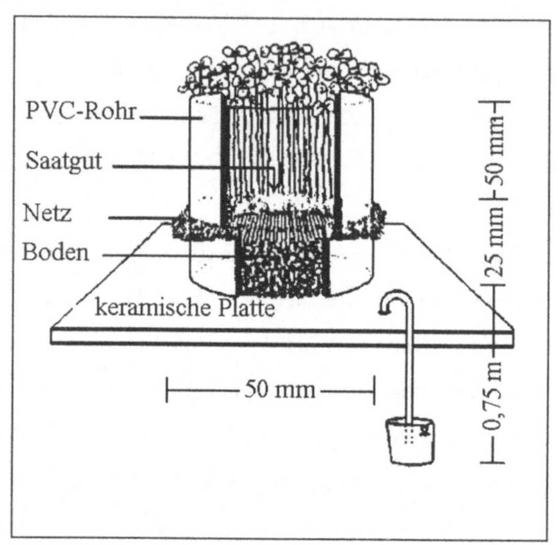

Abb. 1: Schematische Darstellung der Versuchsgefäße

Um eine gleichmäßige Verteilung des zugeführten Düngerstickstoffs zu gewährleisten, wurden die Versuchsböden mit einer NH_4NO_3-enthaltenden Lösung auf 100 % der maximalen Wasserkapazität eingestellt, wobei die N-Konzentration der Lösung so gewählt wurde, daß alle drei Böden das gleiche N-Niveau von 100 kg N_{min}/ha aufwiesen. Vor dem Überführen der Versuchsgefäße auf die Keramikplatte konnte das Nylongewebe des Bodengefäßes, aufgrund der Aggregierung des Bodens, wieder entfernt werden.

Um eine möglichst schnelle und vollständige Bedeckung der Netzoberfläche mit Wurzeln zu erreichen, wurde mit hohen Aussaatstärken gearbeitet. Verwendet wurden 0,5 g vorgekeimtes, ungebeiztes Raps-, Gelbsenf- und Weidelgras-Saatgut bzw. 1,0 g Weizen-Saatgut. Das Saatgut wurde auf der Netzoberfläche gleichmäßig verteilt und mit 20 g Kies (1 - 2 mm) abgedeckt, um das Austrocknen der Keimlinge zu verhindern. Zusätzlich waren die Gefäße bis zum Auflaufen der Pflanzen mit einer perforierten Folie abgedeckt.

Die Bewässerung der Versuchsböden erfolgte über eine keramische Platte, wobei sich die eingestellte Wasserkapazität während der Versuchszeit zwischen 75 und 85 % der maximalen Wasserkapazität bewegte.

Geerntet wurde 7, 14 und 21 Tage nach dem Auflaufen der Keimlinge, indem beide Gefäßteile mit Hilfe eines scharfen Mikrotommessers vorsichtig voneinander getrennt wurden, möglichst ohne dabei die Bodenoberfläche zu beschädigen.

Direkt im Anschluß daran wurde der Bodenmonolith inklusive PVC-Rohr in flüssigem N_2 gefroren, um Wasserbewegungen, Auffrieren oder Rißbildungen zu verhindern. Weiterhin war das Einfrieren erforderlich, um Boden in definierten Abständen von der Wurzeloberfläche gewinnen zu können. Der mit flüssigem N_2 gefrorene Bodenblock wurde aus der PVC-Hülle in eine Halterung überführt und mit Hilfe einer Drehbank in Schichten von zunächst 1,0 mm und später von 0,5 mm abgedreht. Im so schichtweise gewonnenen Boden wurde die Arylsulfatase-Aktivität nach der Methode von TABATABAI und BREMNER (1970) untersucht, indem das aus dem p-Nitrophenylsulfat hydrolysierte Nitrophenol photometrisch bei 405 nm bestimmt wurde.

Die Versuchsböden stammen von einem seit 1962 laufenden Dauerversuch des Agrikulturchemischen Institutes der Universität Bonn (Kennwerte siehe Tabelle 1). Sie wurden luftgetrocknet, auf eine Korngröße < 0,5 mm gesiebt und so in PVC-Säcken gelagert.

Bewirtschaftung	**durchschn. Zufuhr t/ha und Jahr**		**pH-Wert $CaCl_2$**	**C_t**	**N_t**	**S_t**	**SO_4^{2-}-S**
	TM	**C_t**		**g/kg**			
Mineraldünger	—	—	**6,5**	**12,6**	**0,9**	**0,24**	**0,051**
Stallmist	**5,32**	**1,01**	**6,2**	**16,7**	**1,2**	**0,27**	**0,046**
Kompost	**27,65**	**10,28**	**7,1**	**27,7**	**1,9**	**0,42**	**0,057**

Tabelle 1: Kennwerte der Versuchsböden

Ergebnisse und Diskussion

In Abbildung 2 ist ein typisches Profil der Arylsulfatase-Aktivität von Raps bis zu einer Entfernung von 9,5 mm von der Wurzeloberfläche dargestellt. Obwohl aufgrund einer höheren mikrobiellen Aktivität im Wurzelraum mit einer höheren Arylsulfatase-Aktivität gerechnet wurde, stieg diese bei allen drei Versuchsböden mit zunehmender Wurzelentfernung an, wobei die absolute Zunahme um so größer war, je höher das Niveau im Boden war.

Diese Beobachtung könnte mit der von HEDLEY et al. (1982) bei Raps beobachteten pH-Wert-Absenkung in der Rhizosphäre zusammenhängen, die nach MARSCHNER und RÖMHELD (1985) sowie nach SCHALLER (1986) auf CO_2-Freisetzung durch Wurzelatmung, aktive Protonenabgabe der Wurzelspitze oder Ausscheidung von Wurzelexsudaten zurückzuführen ist.

Nach TABATABAI und BREMNER (1970) soll nämlich die Arylsulfatase-Aktivität stark pH-Wert abhängig sein.

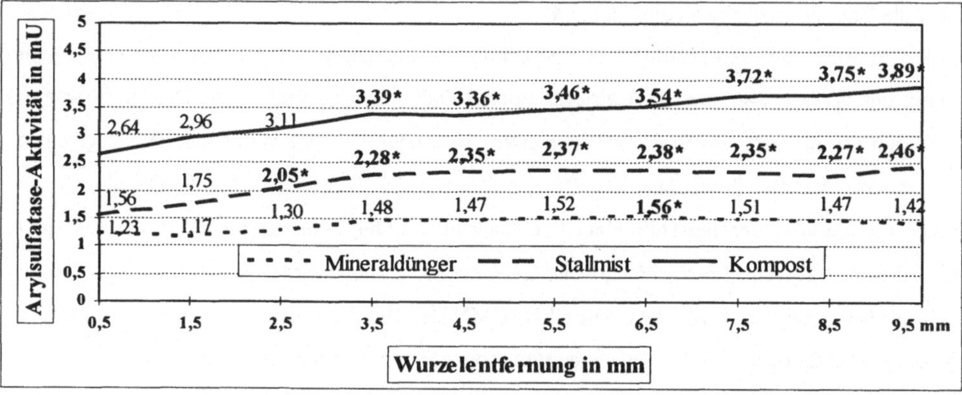

Abb. 2: Arylsulfatase-Aktivität von Raps in Abhängigkeit von Bewirtschaftungsform und Wurzelentfernung.
Signifikante Unterschiede zur Wurzelentfernung 0,5 mm sind fett gedruckt und durch ein * gekennzeichnet.

Diese These wurde durch eigene Untersuchungen mit den verwendeten Versuchsböden überprüft, bei denen mittels Pufferlösungen pH-Werte zwischen 3,8 und 9,8 eingestellt wurden. Die erzielten Ergebnisse bestätigen die Abhängigkeit der Arylsulfatase-Aktivität vom pH-Wert (Abbildung 3). Unabhängig von der Bewirtschaftungsform konnte mit steigendem pH-Wert bis etwa pH 6,3 ein Anstieg und darüberhinaus wieder eine Abnahme der Arylsulfatase-Aktivität ermittelt werden. Interessanterweise war aber der Anstieg bis zum pH-Optimum bei der Kompostvariante am stärksten und bei der Mineraldüngungsvariante am schwächsten ausgeprägt. Gleiches gilt auch für die Abnahme der Aktivität bei pH-Werten oberhalb des Optimums.

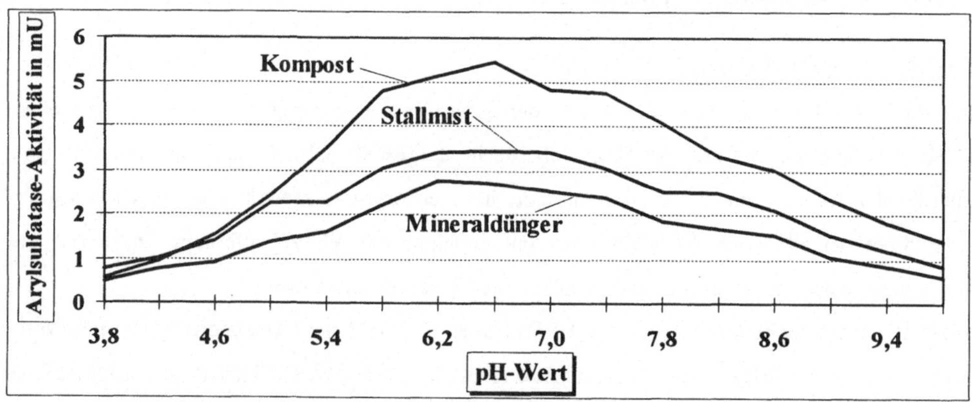

Abb. 3: Einfluß des pH-Wertes auf die Arylsulfatase-Aktivität der verwendeten Versuchsböden

Der jeweilige Mittelwert der in Abbildung 2 abgebildeten drei Kurven ist als mittlere Arylsulfatase-Aktivität in Abbildung 4 dargestellt, um den Einfluß der Bewirtschaftungsform auf die Aktivität dieses Enzymes hervorzuheben. Es wird der hoch signifikante Unterschied zwischen den Bodenvarianten deutlich.

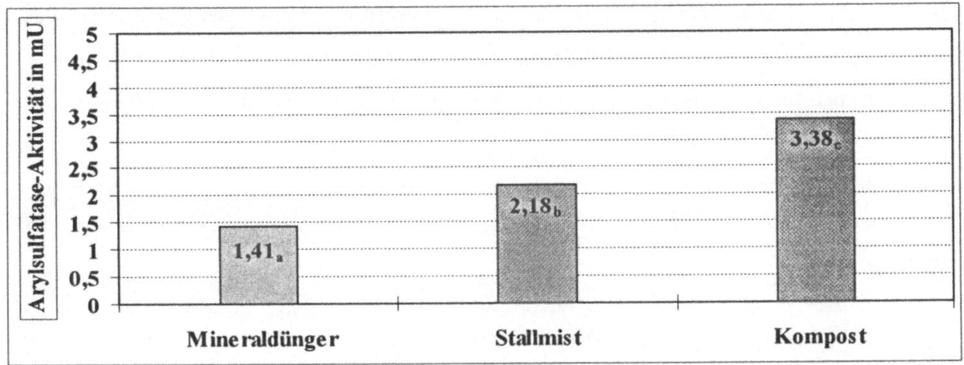

Abb. 4: Mittlere Arylsulfatase-Aktivität von Raps in Abhängigkeit von der Bewirtschaftungsform. Signifikante Unterschiede zwischen den Mittelwerten sind durch verschiedene Buchstaben gekennzeichnet.

Einen Erklärungsansatz für diese Beobachtung könnte der unterschiedliche Humusgehalt der Böden liefern. Da die Arylsulfatasen vermutlich größtenteils intrazellulären (mikrobiellen) und weniger extrazellulären Ursprungs sein sollen (NICHOLLS und ROY 1971; DODGSON et al. 1982), dürfte mit steigendem Humusgehalt bzw. Nahrungsangebot für die Mikroorganismen eine erhöhte Arylsulfatase-Aktivität einhergehen. Diese Vermutung wird durch Ergebnisse von SARATHCHANDRA und PEROTT (1981) gestützt, die in ihren Untersuchungen eine signifikante Korrelation zwischen Humusgehalt und Arylsulfatase-Aktivität nachweisen konnten.

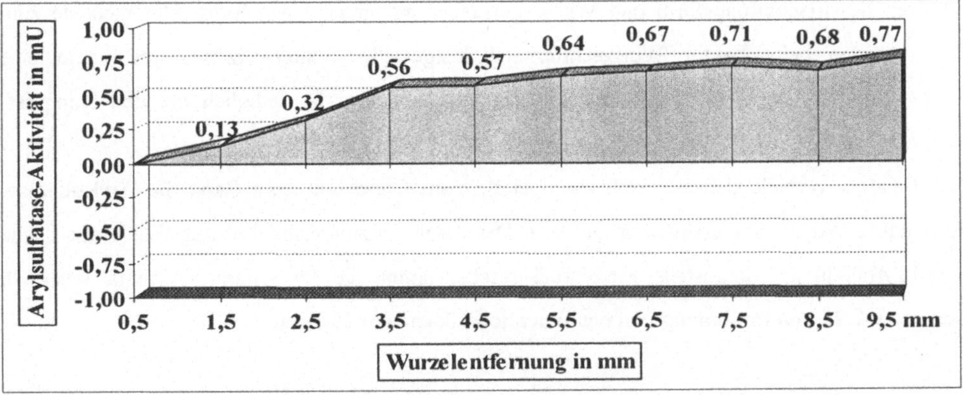

Abb. 5: Absolute Veränderung der Arylsulfatase-Aktivität von Raps im Vergleich zur Wurzelentfernung 0,5 mm

Aus Platzgründen muß auf eine graphische Darstellung des Einflußfaktors Wachstumsdauer auf die Arylsulfatase-Aktivität verzichtet werden. Es sei aber angemerkt, daß in den meisten Fällen kein signifikanter Einfluß dieses Untersuchungsparameters festgestellt werden konnte.

Wird der Mittelwert der in Abbildung 2 für die drei Böden in unmittelbarer Wurzelnähe dargestellten Arylsulfatase-Aktivität von den in den verschiedenen Entfernungen gemessenen Werten abgezogen, wird der Einfluß der Wurzelnähe die Aktivität dieses Enzyms deutlich (Abbildung 5). Diese weist bei Raps mit steigender Wurzelentfernung eine mittlere Zunahme von 30 % auf.

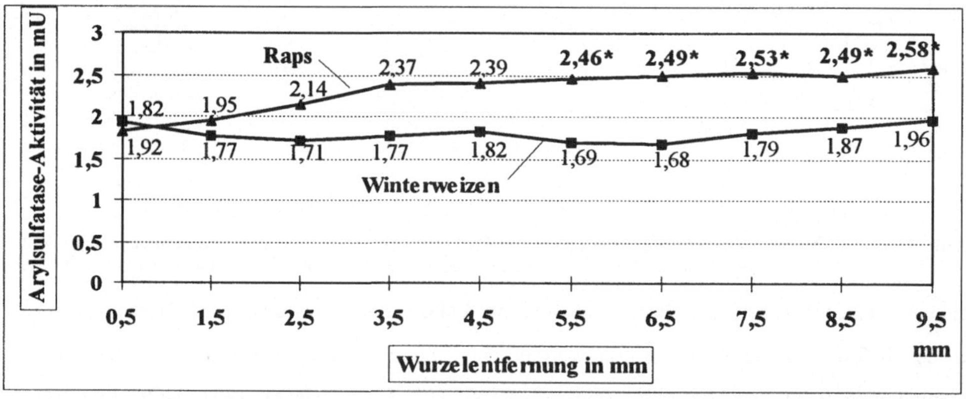

Abb. 6: Mittlere Arylsulfatase-Aktivität von Raps und Winterweizen in Abhängigkeit von der Wurzelentfernung

Signifikante Unterschiede zur Wurzelentfernung 0,5 mm sind fett gedruckt und durch ein * gekennzeichnet.

Die anderen Kulturen (Gelbsenf, Winterweizen, Weidelgras) reagierten hinsichtlich der Einflußfaktoren Bewirtschaftungsform und Wachstumsdauer weitgehend wie Raps. Unterschiede zum Raps wurden beim Faktor Wurzelentfernung festgestellt. Winterweizen zeigte kaum eine Veränderung mit zunehmender Wurzelentfernung (Abbildung 6), lediglich bei den Kompostvarianten wurde mitunter eine Zunahme in den ersten 2 mm gefunden.

Ganz anders verhielt sich der Gelbsenf, bei dem im Gegensatz zum Raps die Arylsulfatase-Aktivität in Wurzelnähe deutlich erhöht war. Die absoluten Abweichungen zur Wurzeloberfläche sind in Abbildung 7 dargestellt. Prozentual gesehen nimmt die Arylsulfatase-Aktivität innerhalb der ersten 2,25 mm Entfernung von der Wurzeloberfläche um 20 % zu.

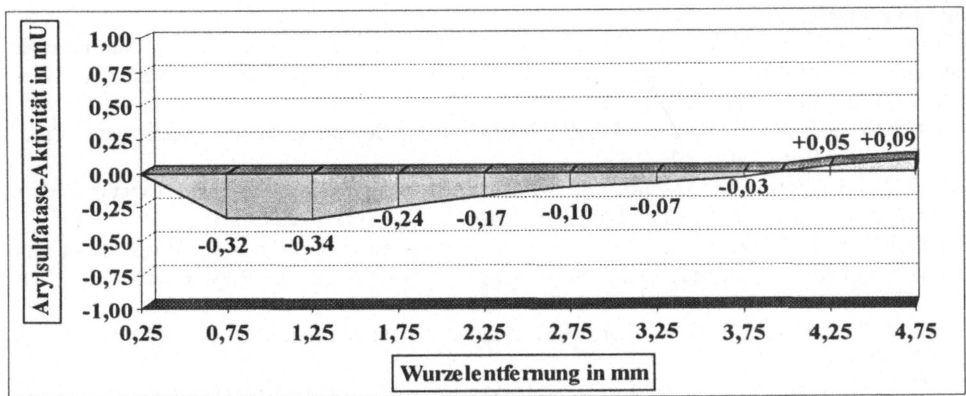

Abb. 7: Absolute Veränderung der Arylsulfatase-Aktivität von Gelbsenf im Vergleich zur Wurzelentfernung 0,25 mm

Zusammenfassend ist in Abbildung 8 die mittlere Arylsulfatase-Aktivität der vier Versuchspflanzen dargestellt, die sich in folgender Reihenfolge darstellt: Raps > Winterweizen > Weidelgras > Gelbsenf. Wider Erwarten ist diese bei dem zu den Cruziferen zählendem Gelbsenf niedriger als bei den beiden mit untersuchten Pflanzen Weizen und Gras. Die Ursache für diese Beobachtung ist allerdings mit den vorliegenden Ergebnissen nicht zu erklären. Um die oben genannten Ergebnisse besser interpretieren zu können, sind deshalb zunächst Untersuchungen geplant, die ein differenziertes Bild über die pH-Wert-Veränderung in der Rhizosphäre der einzelnen Kulturpflanzen zu lassen.

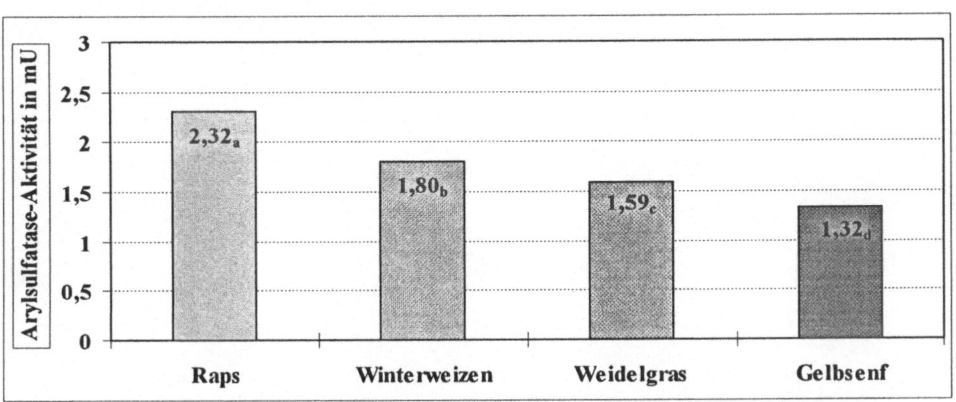

Abb. 8: Mittlere Arylsulfatase-Aktivität verschiedener landwirtschaftlicher Kulturpflanzen.

Literaturverzeichnis

BETTANY, J.R.; STEWART J.W.B.; HALSTEAD E.H.: Sulfur fractions and carbon, nitrogen and sulfur relationships in grassland, forest and associated transitional soils. Soil Sci. Soc. Am. Proc. 37, 915-918 (1973).

DODGSON, K.S.; WHITE, G.F.; FITZGERALD, J.W.: Sulfatases of microbial origin, Vl. 1. CRC Press Inc, Boca Raton, Fla (1982).

FRENEY, J.R.: Forms and reactions of organic sulfur compounds in soils. In Tabatabai M.A. (ed.) Sulfur in agriculture. Soil Sci. Soc. Am., Madison, Wis, 707-232 (1986).

HEADLEY, M.J.; NYE, P.H.; WHITE, R.E.: Plant-induced changes in the rhizosphere of rape (Brassica napus var. Emerald) seedlings. II. Origin of the pH change. New Phytol. 91, 31-44 (1982).

LOWE, L.E.; DE LONG, W.A.: Carbon bonded sulphur in selected Quebec soils. Can. J. Soil Sci. 43, 151-155 (1963).

LOWE, L.E.: Sulfur fractions of selected Alberta soil profiles of the Chernozemic and Podzolic orders. Can. J. Soil Sci. 45, 297-303 (1965).

NEPTUNE, A.M.L.; TABATABAI, M.A.; HANWAY, J.J.: Sulfur fractions and carbon-nitrogen-phosphorus-sulfur relationships in some Brazilian and Iowa soils. Soil Sci. Soc. Am. Proc. 39, 51-55 (1975).

NICHOLLS, R.G.; ROY, A.B.: Arylsulfatases. In The enzymes, vol. 5, 3 ed., P.D. Boyer (ed.). Academic Press. New York (1971).

RÖMHELD, V.: pH-Veränderungen in der Rhizosphäre verschiedener Kulturpflanzenarten in Abhängigkeit vom Nährstoffangebot. KALI-BRIEFE (Büntehof), 18 (1), 13-30 (1986).

SPENCER, B.: Studies on sulphatases: 20. Enzymic cleavage of aryl hydrogen sulphates in the presence of H_2O. Biochem. J. 69, 155-159 (1958).

TABATABAI, M.A.; BREMNER, J.M.: Arylsulfatase activity of soils. Soil Sci. Soc. Am. Proc. 34, 225-229 (1970a).

TABATABEI, M.A; BREMNER, J.M.: Distribution of total and available sulfur in selected soils and soil profiles. Agron. J. 64, 40-44 (1972).

Pflanzenernährung, Wurzelleistung und Exsudation.
8. Borkheider Seminar zur Ökophysiologie des Wurzelraumes.
(Ed. W. Merbach) B. G. Teubner Verlagsgesellschaft Stuttgart, Leipzig 1998, pp. 205-212

N-ABGABE VON SOMMERWEIZEN IN VERSCHIEDENEN ENTWICKLUNGSSTADIEN

RROCO, E.; STEFFENS, D.; MENGEL, K.
Justus-Liebig-Universität
Institut für Pflanzenernährung
Südanlage 6
D - 35390 Gießen

Abstract

Spring wheat plants were labelled in ^{15}N nutrient solution and then transplanted in pots filled with soil. The ^{15}N release was analysed six days after transplantation (tillering), ear emergence, beginning of grain filling and full naturity. At these stages the ^{15}N was analysed in the plant and in the soil. Release rates of labelled N were low in the period from tillering to ear emergence and increased until full naturity. At full naturity the ^{15}N release from the roots to the soil was about 13 % of the ^{15}N amount in the plant at tillering. Further 3,7 % of the ^{15}N amount which was detected in the plant/soil system at tillering could not be found at full naturity and was presumably lost as gas to the atmosphere.

Zusammenfassung

Sommerweizen wurde in einer mit ^{15}N markierten Nährlösung angezogen und nach 22 Tagen in einen Boden umgepflanzt. Die ^{15}N - Abgabe wurde sechs Tage nach der Umpflanzung (Bestockung), zum Ährenschieben, zu Beginn der Kornfüllung und zur Vollreife untersucht. Bei diesen Entwicklungsstadien wurde ^{15}N in der Pflanze und im Boden analysiert. Die ^{15}N - Abgaberaten waren zwischen Bestockung und Ährenschieben gering und erhöhten sich bis zur Vollreife des Weizens. Die ^{15}N - Abgabe der Wurzeln an den Boden betrug bis zur Vollreife 13% von der ^{15}N - Menge, die zum Zeitpunkt der Bestockung in der Pflanze enthalten war.

Weitere 3,7 % des ursprünglich im Boden plus Pflanze markierten N wurden zur Vollreife nicht wiedergefunden und wurden vermutlich gasförmig in die Atmosphäre abgegeben.

Einleitung

Verschiedene Wissenschaftler haben die N - Abgabe von Pflanzen an den Boden studiert. Unter unterschiedlichen Wachstumsbedingungen berichten sie über Schwankungen der N - Abgabe zwischen 6 und 33 % des Gesamt - N in der Pflanze (LYNCH u. WHIPPS 1990; TOUSSAINT et al. 1995; REINING et al. 1995; JANZEN 1990; JANZEN u. BRUINSMA 1993). Die Abgabe von organischem Stickstoff über die Wurzeln wird von verschiedenen Faktoren beeinflußt (HALE u. MOORE 1979).

Verschiedene N - Formen können über die Pflanze verloren gehen. FARQUHAR et al. (1983) berichten über Verluste von N_2, NO_x und NH_3, wobei NH_3 die wichtigste Form darstellt. Es wird angenommen, daß NH_3 in der Pflanze während der Photorespiration gebildet wird (MENGEL u. KIRKBY 1987; MENGEL 1991). Dieser Prozeß ist wahrscheinlich der wichtigste für die Freisetzung von NH_3 in der Pflanze.

Nach WETSELAAR u. FARQUHAR (1980) können Stickstoffverluste der oberirdischen Pflanzenmasse verschiedene Ursachen haben: Verluste von Pollen, Blüten, Früchte und Blättern, Einwirkung durch Insekten, Vögel und Mikroorganismen, Auswaschung durch Niederschläge und Verluste durch Exsudation.

Bei der von uns vorgenommenen Untersuchung wurde darauf geachtet, daß derartige Verluste nicht auftreten.

Um den N zu erfassen, der von der Wurzel an den Boden abgegeben wird, ist es zweckmäßig, den Stickstoff in der Pflanze mit ^{15}N zu markieren. Für unsere Versuchsfrage war die Markierung der Pflanzen mit ^{15}N über den Boden ungeeignet. Es gibt Untersuchungen, bei denen die Markierung über den Sproß mittels $^{15}NH_3$ erfolgte (JANZEN 1990; JANZEN u. BRUINSMA 1993; REINING et al.1993; TOUSSAINT 1995). Diese Methode ist aber auch nicht ohne Nachteile. Die Markierungsrate ist nur gering und der applizierte ^{15}N-Stickstoff (NH_3) könnte auch toxisch für die Pflanzen sein. Darüber hinaus mußten wir unsere Pflanzen relativ hoch markieren, da sie bis zur Reife kultiviert werden sollten. Wir haben daher eine andere Methode entwickelt. Das Prinzip dieses Verfahrens, das unseres Wissens in der Literatur noch nicht beschrieben wurde, besteht darin, daß Pflanzen zunächst in Nährlösung mit ^{15}N für eine gewisse Zeit angezogen (in diesem Fall bis zur Bestockung) und dann in Bodenkultur sorgfältig eingepflanzt wurden. Das Ziel der Untersuchung war die Abscheidung von ^{15}N zu physiologisch definierten Stadien der Weizenpflanzen (Bestockung, Ährenschieben, Beginn Kornfüllung, Vollreife) zu bestimmen.

Material und Methoden

Der Versuch umfaßte vier Entwicklungsstadien, bei denen die Abgabe von ^{15}N an den Boden untersucht wurde. Pro Entwicklungsstadium wurden zwei Versuchsreihen mit jeweils acht Wiederholungen (Gefäße) analysiert. In der ersten Versuchsreihe wurde die ^{15}N-Menge nur in der Pflanze (Sproß plus Wurzel getrennt) analysiert (Abb. 1). Die Wurzeln wurden hierbei vorsichtig aus dem Boden ausgewaschen. In der zweiten Versuchsreihe wurde der Gesamt-^{15}N-Gehalt in Wurzeln plus Boden und Sproß bestimmt. Der an den Boden zu den einzelnen Entwicklungsstadien abgegebene ^{15}N konnte somit durch Differenzbildung ermittelt werden:

^{15}N-Abgabe der Wurzeln = ^{15}N[(Wurzel + Boden) + (Sproß)] - ^{15}N[Wurzel + Sproß]

Der absolute Verlust an ^{15}N markiertem Stickstoff über die jeweilige Versuchsperiode (vier verschiedene Entwicklungsstadien) wurde durch die Differenz:

^{15}N[gesamte Pflanze + Boden zu Versuchsbeginn] - ^{15}N [gesamte Pflanze + Boden zu verschiedenen Entwicklungsstadien] ermittelt.

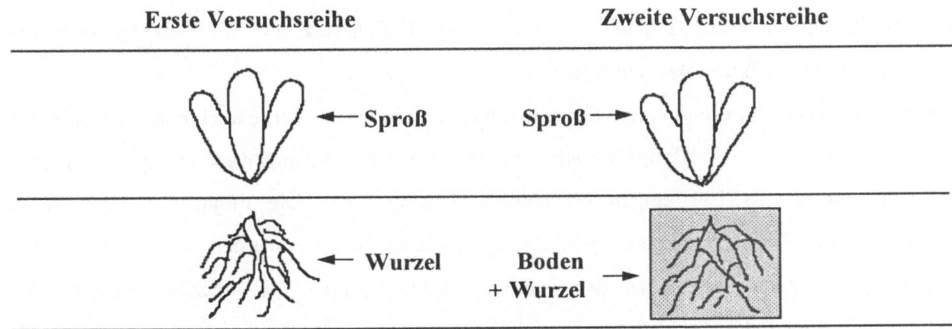

Abb.1: Skizze zur Aufbereitung der Boden - und Pflanzenproben für die ^{15}N - Analyse.

Die Samen von Sommerweizen (*Triticum aestivum* cv. Star) wurden in 0,5 mM $CaSO_4$ vorgequollen und dann vier Tage auf 0,1 mM $CaSO_4$ angefeuchtetem Filterpapier zum Keimen ausgelegt. Die jungen Pflanzen wurden dann in Nährlösung eingesetzt. Als Nährlösung benutzten wir eine modifizierte „Hoagland solution" mit der folgenden Zusammensetzung: 4 mM K_2SO_4, 2 mM $MgSO_4$, 0,3mM NaH_2PO_4, 2 mM NH_4NO_3, 4 mM $CaCl_2$, 2 μM H_3BO_3, 0,1 μM $CuSO_4$, 0,01 μM Na_2MoO_4, 0,2 μM $MnSO_4$, 0,1 μM $ZnSO_4$, 100 μM Fe als Na- EDTA Salz. NH_4NO_3 war doppelmarkiert (98 at. % ^{15}N).

Ein Vorversuch hat gezeigt, daß die Pflanzen bis zur Bestockung in der ^{15}N markierten Nährlösung angezogen werden müssen, damit zur Vollreife mindestens 0,3 at.- % ^{15}N Überschuß in den Wurzeln vorliegen.

Wegen des langen Zeitraums der jungen Pflanzen in Wasserkultur und der hohen Kosten an ^{15}N wurde die Nährlösung nicht gewechselt. Die Konzentration der Nährlösung wurde stufenweise erhöht (1/4; 1/2; volle Konzentration). Die Nährstoffe wurden zur Nährlösung zugegeben. In einem Vorversuch wurde die optimale Konzentration für die Aufnahme von Stickstoff ermittelt. Hierfür wurden 104 junge Pflanzen in eine Styroporplatte eingesetzt, die sich über einer Nährlösungswanne von 20 l Volumen befand. Die Pflanzen wurden 22 Tage kultiviert, und es wurden dann in einem Abstand von zwei Tagen Proben aus der Nährlösung entnommen und auf NH_4^+ und NO_3^- analysiert. Es zeigte sich, daß anfangs die Aufnahme an NH_4^+ gegenüber NO_3^- erhöht war. Diese NH_4^+-Aufnahme war mit einem Abfall des pH-Wertes verbunden. Später wurde vermehrt Nitrat aufgenommen und der pH erhöhte sich. Die pH-Erhöhung zeigte eine erhöhte Verarmung der Nährlösung an Stickstoff, dementsprechend wurden zu diesem Zeitpunkt NH_4NO_3 plus andere Nährstoffe zur Nährlösung zugegeben. Die täglich zweimal gemessenen pH-Werte der Lösung wurden durch Zugabe von KOH oder H_2SO_4 auf den pH-Wert 5,8 eingestellt (entsprechend dem pH des Versuchsbodens).

Dieser im Vorversuch gezeigte Aufnahmerhythmus von Stickstoff wurde auch beim Hauptversuch zugrunde gelegt. Dieser Hauptversuch umfaßte drei Nährlösungswannen mit markiertem Stickstoff mit jeweils 104 jungen Pflanzen (2 Blattstadium). Die Pflanzen wurden in der Nährlösung 22 Tage angezogen (Bestockungsstadium), dann wurden sie in den Boden eingepflanzt und zwar drei Pflanzen pro Gefäß mit je 900 g Boden. Die Wurzeln wurden vor dem Einbringen in den Boden gründlich gewaschen, so daß kein ^{15}N an den Wurzeln haftete. Die Pflanzen wurden mit ihrem Wurzelhals in Höhe des Gefäßrandes gehalten, und dann wurde vorsichtig ein auf 2 mm abgesiebter trockener Boden zugegeben. Nach Auffüllung der Gefäße mit Boden wurde diesem Wasser zugegeben und zwar in einer Menge, die 70 % der maximalen Wasserkapazität entsprach. Auf diese Weise wurden optimale Bedingungen für das Anwachsen der Pflanzen erreicht. Der Boden war eine Parabraunerde aus Löß (Luvisol). Die Bodeneigenschaften sind in der Tabelle 1 dargestellt.

Tabelle 1: Eigenschaften des Versuchsbodens.

Ges. N	$CaCl_2$ Extraktion mg N kg^{-1}			P (CAL)	K (CAL)	C	C/N	Sand	Schluf	Ton	pH
%	NO_3^--N	NH_4^+-N	Norg	mg/100g	mg/100g	%		%	%	%	$CaCl_2$
0,128	2,62	1,63	7,80	26,45	46,48	1,19	9,30	5.70	72,60	21,70	5,81

Jedes Gefäß wurde mit 140 mg K und 56 mg P als K_2HPO_4 und 160 mg N als NH_4NO_3 gedüngt. Anfangs wurden die Pflanzen auf der Versuchstation des Instituts für Pflanzenernährung Gießen, angezogen. Nach dem Ährenschieben wurden sie in eine Klimakammer gebracht, da zu diesem Zeitpunkt die Außentemperaturen für die Vollreife der Pflanzen zu niedrig waren.

Die ^{15}N-Abgabe an den Boden wurde zu folgenden Entwicklungsstadien untersucht:

1. Sechs Tage nach der Umpflanzung (Bestockung)*
2. Ährenschieben
3. Beginn Kornfüllung
4. Vollreife.

*Der erste Probenahmetermin wurde früh gewählt, um zu überprüfen, ob Verluste an ^{15}N durch den Umpflanzungsschock aufgetreten waren.

Probenvorbereitung und Analysen

Die Pflanzen wurden zum jeweiligen Probenahmetermin sehr vorsichtig zusammen mit dem Boden aus den Gefäßen herausgezogen. Hierbei wurde der Boden zuerst befeuchtet, so daß der Boden plus Wurzel aus den Gefäßen ohne Schädigung herausgenommen werden konnte. Es wurde dann über einem 1mm Sieb der Boden mit einem sanften Wasserstrahl langsam entfernt. Die Wurzeln wurden dann in kleine Gefäße mit Wasser überführt und mit mildem Schütteln kleine anhaftende Bodenteilchen entfernt. Kleine losgelöste Wurzelteilchen wurden durch Siebung über 0,15 mm Siebe gesammelt. Die Wurzeln wurden dann vom Sproß getrennt und auf Gesamt - Stickstoff und ^{15}N analysiert. Im Parallelgefäß wurde der Sproß oberhalb des Bodens abgeschnitten und Wurzel plus Boden getrocknet, gemischt und gemahlen. In dieser „Mischprobe“ wurde später der Gesamt-N und ^{15}N bestimmt. Die Analysen wurden mit einem „Vario EL“-Gerät, gekoppelt mit einem NOI-6-PC in dem „Institut für Rhizosphärenforschung und Pflanzenernährung“ in Müncheberg durchgeführt.

Ergebnisse und Diskussion

Abb.2 zeigt die Menge an ^{15}N in der gesamten Pflanze und Pflanze plus Boden zu den einzelnen Entwicklungsstadien. Die zum Bestockungszeitpunkt vorliegende Differenz zwischen ^{15}N in der Pflanze und ^{15}N in Pflanzen plus Boden war nicht signifikant, das heißt, es wurden nach der Umpflanzung bei dem ersten Probenahmetermin noch keine statistisch signifikanten Mengen an ^{15}N an den Boden abgegeben.

Wie in der Abb. 2 weiter zu erkennen ist, nahm die Abgabe an ^{15}N der Pflanzen an den Boden mit fortschreitender Entwicklung der Pflanzen deutlich zu. Die Tabelle 2 zeigt die in den Pflanzen und die in Pflanzen plus Boden vorhandene Menge an markiertem Stickstoff zu den einzelnen Entwicklungsstadien, die prozentuale Gesamtabgabe und die tägliche Abgaberate sowie die Signifikanzniveaus der zum jeweiligen Entwicklungsstadium an den Boden abgegebenen Stickstoffmenge. Die prozentuale Gesamtabgabe betrug zum Zeitpunkt des Ährenschiebens etwa 3,5 %, zur Kornfüllung annähernd 9% und zur Vollreife annähernd 13 % des zu Beginn in der Pflanze vorhandenen ^{15}N. Dieses Ergebnis macht deutlich, daß die Rate der ^{15}N-Abgabe an den Boden in der Phase vom Ährenschieben bis zu Beginn der Kornfüllung relativ hoch war. Es ist möglich, daß diese erhöhte Abgabe in der genannten Phase teils auf den Transfer der Pflanzen vom Gewächshaus in die Klimakammer zurückgeht. In dem diesjährigen Versuch werden die Pflanzen nur in der Klimakammer angezogen, um derartige Einwirkungen zu vermeiden.

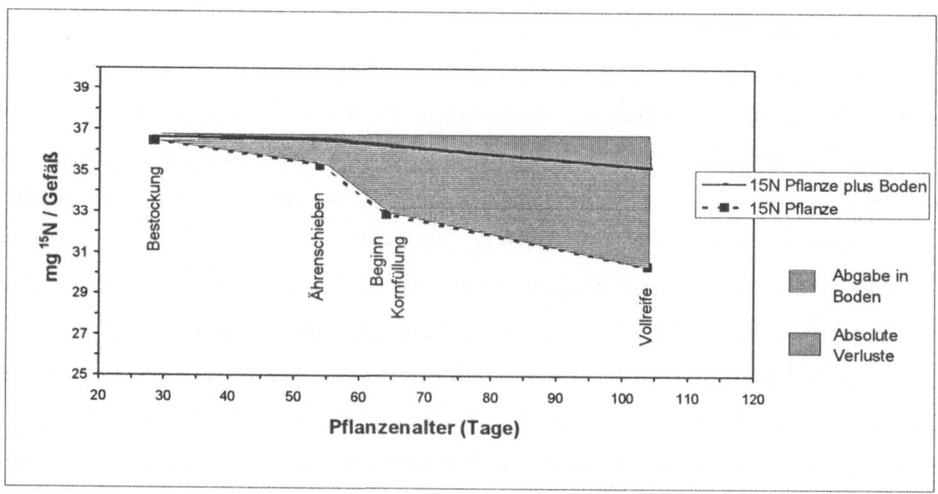

Abb. 2: ^{15}N-Abgabe in den Boden sowie absolute ^{15}N-Verluste.

Tabelle 2: ^{15}N-Abgabe an den Boden (%) bezogen auf Gesamt-^{15}N - Gehalt in der Pflanze.

*,***, signifikant für P = 0,05 bzw. für 0,001 NS = nicht signifikant.

Entwicklungs-stadien	Tage Diff.	^{15}N Pflanze+Boden mg	^{15}N Pflanze mg	Abgabe ^{15}N an den Boden mg	%	^{15}N Abgabe an Boden (mg Tag^{-1})	Signifikanz Niveau
Bestockung		36,8550	36,4677	0.3873	1,06%		NS
Ährenschieben	25	36,5871	35,3375	1.2496	3,43%	0,0452	*
Beg. Kornfüllung.	10	36,1913	32,9290	3.2623	8,94%	0,2409	***
Vollreife	40	35,1115	30,3524	4.7591	13,05%	0,0644	***

In der Tabelle 3 sind die absoluten Verluste von ^{15}N aus dem System Pflanzen plus Boden aufgeführt. Es zeigt sich, daß diese Verluste zur Zeit des Ährenschiebens und der Kornfüllung noch nicht signifikant waren, in der letzte Phase (Vollreife) jedoch signifikant erhöht waren.

Tabelle 3: Absolute Verluste an ^{15}N im System Pflanzen plus Boden.

*,**, signifikant für P = 0,05 bzw. für 0,01 NS = nicht signifikant.

Entwicklungsstadien	^{15}N Pflanzen+Boden mg	Differenz mg	%	^{15}N Abgabe Pro Tag (mg)	Signifikanz Niveau
Bestockung	36,855	0	0%		
Ährenschieben	36,587	0,268	0,727%	0,0107	NS
Beg. Kornfüllung	36,191	0.664	1,801%	0,0396	NS
Vollreife	35,112	1.743	4,729%	0,0269	**
Ährenschieben- Vollreife		1.475	4.002%		*

Die Untersuchung macht deutlich, daß es besonders in der Phase der Kornreife zu Abgabeverlusten kam (4 %) (Tab. 3). Bei der Untersuchung traten keine ^{15}N - Verluste durch Blätter und Körner, Auswaschung durch Niederschläge, Einwirkung durch Insekten, Vögel oder Mikroorganismen auf. Die einzige Verlustquelle könnten Antheren und Pollen sein. Während der Blüte wurden 2500 Antheren gesammelt, getrocknet, gemahlen und auf Gesamt - N und ^{15}N analysiert. Bezogen auf den Verlust an Antheren pro Gefäß betrug der N - Verlust durch Antheren etwa 1 % vom Gesamt N - Verlust des Systems Boden + Pflanze. Die restlichen ^{15}N - Verluste (3,7 %) dürften durch Entweichen von NH_3 aus dem Boden sowie über die Pflanze entstanden sein. Auf Grund der Verdünnung der abgeschiedenen ^{15}N - Menge durch Bodenstickstoff, dürften die gemessenen ^{15}N - Verluste hauptsächlich von der Pflanze stammen. Es ist anzunehmen, daß in der Reifephase durch Abbauprozesse von Proteinen im Blatt (Desaminierung) eine erhöhte Produktion von NH_3 stattfindet. Da zu diesem Zeitpunkt praktisch kein NH_3 mehr assimiliert wird, dürften die ^{15}N - Verluste hauptsächlich auf die Abgabe von flüchtigem NH_3 zurückzuführen sein. Diese Annahme stimmt mit Untersuchungen von O'DEEN

u. PORTER (1986) und O'DEEN (1989) überein, die auch bei Weizen eine Abgabe von NH_3 - N in einer Größenordnung von 3 - 4 % des gesamt markierten Stickstoffs fanden. Es sei darauf verwiesen, daß Verluste an markiertem N an die Atmosphäre unter Umständen auch auf einen Isotopenaustausch zurückgehen. Dieses bedeutet: nicht markiertes NH_3 der Atmosphäre tauscht markiertes NH_3 der Pflanze aus (FARQUHAR et al. 1980). Die von JANZEN u. BRUINSMA (1993) gefundenen ^{15}N Verluste an den Boden betrugen 7 - 14 % des Gesamt-^{15}N - Gehalts in der Pflanze. Die erhöhte Abgabe von ^{15}N wurde in diesem Fall bei Wasserstreß gefunden. Bei JANZEN (1990) zeigte sich auch, daß die Abgabe von Stickstoff in der Phase zwischen Kornfüllung und Vollreife am höchsten war.

Literaturverzeichnis

FARQUHAR, G.D.; FIRTH, P.M.; WETSELAAR, R.; WEIR, B.: On the gaseous exchange of ammonia between leaves and environment: Determination of the ammonia compensation point. Plant Physiol. **66**, 710-714 (1980).

FARQUHAR, G.D.; WETSELAAR, R.; WEIR, B.: Gaseous nitrogen losses from plants. In J.R. FRENEY and J.R. SIMPSON (eds) Gaseous loss of nitrogen from plant-soil system. Martinus Nijhof/w Junk pub. The Hague, 159 - 180 (1983).

HALE, M.G.; MOORE, L.D.: Factors affecting root exudation II 1970 - 1978. Adv. Agron. **31,** 93-124 (1979).

JANZEN, H.H.: Deposition of nitrogen into rhizosphere by wheat roots. Soil Biol. Biochem. **22,** 1155-1160 (1990).

JANZEN, H.H.; BRUINSMA, J.: Rhizosphere N-deposition by wheat under varied water stress. Soil Biol. Biochem. **25,** 631 - 632 (1993).

LYNCH, J.M.; WHIPPS, J.M.:Substrate flow in the rhizosphere. Plant and Soil **129,** 1-10 (1990).

MENGEL, K.: Ernährung und Stoffwechsel der Pflanze. Gustav Fischer Verlag, Jena, Deutschland (1991).

MENGEL, K.; KIRKBY, E.A.: Principles of plant nutrition, 4th edition, International Potash Institute, Bern, Switzerland (1987).

O'DEEN, W.A.; PORTER, L.K.: Continuous flow system for collecting volatile ammonia and amines from scenescing winter wheat. Agron J. **78,** 746-749 (1986).

O'DEEN, W.A.: Wheat volatilized ammonia and resulting nitrogen isotopic fractionation. Agron. J. **81,** 980-985 (1989).

REINING, E.; MERBACH, W.; KNOF, G.: ^{15}N distribution in wheat and chemical fractionation of root borne ^{15}N in the soil. Isotopes Environ. Health Stud. **31,** 345-349 (1993).

TOUSSAINT, V.; MERBACH, W.; REINING, E.: Deposition of ^{15}N into soil layers of different proximity to roots by wheat plants. Isotopes Environ. Health Stud. **31,** 351-355 (1995).

WETSELAAR, R.; FARQUHAR, G.D.: Nitrogen losses from tops of plants. Adv. Agron. **33,** 263-302 (1980).

Pflanzenernährung, Wurzelleistung und Exsudation.
8. Borkheider Seminar zur Ökophysiologie des Wurzelraumes.
(Ed. W. Merbach) B. G. Teubner Verlagsgesellschaft Stuttgart, Leipzig 1998, pp. 213-220

WURZELBÜRTIGE VERBINDUNGEN ALS KONJUGATIONSPARTNER VON PFLANZENSCHUTZMITTELN IN DER RHIZOSPHÄRE ?

SCHNEIDER, R.J.
Institut für Agrikulturchemie
Universität Bonn
Meckenheimer Allee 176
D - 53115 Bonn

Abstract

The formation of bound residues from pesticides in soil is still poorly understood. In this paper we assume that low molecular substances exudated from the roots of living plants are potential reaction partners for xenobiotic molecules in the rhizosphere. A reaction of pesticides with low-molecular substances as amino acids, carboxylic acids and carbohydrates should be kinetically favoured in regard to the relatively inert central regions of humic substances. Possible conjugates of the maize herbicide terbuthylazine have been postulated and synthesized. First results on the occurence of these metabolites are presented.

Zusammenfassung

Die Konjugatbildung mit Xenobiotica ist in Pflanzen und Lebewesen ein wohlbekannter Prozeß, der meist der Entgiftung dient. So sind z. B. bei Triazinherbiziden enzymatische aber auch abiotische Konjugationsreaktionen mit Glutathion und Cystein in der Pflanze, in Zellkulturen und in Wirbeltieren nachgewiesen worden. Es gibt Hinweise, daß solche Konjugationsreaktionen auch im Wurzelraum stattfinden und u. U. ein Bezug zur Bildung von gebundenen Rückständen besteht. Wir haben einige derartige Konjugate postuliert und begonnen, sie zu synthetisieren und eine spurenanalytische Methode für ihren Nachweis zu erarbeiten. Die Suche nach den Konjugaten erfolgt derzeit in Bodenextrakten aus Rhizosphärenboden und im Sickerwasser.

Einleitung

Die Bildung gebundener Rückstände von Pflanzenschutzmitteln im Boden ist bisher nur in Ansätzen aufgeklärt. Sie muß für nahezu jeden Wirkstoff gesondert untersucht werden, da diese sich meist in ihren physikalischen und v. a. chemischen Eigenschaften deutlich unterscheiden. Die Aufklärung der Bindungsformen in gebundenen Rückständen wird insbesondere durch die noch unzureichenden Kenntnisse über Struktur und Genese von Huminstoffen erschwert.

Die Modellstruktur von Huminstoffen nach STEVENSON (1982) zeigt periphere Zucker- und Aminosäurereste. Auch ZIECHMANN (1994) geht von einer Copolymerisation von intakten Kohlenhydrat- und Peptidstrukturen während einer der Phasen der Huminstoffgenese aus. Sollten Pflanzenschutzmittelwirkstoffe bei der Bildung gebundener Rückstände an reaktive Gruppen aus diesen Strukturen gekoppelt werden, so bleibt zu klären, zu welchem Zeitpunkt der Genese des Rückstandes die Kopplung an derartige Reste erfolgt.

Kinetik, Thermodynamik und Katalyse der Umsetzung

Erreichen Pestizidmoleküle den Oberboden, so gelangen sie damit auch in den Wurzelraum der behandelten Nutzpflanzen. Der wurzelnahe Raum unterscheidet sich in seinen Eigenschaften, was z. B. Temperatur, Wassergehalt, Redoxpotential und Mikrobenbesatz angeht, erheblich vom umgebenden Boden, ein Phänomen, das als Rhizosphäreneffekt bekannt ist. In einigen Untersuchungen (z. B. SEIBERT et al. 1981) wurde in der Rhizosphäre eine verstärkte Bildung gebundener Rückstände festgestellt. Ein wichtiger Effekt der im Wurzelraum freigesetzten Substrate ist dabei die Erhöhung von Anzahl, Aktivität und Diversität der Bodenmikroorganismen (GÜNTHER et al. 1997). Außerdem führen organische Säuren im Exsudat zur partiellen Disintegration von Huminstoffen (ALBUZIO u. FERRARI 1989).

Letztlich ist es wichtig, mit welchen unterschiedlichen Kinetiken die einzelnen konkurrierenden Prozesse der Pestizidelimination im Boden ablaufen. Ist etwa der Abbau langsam, die Sorption reversibel und die Konzentration an Reaktionspartnern in der Rhizosphäre ausreichend hoch (Metabolismus mit niedriger Geschwindigkeitskonstante), so ist eine direkte Kopplung (Konjugation) von Pestizid und Rhizosphärenkomponenten möglich. Auch Metaboliten des Wirkstoffs, die langsamer abgebaut werden, können für die Konjugation in Betracht kommen.

Eine direkte Reaktion der Pestizidmoleküle mit den makromolekularen Huminstoffmolekülen erscheint zumindest kinetisch benachteiligt, wenn man als Maß für die Reaktivität dieser Substanzen ihre Halbwertszeiten im Boden vergleicht. Während Zucker und Zellulose Halbwertszeiten von Minuten bis Tagen aufweisen (BUYANOVSKY et al. 1994), ist der Umsatz von Pflanzenmaterial, physikalisch stabilisiertem Kohlenstoff (Ton-Humus-Komplexe) und dem Humin mit Halbwertszeiten von 0,1 - 2000 Jahren anzugeben (JENKINSON u. RAYNER 1977). Ein anderes Maß mögen die Hinweise auf abnehmende Reaktivität des organischen Kohlenstoffs im Boden bei einer Zunahme von Dichte, Teilchengröße (JASTROW et al. 1996, HASSINK 1995) und Alter (BARRIUSO u. KOSKINEN 1996) sein. Die Gründe sind eine Erniedrigung der Diffusionskonstanten, eine Stabilisierung des Kohlenstoffs durch Sorption (Bildung von Ton-Humus-Komplexen), Erschwerung der Zugänglichkeit durch Aggregation und die Abnahme reaktiver funktioneller Gruppen (etwa durch Decarboxylierung und Deaminierung).

Mögliche Konjugationspartner

Als organische Reaktionspartner sind im Bereich der Pflanzenwurzel neben den humifizierten Bestandteilen zusätzlich die von der Pflanze exsudierten niedermolekularen Substanzen zu nennen, v.a. Zucker (Glucose, Xylose, Mannose, Trehalose, Fructose, Ribose, Saccharose; Fucose, Galactose), Zuckersäuren, Aminozucker (Glucosamin), nahezu alle Aminosäuren (z. B. Glutaminsäure, Alanin, Asparaginsäure, Leucin, Cystein) (z. B. BACHMANN u. KINZEL 1992), Carbonsäuren (z.B. Fumarsäure, Malonsäure, Bernsteinsäure; Äpfelsäure, Zitronensäure, Oxalsäure, Oxalessigsäure; Hydroxyglutarsäure, Milchsäure, Fettsäuren (z. B. WITTENMAYER u. GRANSEE 1992, BEISSNER u. RÖMER 1995), sowie Nucleotide, Vitamine, Hormone und andere Substanzen. Die exsudierten Massen können dabei erheblich sein. Die sog. “Rhizodeposition” ist stark vom physiologischen Status der Pflanze abhängig und kann zwischen 4 und 70 % des gesamten Assimilates ausmachen. Im Laufe einer Vegetationsperiode scheiden Maiswurzeln etwa 120 kg/ha an Kohlenstoff aus. Bei Weizen wurden Abscheidungen in der Größenordnung von 1 Tonne C pro Hektar bestimmt, wovon noch 65 - 85 % von Mikroben veratmet werden. Der Rest sei aber immer noch von hoher ökologischer Signifikanz (MERBACH et al. 1995).

Die Rhizodeposition von Weizen erwies sich als z. T. wasserlöslich (25 %), zum Großteil aber ethanollöslich (70 %). Erst im wurzelfernen Bereich waren die Rückstände wasserunlöslich (zu 98 %) und wurden verstärkt in die Tonfraktion eingebaut (JACOB et al. 1995a). Der wasserlösliche Teil besteht v. a. aus Kohlenhydraten und organischen Säuren (50 und 30 %), sowie 10 -20 % Aminosäuren. Stickstoffhaltige Substanzen sind wichtige Bestandteile des Exsudates; Schätzungen ergeben für die Vegetationszeit von Weizen eine Abgabe von 15 kg N/ha/a, v. a. als säurehydrolysierbarer Stickstoff (Aminosäure- und Aminozucker-N) (REINING et al. 1995).

Im Exsudat von Mais wurde z. B. Glucose mit 3,3 mg/g Wurzeltrockenmasse, Fumarsäure mit 11 mg/g gefunden (KRAFFCZYK et al. 1984). Im Wurzelraum der Weißlupine fanden sich 0,7 - 55 µmol Citrat pro Gramm Boden, andere Autoren berichten von 10 - 15 mM Lösungen an Malat in der Rhizosphäre. In Filterpapierstreifen, welche auf Proteoidwurzeln von *Hakea undulata* aufgelegt waren, wurde Malat bis 900 µM und Fumarat bis 400 µM detektiert, daneben Maleinsäure, Aconitat und Shikimat. Normale Wurzeln produzieren Exsudatkonzentrationen von 0,3 µM (Fumarat) bis 4 µM Malat (NEUMANN et al. 1995).

Konjugationsreaktionen von Herbiziden

Die Konjugatbildung mit Xenobiotica ist in Pflanzen und Lebewesen ein wohlbekannter Prozeß, der meist der Entgiftung dient. Von den Triazinherbiziden sind enzymatische aber auch abiotische Konjugationsreaktionen mit Glutathion und die teilweise Umwandlung in Cystein- und Mercaptursäurederivate in der Pflanze, in Zellkulturen und in Wirbeltieren nachgewiesen worden (SHIMABUKURO et al. 1973, LAMOUREUX et al. 1973, CRAYFORD u HUTSON 1972). Obwohl die Konjugation meist über Glutathion-Transferasen erfolgt, wurde auch von nichtenzymatischen Umsetzungen berichtet (JABLONKAI u. HATZIOS 1993).

Es stellt sich nun die Frage, ob nicht derartige Konjugationsreaktionen auch in der Rhizosphäre stattfinden können, wo u. U. gegenüber dem umgebenden Boden günstigere pH-Werte, höhere Konzentrationen an reaktiven Reaktionspartnern, spezielle Redoxbedingungen sowie anorganische (Mineraloberflächen) und organische (Exoenzyme, Mikroorganismen) Katalysatoren vorliegen. Die Exsudation von Peroxidasen in den Boden könnte sogar für die Pathogenresistenz von Bedeutung sein (JACOB et al. 1995b). Aktivität von Glutathiontransferase wurde im umgebenden Medium von Rhizosphärenbakterien nachgewiesen (ZABLOTOWICZ et al. 1995).

Relevanz von Konjugationsreaktionen im Boden

Durch die Konjugation mit leicht löslichen Substanzen werden Xenobiotica in ihren Eigenschaften stark verändert. Sie können eine veränderte Mobilität und Polarität sowie andere Sorptionseigenschaften aufweisen. Konjugationen könnten auch die Aufnahme von Wirkstoffen in die Pflanzen begünstigen (NEUMANN et al. 1997; JONES u. DARRAH 1992). Eine Copolymerisation von Konjugaten kann zu gebundenen Rückständen mit labilen Bindungen führen.

In jedem Fall aber sind die Substanzen für eine Analytik zunächst "maskiert" und gehen in einer Bilanzierung ohne radioaktive Markierung verloren. In Untersuchungen mit markierten Wirkstoffen werden dagegen manchmal polare, nicht-identifizierte Metaboliten detektiert (z. B. DÖRFLER et al. 1997; BENOIT u. BARRIUSO 1997).

In mehreren Studien in den USA wurde 1996 über neuartige Sulfonsäuremetaboliten von Acetanilid-Herbiziden (Alachlor, Metolachlor) berichtet (FIELD u. THURMAN 1996). Man vermutet, daß sich im Boden intermediäre Glutathionkonjugate bilden, die dann gespalten werden, wobei reduktive (Bildung von Mercaptanen und Alkylthioderivaten) und oxidative Spalt- und Folgereaktionen (Bildung von Sulfonsäurederivaten) denkbar sind (THURMAN et al. 1996, AGA et al. 1996).

Nachweis von Konjugaten im Wurzelraum

Da die Konzentration des Pflanzenschutzmittels in der Bodenlösung der Rhizosphäre noch bedeutend geringer sein kann als die Konzentrationen einzelner Exsudatkomponenten, da die Konjugationsausbeuten niedrig sein können und außerdem die Konjugate weiterreagieren können, also u. U. nur einen Durchgangspool darstellen, wird sich die Konzentration von Konjugaten im äußersten Spurenbereich bewegen. Eine Isolierung und Strukturaufklärung ist in diesem Konzentrationsbereich schwierig. Eine erfolgreiche Suche nach Konjugaten in der Wurzelzone mit chromatographischen Methoden muß daher von der Synthese der entsprechenden Konjugat-Vergleichsstandards ausgehen.

Wir haben einige derartige Konjugate postuliert und begonnen, sie zu synthetisieren und eine spurenanalytische Methode für ihren Nachweis zu erarbeiten (Abbildung 1). Die Suche nach den Konjugaten erfolgt in Boden- und Pflanzenextrakten und im Sickerwasser.

Eigentümlicherweise treten in der gaschromatographischen Analyse wiederholt Rückstände von Terbutryn auf, einem Herbizidwirkstoff, der sich von Terbuthylazin durch einen Ersatz des Chlors durch eine Thiomethylgruppe unterscheidet. Dieser Befund ist noch zu verifizieren, da es auch ein chromatographisches Artefakt infolge Zersetzung sein kann.

Darüber hinaus prüfen wir die Möglichkeit, mittels Immunoassay-Assays (Auswertung des Bindungsverhaltens diverser Antikörper/Tracersysteme) die Bindungsart in Konjugaten unbekannter Struktur aufzuklären.

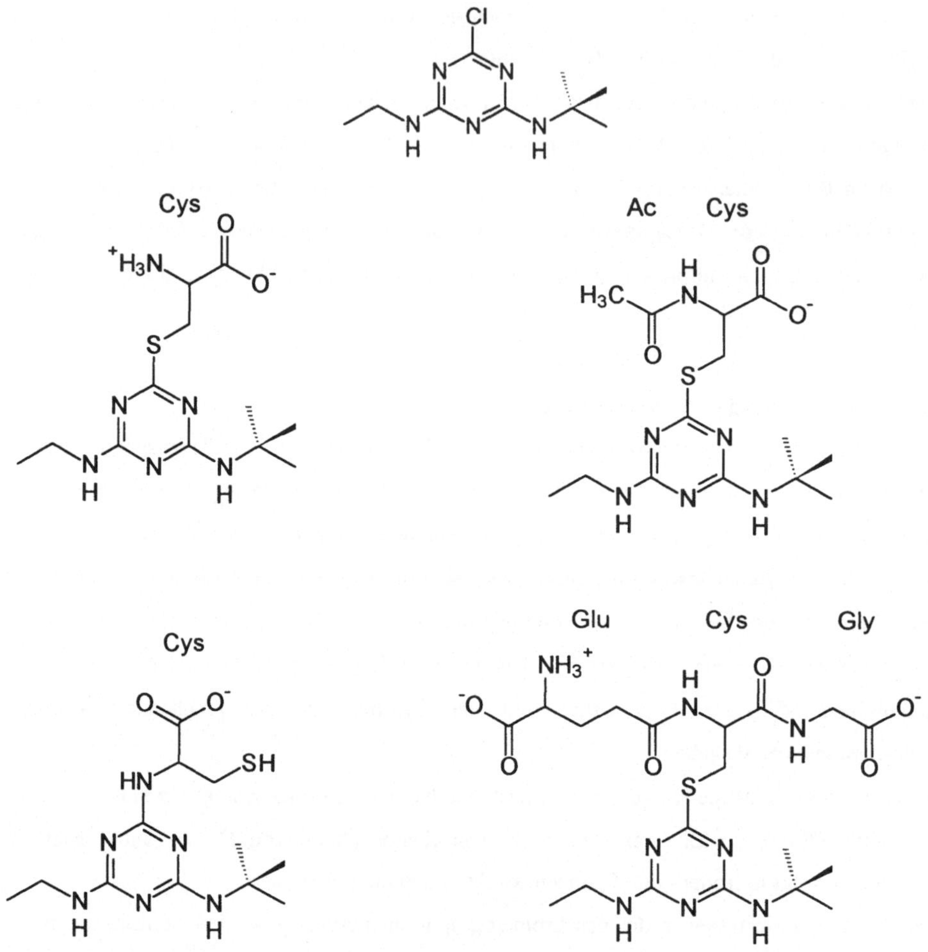

Abb. 1: Terbuthylazin und Konjugate mit Cystein, Acetylcystein und Glutathion

Ausblick

Läßt sich die Bildung von Pestizidkonjugaten in der Rhizosphäre belegen, so könnte dies zumindest für einige Wirkstoffe als Primärschritt zur Bildung höhermolekularer Strukturen angesehen werden, was schließlich zur Bildung gebundener Rückstände führen kann.

Der Deutschen Forschungsgemeinschaft sei für die finanzielle Unterstützung (Schn494/1-1) des Projektes gedankt.

Literaturverzeichnis

AGA, D.S.; THURMAN, E.M.; YOCKEL, M.E.; ZIMMERMAN, L.R.; WILLIAMS, T.D.: Identification of a new sulfonic acid metabolite of metolachlor in soil, Environ. Sci. Technol. **30**, 592-597 (1996).

ALBUZIO, A; FERRARI, G.: Modulation of the molecular size of humic substances by organic acids of the root exudates. Plant Soil **113**, 237-241 (1989).

BACHMANN, G.; KINZEL, H.: Physiological and ecological aspects of the interactions between plant roots and rhizosphere soil. Soil Biol. Biochem. **24**, 543-552 (1992).

BARRIUSO, E.; KOSKINEN,W.C.: Incorporating nonextractable atrazine residues into soil size fractions as a function of time. Soil Sci. Soc. Am. J. **60**, 150-157 (1996).

BEISSNER, L.; RÖMER, W.: Ausscheidung von organischen Säuren durch die Zuckerrübenwurzel und deren Bedeutung für die P-Mobilisierung im Boden, In: MERBACH, W. (Ed.): Pflanzliche Stoffaufnahme u. mikrobielle Wechselwirkungen in der Rhizosphäre, B. G. Teubner Verlagsgesellschaft Stuttgart, Leipzig, 137-144 (1996).

BENOIT, P.; BARRIUSO, E.: Fate of ^{14}C-ring-labeled 2,4-D, 2,4-dichlorophenol and 4-chlorophenol during straw composting. Biol. Fertil. Soils **25**, 53-59.

BUYANOVSKY, G.A.; ASLAM, M.; WAGNER, G.H.: Carbon turnover in soil physical fractions. Soil Sci. Soc. Am. J. **58**, 1167-1173 (1994).

CRAYFORD, J.V.; HUTSON, D.H.: The metabolism of the herbicide 2-chloro-4-(ethylamino)-6-(1-cyano-1-methylethylamino)-s-triazine in the rat. Pestic. Biochem. Physiol. **2**, 295-307 (1972).

DÖRFLER, U.; FEICHT, E.A.; SCHEUNERT, I.: s-Triazine residues in groundwater. Chemosphere, im Druck (1997).

FIELD, J.A.; THURMAN, E.M.: Glutathione conjugation and contaminant transformation. Environ. Sci. Technol. **30**, 1413-1418 (1996).

HASSINK, J.: Decomposition rate constants of size and density fractions of soil organic matter. Soil Sci. Soc. Am. J. **59**, 1631-1635 (1995).

GÜNTHER, Th.; LÄTZ, M.; PERNER, B.; FRITSCHE, W.: Der Einfluß von Pflanzen auf Eliminierungsprozesse von organischen Umweltchemikalien im Boden, in: Ökophysiologie des Wurzelraumes **7**, "Rhizosphärenforschung, Umweltstreß und Ökosystemstabilität", W. Merbach (Hrsg.), B.G. Teubner Verlagsges. Stuttgart, Leipzig, 77-83 (1997).

JABLONKAI, I.; HATZIOS, K.K.: In vitro conjugation of chloroacetanilide herbicides and atrazine with thiols and contribution of nonenzymatic conjugation to their glutathione-mediated metabolism in corn. J. Agric. Food Chem. **41**, 1736-1742 (1993).

JACOB, H.J.; AUGUSTIN, J.; MERBACH, W.; TOUSSAINT, V.: ^{14}C-Verwertung von Weizen im Verlauf der Ontogenese, in: Kohlenstoff- und Stickstoffumsatz im System Pflanze - Boden, W. Merbach, H.-R. Bork (Hrsg.), ZALF-Bericht Nr. **23**, Müncheberg, ISSN 0943-7266, 53-55 (1995a).

JACOB, H.J.; REMUS, R.; AUGUSTIN, C.: Zur Bedeutung und zu möglichen Funktionen pflanzlicher Isoperoxidasen im Wurzelraum anhand ausgewählter Beispiele, in: Ökophysiologie des Wurzelraumes **6**, "Pflanzliche Stoffaufnahme und mikrobielle Wechselwirkungen in der Rhizosphäre", W. Merbach (Hrsg.), B.G. Teubner Verlagsges. Stuttgart, Leipzig, 102-109 (1995b).

JASTROW, J.D.; BOUTTON, T.W.; MILLER, R.M.: Carbon dynamics of aggregate-associated organic matter estimated by carbon-13 natural abundance. Soil Sci. Soc. Am. J. **60**, 801-807 (1996).

JENKINSON, D.S.; RAYNER, J.H.: The turnover of soil organic matter in some of the Rothamsted classical experiments. Soil Sci. **123**, 298-305 (1977).

JONES, D.L.; DARRAH, P.R.: Resorption of organic components by roots of *Zea mays* L. and its consequences in the rhizosphere. 1. Resorption of ^{14}C labelled glucose, mannose and citric acid. Plant Soil **143**, 259-266 (1992).

KRAFFCZYK, I.; TROLLDENIER, G.; BERINGER, H.: Soluble root exudates of maize: influence of potassium supply and rhizosphere microorganisms. Soil Biol. Biochem. **16**, 315-322 (1984).
LAMOUREUX, G.L.; STAFFORD, L.E.; SHIMABUKURO, R.H.; ZAYLSKIE, R.G.: Atrazine metabolism in sorghum: catabolism of the glutathione conjugate of atrazine. J. Agric. Food Chem. **21**, 1020-30 (1973).
MERBACH, W.; KNOF, G.; MIKSCH, G.: C-Bilanzierung im System Pflanze-Boden, in: Kohlenstoff- und Stickstoffumsatz im System Pflanze - Boden, W. Merbach, H.-R. Bork (Hrsg.), ZALF-Bericht Nr. **23**, Müncheberg, ISSN 0943-7266, 48-52 (1995).
NEUMANN, G.; DINKELAKER, B.; MARSCHNER, H.: Kurzzeitige Abgabe organischer Säuren aus Proteoidwurzeln von *Hakea undulata* (Proteaceae), In: MERBACH, W. (Ed): Pflanzliche Stoffaufnahme und mikrobielle Wechselwirkungen in der Rhizosphäre, B. G. Teubner Verlagsgesellschaft Stuttgart, Leipzig, 129-136 (1996).
NEUMANN, G.; HÜLSTER, A.; MARSCHNER, H.: Identifizierung PCDD/PCDF-mobilisierender Verbindungen in Wurzelexsudaten von Zucchini, In: MERBACH, W. (Ed): Rhizosphärenprozesse, Umweltstreß und Ökosystemstabilität, B.G. Teubner Verlagsges. Stuttgart, Leipzig, 167-175 (1997).
REINING, E.; MERBACH, W.; TOUSSAINT, V.; KNOF, G.: Quantifizierung und Teilcharakterisierung wurzelbürtiger ^{15}N-Verbindungen im Boden, in: Kohlenstoff- und Stickstoffumsatz im System Pflanze - Boden, W. Merbach, H.-R. Bork (Hrsg.), ZALF-Bericht Nr. **23**, Müncheberg, ISSN 0943-7266, 60-63 (1995).
SEIBERT, K.; FÜHR, F.; CHENG, H.H.: Experiments on the degradation of atrazine in the maize-rhizosphere. Proc. EWRS Symp.: "Theory and Practice of the Use of Soil Applied Herbicides". Versailles, S. 137-46 (1981).
SHIMABUKURO, R.H.; WALSH, W.C.; LAMOUREUX, G.L.; STAFFORD, L.E.: Atrazine metabolism in sorghum: chloroform-soluble intermediates in the dealkylation and glutathione conjugation pathways. J. Agric. Food Chem. **21**, 1031-1036 (1973).
STEVENSON, F.J.: Extraction, fractionation, and general chemical composition of soil organic matter, in: Humus Chemistry. Wiley, 26-54 (1982).
THURMAN, E.M.; GOOLSBY, D.A.; AGA, D.S.; POMES, M.L.; MEYER, M.T.: Occurrence of alachlor and its sulfonated metabolite in rivers and reservoirs of the Midwestern United States: The importance of sulfonation in the transport of chloroacetanilide herbicides. Environ. Sci. Technol. **30**, 569-574 (1996).
WITTENMAYER, L.; GRANSEE, A.: Untersuchungen zur quantitativen und qualitativen Bestimmung von organischen Wurzelausscheidungen bei Mais und Erbsen, In: MERBACH, W., (Ed): Ökophysiologie des Wurzelraumes, 81-85 (1992).
ZABLOTOWICZ, R.M.; HOAGLAND, R.E.; LOCKE, M.A.; HICKEY, W.J.: Glutathione-S-transferase activity and metabolism of glutathione conjugates by rhizosphere bacteria. Appl. Environ. Microbiol. **61**, 1054-1060 (1995).
ZIECHMANN, W.: Humic Substances. B.I. Wissenschaftsverlag Mannheim (1994).

Pflanzenernährung, Wurzelleistung und Exsudation.
8. Borkheider Seminar zur Ökophysiologie des Wurzelraumes.
(Ed. W. Merbach) B.G. Teubner Verlagsgesellschaft Stuttgart, Leipzig 1998, pp. 221-229

ZUR REGULATION DER P-MANGEL-INDUZIERTEN ABGABE ORGANISCHER SÄUREN AUS PROTEOIDWURZELN DER WEIßLUPINE

NEUMANN, G.; GEORGE, E.; RÖMHELD, V.
Universität Hohenheim
Institut für Pflanzenernährung (330)
D - 70593 Stuttgart

Abstract

Spatial distribution and time courses of accumulation and root exudation of organic acids were investigated in P-deficient white lupin (*Lupinus albus* L.), grown in a hydroponic culture system. Citric acid mainly accumulated in proteoid root-clusters, whereas malic acid dominated in normal roots. Increased exudation of citric acid and a concomitant release of protons in later stages of P-deficiency was predominantly restricted to mature root-clusters. The release of citric acid was decreased by exogenous application of anion channel blockers such as ethacrynic- and anthracene-9-carboxylic acids, suggesting involvement of an anion channel. P-deficiency-induced accumulation of citric acid in the proteoid roots was associated with increased *in vitro* activity of phosphoenolpyruvate carboxylase. In contrast, the activity of citrate synthase was not changed, and the activity of aconitase even decreased, corresponding with increased accumulation of cis-aconitic acid in the root-clusters. Citric acid accumulation in developing proteoid roots was also associated with a decrease of the respiration rate, measured by O_2 consumption. The results suggest, that P-deficiency exerts an inhibitory influence on the activity of respiration in proteoid roots, which may in turn inhibit the metabolization of citric acid in the tricarboxylic acid cycle, resulting in increased accumulation, and finally increased exudation of citric acid.

Einleitung

Weißlupine (*Lupinus albus* L.) ist in der Lage, unter Phosphatmangel große Mengen an Citrat und Protonen aus sogenannten Proteoidwurzeln abzugeben, die flaschenbürstenartig entlang von

Seitenwurzeln erster Ordnung ausgebildet werden (MARSCHNER et al. 1987; DINKELAKER et al. 1989). Die abgegebene Citratmenge und die pH-Absenkung in der Rhizosphäre ist ausreichend, um im Boden die chemische Mobilisierung von Phosphat aus schwerlöslichen Ca-, Al-, Fe,- und Huminstoffphosphaten erklären zu können (DINKELAKER et al. 1989; GERKE et al. 1994), weshalb die Weißlupine in dieser Hinsicht als Modellsystem gelten kann. Über die Mechanismen der Proteoidwurzelinduktion und der Citratabgabe ist dagegen bislang nur wenig bekannt. Um einen Einblick in mögliche Regulationsmechanismen zu gewinnen, wurde in der vorliegenden Arbeit der zeitliche Verlauf der intrazellulären Akkumulation und der Abgabe organischer Säuren in verschiedenen Wurzelzonen unter dem Einfluß mangelnder P-Versorgung in einem Hydrokultursystem untersucht und in Beziehung zu den Aktivitäten von Enzymen des Stoffwechsels organischer Säuren gesetzt.

Material und Methoden

Pflanzenanzucht: Jeweils 10, für 5 Tage in Filterpapier vorgekeimte Weißlupinen-Keimlinge (*Lupinus albus* L. cv Amiga) wurden in Gefäßen mit 2,6 l belüfteter Nährlösung in 3 Wiederholungen angezogen. Stickstoff wurde als $Ca(NO_3)_2$ [5 mM], Phosphat als KH_2PO_4 [250 µM] angeboten und fehlte in der P-Mangelvariante. Ein Wechsel der Nährlösung, die Bestimmung der pH-Werte und der NO_3^--Konzentration wurde alle 3 - 4 Tage durchgeführt. Die Klimakammeranzucht erfolgte bei täglich 16 h Weißlicht [200 $\mu E\ m^{-2}\ sec^{-1}$], 24 °C/18 °C Tag/Nacht Temperatur und 60% rel. Luftfeuchte.

Gewinnung von Wurzelexsudaten: Zur Gewinnung von Exsudaten des Gesamtwurzelsystems wurde zu jedem Beprobungstermin aus jedem Nährlösungsgefäß je eine Pflanze verwendet (= 3 Wiederholungen), die Wurzelsysteme über 2 h in je 50 - 100 ml belüftetem, deionisiertem Wasser inkubiert und anschließend 10 ml Aliquots der Inkubationslösung bei -20°C bis zur Analyse gelagert. Die Wurzelsysteme wurden daraufhin zur Gewinnung von Exsudaten aus definierten Wurzelzonen auf einem mit Filterpapier abgedeckten, feuchten Flies ausgebreitet. Die zu beprobenden Wurzelbereiche (sämtliche Proteoidwurzeln jeder Pflanze sowie das 5 mm Wurzelspitzensegment und ein 5 mm Segment 2 cm basalwärts von der Wurzelspitze bei je 5 Seitenwurzeln 1. Ordnung) wurden mit Streifen aus Polyethylenfolie unterlegt, um Diffusion von Exsudaten in die Fliesunterlage zu verhindern, und für 3 h zwischen zwei Lagen feuchter Filterpapierscheiben inkubiert (Filterpapier: Schleicher & Schuell 2992 vorgewaschen mit Methanol und dest. Wasser; Rondellen mit 5 mm Durchmesser für normale Wurzeln, Streifen 1.5 und 3.0 cm^2 für Proteoidwurzeln). Der Rest des Wurzelsystems wurde ebenfalls mit einer Lage feuchten Filterpapiers abgedeckt und mit P-freier Nährlösung versorgt. Nach Beendigung der Inkubation wurden die Filterscheiben mit der Exsudatlösung abgenommen, die beprobten Wurzelbereiche ausgeschnitten, sämtliche Proben in flüssigem N_2 schockgefroren und bei -80 °C bis zur Analyse gelagert.

Bestimmung organischer Säuren: Exsudatlösungen der Beprobung des Gesamtwurzelsystems wurden im Vakuum bei 40 °C zur Trockene eingeengt. Der in 500 µl H_2O dest. aufgenommene Rückstand gelangte zur HPLC-Analyse über Reversed Phase Chromatographie mit Ionisationsunterdrückung (NEUMANN et al. 1996). Die Filter der Wurzelzonenbeprobung wurden in dest. H_2O [150 µl/cm^2], die Gewebeproben mit 5 % [v/v] o-Phosphorsäure [1 ml/100 mg FW] extrahiert und nach Zentrifugation die Konzentration organischer Säuren in den Überständen mittels HPLC bestimmt.

Enzymaktivitäten: Die *in vitro* Aktivitäten von Phosphoenolpyruvat-Carboxylase und Citratsynthase wurden nach JOHNSON et al. (1994) bestimmt. Die Bestimmung der Aconitaseaktivität erfolgte verändert nach RIC DE VOS et al. (1986) gekoppelt mit der Indikatorreaktion mit Phenazin-Methosulfat und Dichlorophenolindophenol nach ROKOSH et al. (1973) und cis-Aconitat [10 mM] als Substrat.

Wurzelatmung: Der O_2-Verbrauch von Wurzelsegmenten (100 - 300 mg FW) aus verschiedenen Wurzelzonen wurde in 70 ml O_2-gesättigter $Ca(NO_3)_2$ -Lösung [2 mM] über 10 min mit Hilfe einer Sauerstoffelektrode (TriOxmatic EO200, WTW) verfolgt (JOHNSON et al. 1994).

Ergebnisse und Diskussion

Proteoidwurzelentwicklung und Wurzelexsudate

Die Ausbildung erster Proteoidwurzelcluster erfolgte als erste sichtbare Reaktion auf Phosphatmangel etwa 14 Tage nach der Aussaat (Abb. 1A). In der Folge nahm die Anzahl (Abb. 1A) und auch das Frischgewicht der Cluster kontinuierlich zu. Eine verstärkte Citratabgabe aus den Wurzeln von P-Mangelpflanzen war dagegen erst ab dem 23. Kulturtag nachzuweisen (Abb.1B) und ist demnach eine eher späte Reaktion auf Phosphatmangelernährung. Neben Citrat als Hauptkomponente wurden in den Wurzelexsudaten auch geringere Mengen an Malat, Fumarat, cis- und trans-Aconitat nachgewiesen. Die verstärkte Abgabe organischer Säuren unter P-Mangel korreliert mit einer deutlichen pH-Absenkung in der Nährlösung auf Werte um pH 4,5 (Abb.1D), was auf eine gemeinsame Abgabe von Citrat-Anionen einerseits und andererseits von Protonen zum Ladungsausgleich hindeutet. Die starke pH-Absenkung in der Nährlösung, die während der ersten 14 Tage der Kulturperiode bei beiden Behandlungen (+P, -P) auftrat (Abb.1D), steht dagegen nicht im Zusammenhang mit der Abgabe organischer Anionen, sondern ist wahrscheinlich als Reaktion auf eine überschüssige Kationenaufnahme zu erklären. Die Ursache hierfür liegt wohl in den hohen Stickstoffreserven der Kotyledonen begründet, die eine Nitrataufnahme aus der Nährlösung während der ersten 14 Tage nach der Aussaat überflüssig machen (Abb. 1 C).

Wurzelzonenspezifische Akkumulation und Abgabe organischer Säuren

Malat und Citrat sind neben geringen Mengen an Fumarat und cis-Aconitat die dominierenden organischen Säureanionen in Wurzelextrakten der Weißlupine. Die Malatkonzentration steigt in den Wurzeln über die Kulturperiode leicht an. Es sind jedoch keine signifikanten Unterschiede zwischen normalen Wurzeln, Proteoidwurzeln und unterschiedlichen P-Behandlungen erkennbar (Abb.2 A).

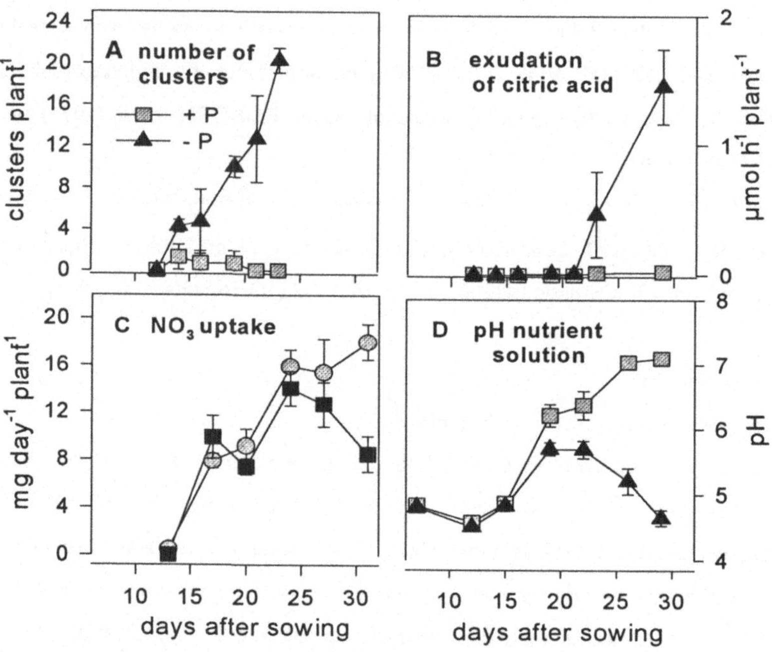

Abb. 1: Proteoidwurzelentwicklung (A), Wurzelexsudation von Citrat (B), Nitrataufnahmeraten (C) und Nährlösungs-pH (D) bei Anzucht von Weißlupine in kompletter und phosphatfreier Nährlösung. Mittelwerte und Standardabweichungen aus 3 unabhängigen Einzelbestimmungen.

Die Abgabe von Malat scheint bevorzugt aus normalen Wurzeln, nicht aber aus Proteoidwurzeln zu erfolgen. Unter P-Mangel ist die Malatexsudation tendenziell erhöht (Abb.2C). Dies gilt bei normalen Wurzeln gleichermaßen für die Wurzelspitzen als auch für weiter basal gelegene Wurzelbereiche (nicht dargestellt). Etwa ab dem 16. Kulturtag beginnt unter P-Mangelbedingungen besonders in den Proteoidwurzeln eine verstärkte Akkumulation von Citrat (Abb.2B). Ein Anstieg der Citratabgabe, die ebenfalls bevorzugt aus den Proteoidwurzeln erfolgt, war dagegen erst nach dem 21. Kulturtag zu beobachten (Abb.2D). Es scheint, daß Citrat in den Proteoidwurzeln bis zu einer intrazellulären Konzentration von etwa 20 µmol pro g Frischmasse akkumuliert und danach verstärkt abgegeben wird, was auf eine begrenzte Speicherkapazität des Proteoidwurzelgewebes für organische Säuren schließen läßt. Im voll vakuolisierten Blattgewebe wurden dagegen Malatkonzentrationen bis zu 80 µmol pro g Frischmasse erreicht (NEUMANN unveröffentlicht).

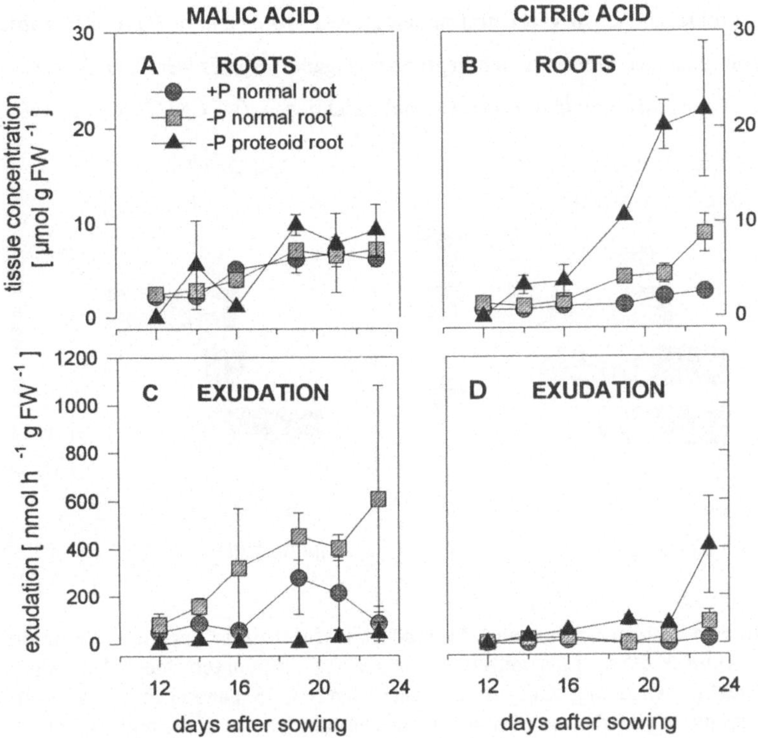

Abb. 2: Zeitverläufe der intrazellulären Akkumulation und der Abgabe von Malat und Citrat aus Wurzeln der Weißlupine bei ausreichender und mangelnder P-Versorgung. Mittelwerte und Standardabweichungen aus 3 unabhängigen Einzelbestimmungen.

Bei älteren Pflanzen (35. Kulturtag) spiegelt sich der zeitliche Ablauf der Proteoidwurzelentwicklung in einer räumlichen Verteilung von sequentiell entlang der Seitenwurzeln angeordneten

Wurzelclustern unterschiedlicher Entwicklungsstadien wider (Abb.3): Malat erreicht die höchsten Konzentrationen in den jüngsten Clusterbereichen, die in ca. 2,5 - 3,5 cm Abstand von der Seitenwurzelspitze austreiben. In den älteren, weiter basalwärts liegenden Wurzelclustern nimmt die Malatkonzentration kontinuierlich ab, während die Citratkonzentration zunimmt. Im Gegensatz zu Malat, dessen Exsudationsraten entlang der Proteoidwurzelcluster unterschiedlichen Alters tendenziell die internen Malatkonzentrationen widerspiegeln, wird Citrat hauptsächlich aus voll entwickelten Clusterbereichen, etwa 5 cm von der Seitenwurzelspitze entfernt, abgegeben. Dagegen ist in den Exsudaten aus älteren Clusterzonen (≥ 6 cm Abstand von der Seitenwurzelspitze) fast kein Citrat mehr nachweisbar. Wiederfindungsversuche mit exogen appliziertem Citrat ergaben, daß die geringen Citratkonzentrationen überwiegend auf eine verminderte Abgaberate und nicht auf verstärkten mikrobiellen Abbau von Citrat in den älteren Proteoidwurzelbereichen zurückzuführen sind. Eine in ähnlicher Weise zeitlich begrenzte Abgabe organischer Säuren wurde auch für Proteoidwurzeln von *Hakea undulata (*Proteaceae) beschrieben (NEUMANN et al. 1996).

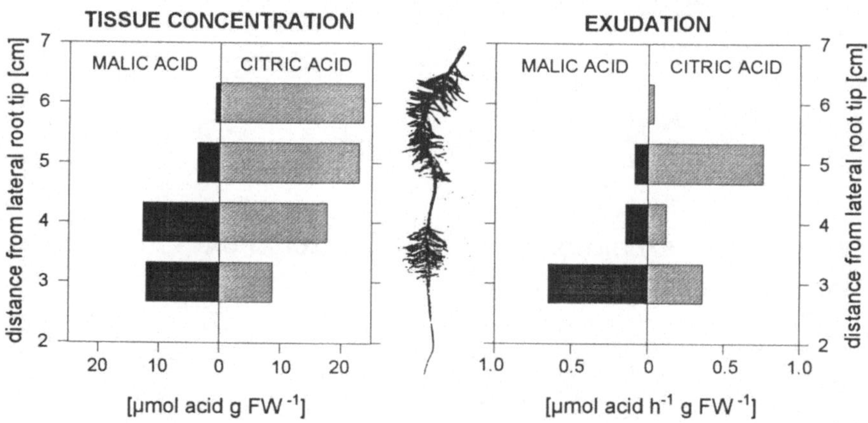

Abb. 3: Intrazelluläre Konzentration und Abgabe von Malat und Citrat aus Proteoidwurzel-clustern von *Lupinus albus.* Längsdifferenzierung der Cluster unterschiedlichen Alters entlang der Seitenwurzeln 1. Ordnung, Kultur in P-freiem Medium, 35 Tage nach der Aussaat. Mittelwerte der Beprobung von 3 Pflanzen (4 mit Clustern besetzte Seitenwurzeln pro Pflanze).

Die hinsichtlich der Citratabgabe aktiven Clusterzonen unterscheiden sich in ihrer internen Citratkonzentration nicht von den älteren inaktiven Bereichen (Abb. 3). Dieser Befund zeigt, daß die Citratabgabe nicht nur als Folge einer durch Phosphatmangel erhöhten Membranpermeabilität zu sehen ist. Bislang ist noch unklar, welche Faktoren die Änderungen der Citratabgabe während der Proteoidwurzelentwicklung bedingen.

Tab. 1 zeigt, daß die exogene Applikation verschiedener Anionenkanalinhibitoren binnen 1,5 Std. zu einer Reduktion der Citratabgabe um bis zu 50 % führte, wobei Anthracen-9-carbonsäure sich als wirksamste der getesteten Verbindungen erwies. Dies kann als erster Hinweis auf die Beteiligung eines Anionenkanals gewertet werden. Dennoch müssen auch mögliche unspezifische Effekte solcher Inhibitorsubstanzen in Betracht gezogen werden.

Tab. 1: Einfluß von Ionenkanalinhibitoren auf die Abgabe von Citrat aus dem Gesamtwurzelsystem 5 Wochen alter Weißlupinen unter P-Mangelbedingungen. Abgabe während 1,5 h Inkubation (Inhibitorkonzentration: 50 µM) relativ zu einer vorangehenden 1,5 h Kontrollinkubation in dest. H_2O. Mittelwerte und Standardabweichungen von 3 Einzelbestimmungen.

Behandlung	H_2O	Ethacrynic acid	Anthracene-9-carboylic acid
Citratabgabe [% der Kontrolle]	**77,8 a** ± 15,1	**41,6 b** ± 15,3	**32,1 b** ± 19,7

Enzymaktivitäten und Wurzelatmung

Der Carboxylierung von Phosphoenolpyruvat (PEP) zu Oxalacetat durch Phosphoenolpyruvat-Carboxylase (PEPC; EC 4.1.1.31) wird bei vielen Pflanzenarten unter Phosphatmangel eine zentrale Bedeutung zugeschrieben. Eine durch P-Mangel induzierte Erhöhung der PEPC-Aktivität wurde bisher von Raps (HOFFLAND et al. 1992), Tomate (PILBEAM et al. 1993) und auch von Weißlupine (JOHNSON et al. 1994) berichtet. Sie könnte als anaplerotische Reaktion durch erhöhte Wurzelexsudation entstehende Kohlenhydratverluste ausgleichen (JOHNSON et al. 1996). Auch eine ökonomischere Verwertung von Phosphoenolpyruvat durch PEPC, die im Gegensatz zur Pyruvatkinasereaktion der Glycolyse zu einer Pi-Freisetzung führt, könnte unter P-Mangel eine Bedeutung haben. In der vorliegenden Untersuchung mit Weißlupine war unter P-Mangel die *in vitro* PEPC-Aktivität in den normalen Wurzeln 23 Tage alter Pflanzen im Vergleich zur Variante mit ausreichender P-Versorgung verdoppelt und in den Proteoidwurzeln sogar verdreifacht (Tab. 2). Obwohl in den Proteoidwurzeln unter P-Mangel eine verstärkte Akkumulation von Citrat nachweisbar ist (Tab.2; Abb.2 B), war die Aktivität der Citratsynthase im Vergleich zu Wurzeln von Pflanzen mit ausreichender P-Versorgung nicht erhöht (Tab. 2). Die Aktivität der Aconitase, die im Citratzyklus die weitere Umsetzung von Citrat über cis-Aconitat zu Isocitrat katalysiert, war in den Wurzeln von P-Mangel Pflanzen sogar um etwa 40 % erniedrigt. Entsprechend war auch eine Akkumulation des Zwischenproduktes cis-Aconitat besonders in den Proteoidwurzeln nachweisbar (Tab. 2). Diese Befunde deuten darauf hin, daß die verstärkte Citratakkumulation in den Proteoidwurzeln möglicherweise auch auf einem durch P-Mangel herabgesetzten Citratumsatz im Citratzyklus beruht.

Tab. 2: *In vitro* Aktivitäten von Phosphoenolpyruvat-Carboxylase (PEPC), Citratsynthase und Aconitase sowie intracelluläre Citrat- und cis-Aconitat Konzentrationen im Wurzelgewebe 23 Tage alter Weißlupinen bei ausreichender P-Versorgung und unter P-Mangelbedingungen. Mittelwerte von 3 unabhängigen Einzelbestimmungen.

	[Substratumsatz min^{-1} mg $Protein^{-1}$]				
Wurzel-gewebe	PEPC	Citratsynthase	Aconitase	Citrat [µmol g FW^{-1}]	cis-Aconitat [µmol g FW^{-1}]
+P normal	**0,12 a**	**0,023 a**	**2,71 a**	**2,53 a**	**0,012 a**
-P normal	**0,21 b**	**0,023 a**	**1,70 b**	**8,75 b**	**0,016 a**
-P Proteoid	**0,33 c**	**0,016 a**	**1,74 b**	**18,96 c**	**0,034 b**

Die Häufung meristematischer Zellen in Proteoidwurzeln, bedingt durch die hohe Anzahl an Seitenwurzelspitzen, läßt einen besonders hohen Phosphat- und Energiebedarf und damit besonders starke Auswirkungen einer Phosphatmangelernährung in diesen Wurzelzonen erwarten. Wenn unter solchen Bedingungen Phosphat für die ATP-Synthese zum begrenzenden Faktor wird, könnte eine sinkende Atmungsaktivität mit sinkendem Verbrauch an Reduktionsequivalenten eine Rückkopplungshemmung der $NADH+H^{+}$-liefernden Reaktionen im Citratcyclus bewirken. Eine gleichbleibende oder durch die erhöhte Aktivität der PEPC noch verstärkte Anlieferung von Oxalacetat als Vorstufe für die Citratsynthese würde damit zwangsläufig zu einer Citratakkumulation führen.

Tab. 3: Atmungsaktivität und intrazelluläre Citratkonzentration in verschiedenen Wurzelzonen 5 Wochen alter Weißlupinen bei ausreichender P-Versorgung und unter P-Mangelbedingungen. Mittelwerte und Standardabweichungen von 3 - 4 Einzelbestimmungen.

Wurzelzone/ Abstand v. d. Wurzelspitze	+P normal Spitze+2 cm	-P normal Spitze +2 cm	-P Proteoid (jung) 3 cm	-P Proteoid ca. 4 cm	-P Proteoid ca. 5 cm	-P Proteoid ca. 6 cm
O_2-Verbrauch [µmol min^{-1} g FW^{-1}]	**0,90 a** ± 0,1	**0,88 ab** ± 0,3	**1,2 a** ± 0,4	**0,64 b** ± 0,04	**0,53 b** ± 0,1	**0,47 b** ± 0,1
Citrat-konzentration [µmol g FW^{-1}]	nicht bestimmt	nicht bestimmt	**8,65 a** ± 0,1	**17,68 b** ± 5,0	**22,92 b** ± 3,2	**23,8 b** ± 2,0

Tab. 3 zeigt, daß die Steigerung der Citratakkumulation während der Proteoidwurzelentwicklung tatsächlich mit einer sinkenden Atmungsaktivität verbunden ist. Die mangelnde Speicherkapazität des Proteoidwurzelgewebes für organische Säuren führt letztlich zu einer Abgabe von Citrat und von Protonen in die Rhizosphäre, wodurch die chemische Mobilisierung schwerlöslicher Phosphatformen ermöglicht wird. Künftige Untersuchungen müssen zeigen, ob sich weitere Argumente für den postulierten Regulationsmechanismus finden lassen und ob ähnliche Mechanismen auch eine Rolle bei der durch P-Mangel stimulierten Abgabe organischer Säuren aus den Wurzeln anderer Pflanzenarten spielen.

Literaturverzeichnis

DINKELAKER, B.; RÖMHELD, V.; MARSCHNER, H.: Citric acid excretion and precipitation of calcium in the rhizosphere of white lupin (*Lupinus albus* L.). Plant, Cell and Environment **12**, 285-292 (1989).

GERKE, J.; RÖMER, W.; JUNGK, A.: The excretion of citric and malic acid by proteoid roots of *Lupinus albus* L.: Effects on soil solution concentrations of phosphate, iron, and aluminium un the proteoid rhizosphere in samples of an oxisol and a luvisol. Z. Pflanzenernaehr. Bodenk., **157** (1994).

HOFFLAND, E.; VAN DEN BOOGAARD, R.; NELEMANS, J.; FINDENEGG, G.: Biosynthesis and root exudation of citric and malic acids in phosphate-starved rape plants. New Phytol. **122**, 675-680 (1992).

JOHNSON, J.F.; ALLAN, D.L.; VANCE, C.P: Phosphorous stress-induced proteoid roots show altered metabolism in *Lupinus albus*. Plant Physiol. **104**, 657-665 (1994).

JOHNSON, J.F.; ALLAN, D.L.; VANCE, C.P.; WEIBLEN, G.: Root carbon dioxide fixation by phosphorous deficient *Lupinus albus*. Contribution to organic acid exudation by proteoid roots. Plant Physiol. **112**, 19-30 (1996).

MARSCHNER, H.; RÖMHELD, V.; CAKMAK, I.: Root-induced changes of nutrient availability in the rhizosphere. Journal of Plant Nutrition **10**, 1175-1184 (1987).

NEUMANN, G.; DINKELAKER, B.; MARSCHNER, H.: Kurzzeitige Abgabe organischer Säuren aus Proteoidwurzeln von *Hakea undulata* (Proteaceae). In: Pflanzliche Stoffaufnahme und mikrobielle Wechselwirkungen in der Rhizosphäre. 6. Borkheider Seminar zur Ökophysiologie des Wurzelraumes (Ed. W. Merbach) B.G. Teubner Verlagsgesellschaft Stuttgart, Leipzig, 129-136 (1996).

PILBEAM, D.J.; CAKMAK, I.; MARSCHNER, H.; KIRKBY, E.A.: Effect of withdrawal of phosphorous on nitrate assimilation and PEP carboxylase activity in tomato. Plant and Soil **154**, 111-117 (1993).

RIC DE VOS, C.; LUBBERDING, H.J.; BIENFAIT, F.: Rhizosphere acidification as a response to iron deficiency in bean plants. Plant Physiol. **81**, 842-846 (1986).

ROKOSH, D.A.; KURZ, W.G.W.; LARUE, T.A.: A Modification of isocitrate and malate dehydrogenase assays for use in crude cell free extracts. Anal. Biochem. **54**, 477-483 (1973).

Pflanzenernährung, Wurzelleistung, Exsudation.
8. Borkheider Seminar zur Ökophysiologie des Wurzelraumes.
(Ed. W. Merbach) B. G. Teubner Verlagsgesellschaft Stuttgart, Leipzig 1998, pp. 230-237

VERHALTEN UND METABOLISIERUNG WASSERLÖSLICHER WURZELABSCHEIDUNGEN IN DER RHIZOSPHÄRE

LEŽOVIČ, G.

Martin-Luther-Universität Halle-Wittenberg

Institut für Bodenkunde und Pflanzenernährung

Adam-Kuckhoff-Str. 17 b

D - 06108 Halle/Saale

Abstract

The introduced investigations had the aim to study the behaviour of root exudates of maize in the soil and to elucidate the phosphate-dissolving effect of these substance mixtures. For this purpose the behaviour of water-soluble ^{14}C-labelled root exudates or correspondingly labelled D-glucose, L-aspartic acid and citric acid was analysed in small blocks of soil (30 mm x 12 mm x 24 mm). Under sterile conditions the compounds being trickled on the block frontage remained almost stabile for 3 days and, with the exception of L-aspartic-acid, penetrated uniformly into the soil block. Under unsterile conditions only 34-64 % of the radioactivity could be found after 3 days, while the remaining part seems to hade been respired by microbes. The residual radioactivity was concentrated around the trickling point where also the phosphate solubility was increased. The applied ^{14}C compounds were chemically completely changed. The experiments showed that the P dissolving effect of root exudates seems to be caused mainly by their microbial metabolites.

Zusammenfassung

Ziel der vorliegenden Untersuchungen war, das Verhalten von Wurzelabscheidungen des Maises im Boden zu studieren und dadurch die phosphatlösende Wirkung dieser Substanzmischungen zu erklären. Zu diesem Zweck wurde das Verhalten wasserlöslicher ^{14}C-markierter Wurzelabscheidungen bzw. gleichartig markierter D-Glucose, L-Asparaginsäure und Citronensäure in kleinen Bodenblöcken (30 x 12 x 24 mm) untersucht. Unter sterilen Bedingungen blieben die auf die Stirnseite aufgetropften Verbindungen innerhalb von 3 d weitgehend stabil und verteilten sich - mit Ausnahme von L-Asparaginsäure - gleichmäßig im Bodenblock. Unter insterilen Bedingungen wurden nach 3 d nur 34 - 64 % der Radioaktivität wiedergefunden, der übrige Teil war offenbar durch Mikroben veratmet worden. Die verbliebene Radioaktivität konzentrierte sich an der Auftropfstelle, an der auch die Phosphatlöslichkeit erhöht war. Die applizierten ^{14}C-Verbindungen waren chemisch vollständig verändert worden. Die Versuche zeigen, daß die P-lösende Wirkung von Wurzelabscheidungen offenbar zum größeren Teil auf ihren mikrobiellen Stoffwechselprodukten beruht.

Einleitung

Höhere Pflanzen können durch Abgabe org. Verbindungen in die Rhizosphäre die P-Aufnahme wesentlich beeinflussen. In der Literatur werden hauptsächlich Aminosäuren und sonstige Carbonsäuren (u. a. Citronensäure), die in Wurzelexsudaten identifiziert worden sind, für die erhöhte Löslichkeit des Phosphates in der Rhizosphäre verantwortlich gemacht (GERKE 1994; HOFFLAND et al. 1989; STAUNTON u. LEPRICE 1996). Unter insterilen Bodenbedingungen dürften diese organischen Säuren jedoch oft nicht lange genug stabil sein, um eine merkliche Erhöhung des P-Gehaltes zu bewirken; denn die Bodenmikroben metabolisieren abgeschiedene Substanzen (ROVIRA 1969; DEUBEL 1996). Insgesamt herrscht aber noch sehr wenig Wissen darüber, welche Veränderungen die von der Pflanzenwurzel abgeschiedenen Substanzen durch Rhizosphärenmikroorganismen erfahren und in welche Verbindungen sie umgewandelt werden. Die vorliegende Arbeit hatte daher das Ziel, das Verhalten der Wurzelabscheidungen bzw. bestimmter Bestandteile hiervon im Boden zu studieren und diese Vorgänge zur früher festgestellten Erhöhung der DL-Löslichkeit von Bodenphosphaten durch diese Substanzen (STRÖHMER 1995) in Beziehung zu setzen.

Material und Methoden

1. Gewinnung der Wurzelabscheidungen

Jeweils 8 Maispflanzen der Sorte Bezemara wurden in 1,5 kg Quarzsand bis zum 5-Blattstadium im Kalthaus des Gewächshauses angezogen. Vor der Ernte wurde der Mais 3 Tage mit $^{14}CO_2$ (SCHULZE 1993) begast und somit radioaktiv markiert. Die an den Wurzeln haftenden Abscheidungen sind dann durch Abstauchen der aus dem Substrat entnommenen Pflanzen (2 min in 20 °C warmes dest. Wasser, Ag^+-haltig zur Unterbindung mikrobieller Umsetzungen) gewonnen worden. Die Lösungen wurden anschließend mittels flüssigem N_2 schockgefroren und danach gefriergetrocknet (GRANSEE u. WITTENMAYER 1995). Der Rückstand ist mit einer entsprechenden Menge Wasser aufgenommen worden und diente nach der Abzentrifugation (5000 x g) unlöslicher Bestandteile zur Durchführung der Versuche.

2. Anfertigung der Bodenblöcke

Der Versuchsboden war ein Parabraunerde-Tschernosem (pH $_{CaCl2}$ 6,3), der mit einer Bodendichte von 1,46 g/cm^3 lufttrocken in einen Plexiglascontainer (30 mm x 12 mm x 24 mm) eingefüllt wurde. Das Prinzip bestand darin, auf die Stirnseite des gebildeten Bodenblockes ^{14}C-markierte kaltwasserlösliche Wurzelabscheidungen oder ^{14}C-markierte Standards[1] aufzutropfen, die sich im Bodenblock durch Diffusion verteilen konnten. Der Gesamtwassergehalt betrug nach dem Verabreichen der Substanzen 24 %. Der Bodenblock wurde zur Verhinderung von Wasserbewegungen mit Paraffin abgedichtet und 3 Tage bei konstanter Temperatur und Luftfeuchtigkeit gelagert. Nach dem anschließenden Einfrieren der Blöcke mit flüssigem N_2, dem Zerschneiden mit Hilfe eines Gefriermikrotoms in 1,6 mm dicke Scheiben und Gefriertrocknung erfolgte die Bestimmung des Gehaltes an DL-löslichem Phosphat in den Bodenscheiben nach EGNÉR und RIEHM (1955) bzw. die Extraktion nacheinander mit H_2O, gesättigter $CaSO_4$-Lösung, 4 %iger HCl und 14 %iger HCl im Verhältnis 1: 20 zur Erfassung der ^{14}C-Fraktionen. Der Restboden ist am Biological Oxidizer zur Bestimmung der ^{14}C-Menge verbrannt worden. Für Sterilvarianten wurde der lufttrocken in Plexiglascontainer eingewogene Boden mit ^{60}Co bestrahlt (25 kGy ca. 1 h). Die Keimfreiheit der Wurzelabscheidungen bzw. Standards ist durch Membranfiltration mit anschließendem Keimschalentest gesichert worden. Die Radioaktivitätsbestimmung erfolgte mittels Flüssigkeitszintillationsmessung am Tri-Carb (1900 TR).

---

[1] D-[^{14}C(U)]-Glucose (8,3 GBq/mmol)
L-[^{14}C(U)-Asparaginsäure (7,9 GBq/mmol)
[1,5-^{14}C]-Citronensäure (2,6 GBq/mmol)

Ergebnisse

Abbildung 1 zeigt den Gehalt an DL-löslichem Phosphat im Bodenblock nach dem Auftropfen von 0,2 g Wurzelabscheidungen (3 d Diffusion) in An- und Abwesenheit von Mikroorganismen. Die Phosphatlöslichkeit war in den ersten Millimetern um die Auftropfstelle erhöht, wenn Wurzelabscheidungen gegeben worden sind. Bei der Sterilvariante zeigte sich jedoch gegenüber der Insterilvariante eine höhere Phosphatlöslichkeit. Das läßt darauf schließen, daß Mikroorganismen die Exsudate in starkem Maße metabolisiert haben, so daß sie für die Verbesserung der Nährstofflöslichkeit nicht mehr vollständig zur Verfügung standen. In einem Insterilversuch (Abb. 2) konnte tatsächlich gezeigt werden, daß ca. 74 % der auf den Bodenblock aufgetropften ^{14}C-Radioaktivität nach 3 d Diffusion nicht mehr im Boden auffindbar waren. Die Mikroben hatten offensichtlich einen erheblichen Anteil veratmet. 21,4 % der ^{14}C-markierten Substanz waren im Boden fixiert und hauptsächlich um die Auftropfstelle angereichert. Dagegen konnten nur noch 4,4 % der ^{14}C-Menge in der wasserlöslichen Fraktion gefunden werden, die sich anders als beim fixierten Anteil gleichmäßig im Bodenblock verteilten.

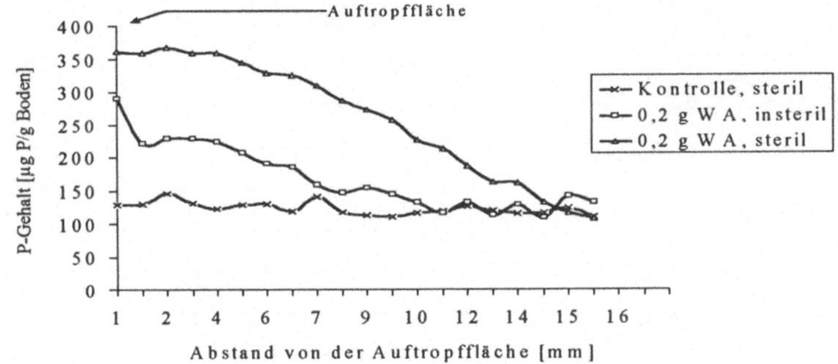

Abb. 1: Abhängigkeit des Gehaltes an DL-löslichem Phosphat von der Zugabe an Wurzelabscheidungen (WA) unter sterilen und insterilen Versuchsbedingungen (4 Wdhl.). Die Werte der insterilen Kontrolle unterschieden sich nicht signifikant von denen der sterilen.

Bei Versuchen mit nativen Wurzelabscheidungen ist es sehr schwierig, die Wirkungen einzelner Exsudatbestandteile wie Zucker, Aminosäuren oder „Nichtamino"-Carbonsäuren zu trennen. Um solche Einzelwirkungen zu klären, wurde mit den synthetischen ^{14}C-markierten Verbindungen α

D-Glucose, Asparaginsäure und Citronensäure (siehe Methode) gearbeitet. Die Auswahl erfolgte auf Grund ihres erheblichen Anteils an den wasserlöslichen Wurzelabscheidungen.

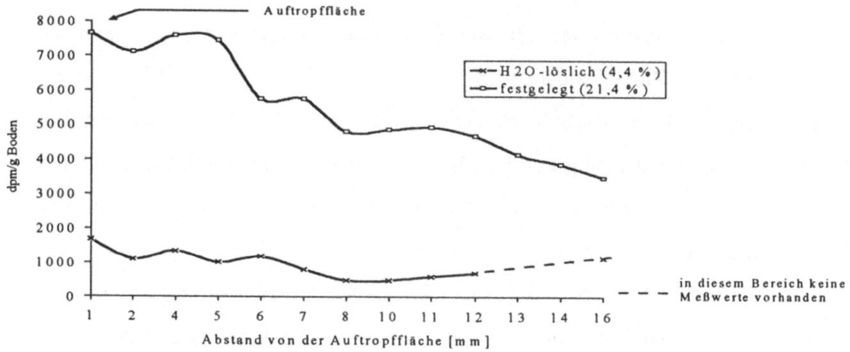

Abb. 2: Verteilung kaltwasserlöslicher ^{14}C-markierter Wurzelabscheidungen in einem Para-braunerde-Tschernosem nach 3 d Diffusionszeit, Angabe in () entspricht der wiedergefundenen ^{14}C-Menge, (6 Wdhl.)

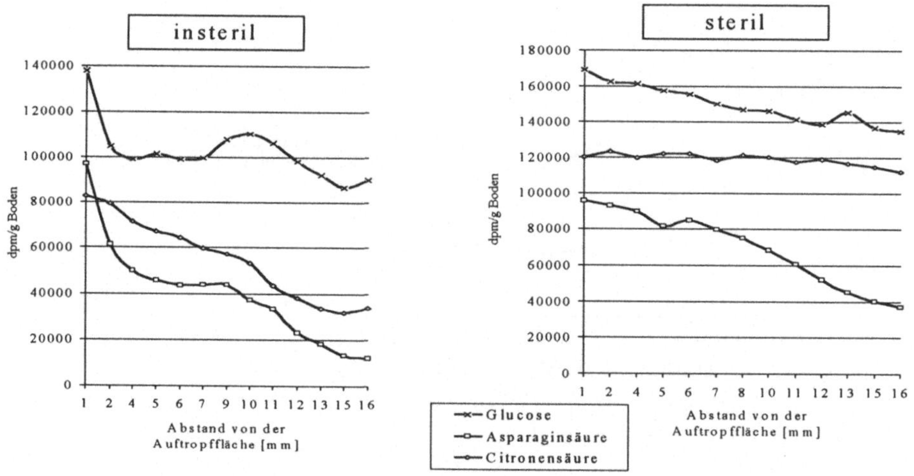

Abb. 3: Verteilung der ^{14}C-Gesamtradioaktivität im Bodenblock nach dem Auftropfen ausgewählter ^{14}C-markierter Standards und 3 d Diffusionszeit (4 Wdhl.)

Betrachtet man die Verteilung der ^{14}C-Gesamtradioaktivität (Abb. 3) der ausgewählten Standards, so zeigte sich unter sterilen Bedingungen bei der D-Glucose sowie bei der Citronensäure nach 3 Tagen eine relativ gleichmäßige Verteilung im Bodenblock. Die L-Asparaginsäure reicherte sich dagegen in den ersten Millimetern des Bodenblockes an. Das könnte darauf zurückzuführen sein, daß Aminosäuren im Boden andere Bindungen eingehen als Carbonsäuren bzw. als Kation sorbiert werden. Unter mikrobiellem Einfluß war der Hauptanteil an ^{14}C der drei untersuchten Verbindungen dagegen schon in den ersten Millimetern des Bodenblockes zu finden. Diese Ergebnisse erklären die in Abbildung 1 dargestellte Erhöhung des Gehaltes an DL-löslichem Phosphat um die Auftropffläche. Es kann jedoch noch keine Aussage getroffen werden, warum der Phosphatgehalt in der sterilen Variante höher als in der insterilen ist.

In Abbildung 4 sind die Ergebnisse der fraktionierten ^{14}C-Extraktion aus den Bodenblöcken dargestellt. Unter sterilen Bedingungen waren noch 95 % der Radioaktivität der D-Glucose im Bodenblock vorhanden. 80 % waren auch noch nach 3 d wasserlöslich. 6 % entfielen auf die $CaSO_4$-Fraktion und 7 % wurden mit 4 %iger HCl herausgelöst. Unter insterilen Bedingungen wurden dagegen 43 % der D-Glucose veratmet. Jeweils 22 % der wiedergefundenen ^{14}C-Menge waren wasserlöslich bzw. in der Bodenmatrix (als mikrobielle Biomasse ?) festgelegt. Die in der $CaSO_4$-Fraktion sowie in der 4 %-HCl-Fraktion gebundene ^{14}C-Menge reduzierte sich im Vergleich zur Sterilvariante auf 3 und 4 %. Hingegen stieg der ^{14}C-Anteil in der 14 %-HCl-Fraktion von 1 % (steril) auf 6 % (insteril) an. Weitere, hier nicht näher auszuführende Analysen ergaben, daß die D-Glucose nach 3 d im Sterilversuch in der wasserlöslichen Fraktion immer noch als Ausgangssubstanz gefunden werden konnte. Dagegen war sie unter insterilen Bedingungen praktisch vollständig in noch nicht identifizierte andere Verbindungen umgewandelt worden.

Von der in Form von ^{14}C-Asparaginsäure applizierten Radioaktivität wurden nach 3 d im Sterilversuch 87 % wiedergefunden. Auch hier war der Hauptanteil (61 %) wasserlöslich. 9 % der ^{14}C-Menge konnten mit gesättigter $CaSO_4$-Lösung und 11 % mit 4 %iger HCl aus dem Boden herausgelöst werden. Die gefundene ^{14}C-Menge in der 14 %-HCl-Fraktion sowie der festgelegte Anteil waren dagegen gering (3 und 4 %). Unter insterilen Bedingungen zeigte sich, daß 66 % der aufgetropften L-Asparaginsäure veratmet worden waren und somit der Pflanze für die Erhöhung der Nährstoffverfügbarkeit in der Rhizosphäre nicht mehr zur Verfügung standen. Von den im Boden verbleibenden 34 % waren nur noch 7 % wasserlöslich. Der im Boden festgelegte ^{14}C-Anteil (mikrobielle Biomasse ?) erhöhte sich dagegen auf 16 %.

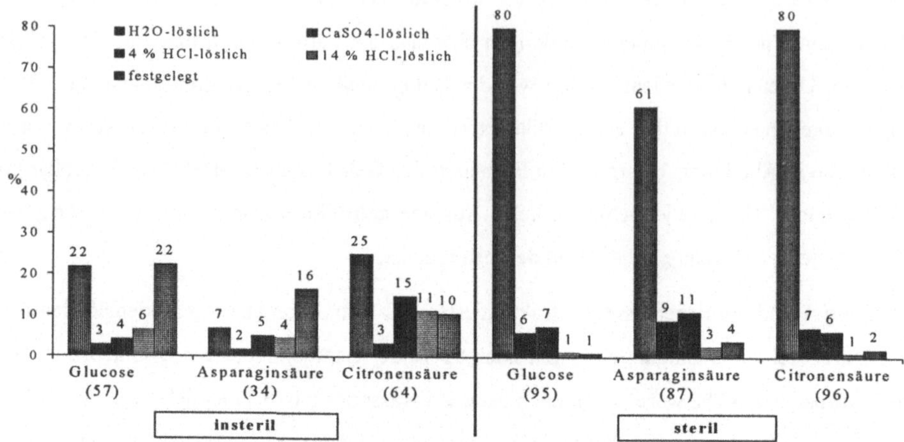

Abb. 4: **Prozentuale Anteile der einzelnen Extraktionslösungen an der zugegebenen ^{14}C-Gesamtmenge unter sterilen und insterilen Bedingungen, Angabe in () entspricht der wiedergefundenen ^{14}C-Gesamtmenge, (4 Wdhl., Summen aller Bodenscheiben)**

In der $CaSO_4$-Fraktion waren nur noch 2 % und in der 4 %-HCl-Fraktion 5 % der im Boden verbliebenen ^{14}C-Menge gebunden. Der 14 %-HCl-Anteil veränderte sich nicht. Auch die Radioaktivität der Citronensäure verblieb unter sterilen Versuchsbedingungen nach ihrer Applikation zu 96 % und damit fast vollständig im Bodenblock. 80 % waren ähnlich wie bei D-Glucose und L-Asparaginsäure wasserlöslich. 7 % entfielen auf die $CaSO_4$-Fraktion und 6 % auf die 4 %-HCl-Fraktion und wurden damit nur leicht an die Bodenmatrix gebunden. Unter insterilen Bedingungen waren dagegen 36 % der ^{14}C-Citronensäure nach 3 d nicht mehr auffindbar. 25 % und damit der Hauptanteil der im Boden verbliebenenen ^{14}C-Menge waren noch wasserlöslich. Der fester gebundene Anteil erhöhte sich jedoch unter mikrobiellem Einfluß auf 36 % (15 % 4 %-HCl-Fraktion, 11 % 14 %-HCl-Fraktion, 10 % festgelegt). Mit Hilfe von HPLC konnte festgestellt werden, daß die Citronensäure unter sterilen Bedingungen auch nach 3 d noch in ihrer ursprünglichen Form (wasserlösliche Fraktion) im Bodenblock vorhanden war. Dagegen fand unter insterilen Bedingungen eine Metabolisierung statt. Es wurde u. a. Äpfelsäure identifiziert.

Diskussion

Die vorgestellten Ergebnisse bestätigen zunächst, daß Wurzelabscheidungen den Gehalt an DL-löslichem Bodenphosphat erhöhen. Daß der Effekt unter sterilen Bedingungen bei gleicher Menge zugesetzter Substanz größer ist als im Insterilversuch, läßt sich am besten durch den hohen C-Verlust infolge Mikrobenatmung erklären. Denn wenn ein großer Anteil veratmet ist, kann dieser bei der P-Mobilisierung nicht mehr wirksam werden. Ob darüber hinaus die durch Umwandlung der ursprünglichen Verbindungen entstandenen neuen Stoffe andere Lösungsaktivitäten besitzen, bleibt zunächst offen; denn letztere müssen erst vollständig identifiziert werden. Auf alle Fälle zeigt die weitgehende räumliche Übereinstimmung von Phosphatlösungseffekt an der Auftropffläche mit dem Gehalt an nicht H_2O-extrahierbaren Abscheidungen, daß die mikrobiellen Prozesse und die dabei entstandenen Stoffe bedeutsam sind. Im Gegensatz zu GERKE (1994) scheint daher den ursprünglichen wasserlöslichen Exsudaten für die Löslichkeitserhöhung nur begrenzte Bedeutung zuzukommen. Auf solche Möglichkeiten hatten bereits ZHANG und CAO (1992) hingewiesen.

Literaturverzeichnis

DEUBEL, A.: Einfluß wurzelbürtiger organischer Kohlenstoffverbindungen auf Wachstum und Phosphatmobilisierungsleistung verschiedener Rhizosphärenbakterien. Dissertation, MLU Halle-Wittenberg (1996).

EGNÉR, H.; RIEHM, H.: Methodenbuch Band I : Die Untersuchung von Böden, Neumann-Verlag, Radebeul und Berlin, 3. Aufl., 177-185 (1955).

GERKE, J. : Kinetics of soil phosphate desorption as affected by citric acid. Z. Pflanzenernähr. Bodenk. **157**, 17-22 (1994).

GRANSEE, A.; WITTENMAYER, L.: Eine neuartige Methode zur Gewinnung und Identifizierung von Wurzelabscheidungen bei Kulturpflanzen. VDLUFA-Schriftenreihe **40**, 733-736, Kongreßband Garmisch-Partenkirchen (1995).

HOFFLAND, E.; FINDENEGG, G. R.; NELEMANS, J. A.: Solubilization of rock phosphate by rape. II. Local root exudation of organic acids as a response to P-starvation. Plant and Soil **113**, 161-165 (1989).

ROVIRA, A. D. : Plant root exudates. Bot. Rev. **35**, 35-57 (1969).

SCHULZE, J.: Untersuchungen zur Kohlenstoffbilanz bei Leguminosen und Nichtleguminosen unter besonderer Berücksichtigung der organischen Wurzelausscheidungen. Diss. Univ. Halle (1993).

STAUNTON, S.; LEPRICE, F.: Effect of pH and some organic anions on the solubility of soil phosphate: implications for P bioavailability. European Journal of Soil Science **47**, 231-239 (1996).

STRÖHMER, G.: Verhalten von Wurzelabscheidungen im Boden und ihr Einfluß auf die Löslichkeit von Phosphaten im Boden. VDLUFA-Schriftenreihe 39, 133-136, Kongreßband Garmisch-Partenkirchen (1995).

ZHANG, F.; CAO, Y.: Rhizosphere dynamics and plant nutrition. Acta Pedologica Sinica **29** (3), 239-250 (1992).

Pflanzenernährung, Wurzelleistung und Exsudation.
8. Borkheider Seminar zur Ökophysiologie des Wurzelraumes.
(Ed. W. Merbach) B. G. Teubner Verlagsgesellschaft Stuttgart, Leipzig 1998, pp. 238-245

EXUDATION OF ORGANIC ANIONS BY WHITE LUPIN (*Lupinus albus* L.) AND THEIR ROLE IN PHOSPHATE MOBILIZATION FROM SOIL

KAMH, M.[2]; HORST, W. J.[1]; AMER, F.[2]; MOSTAFA, H.[2]

[1] Institute of Plant Nutrition, University of Hannover, Herrenhäuser Straße 2
D - 30419 Hannover

[2] Soil and Water Science Dept. Faculty of Agriculture, University of Alexandria
Alexandria, Egypt.

Abstract

Using an anion exchange resin, a method has been developed which allows the quantification of organic anions exuded from individual proteoid roots and root tips of white lupin (*Lupinus albus* L.) plants grown in nutrient solution and in soil. In both culture systems succinate was the dominant organic anion exuded followed by citrate and malate. In nutrient solution mean citrate exudation-rate was 0.57 pmol cm^{-1} s^{-1} and was highly dependent on the citrate content and on the age of the proteoid roots. In the rhizosphere of soil-grown plants, citrate was the predominant organic anion amounting to 91 % of the total organic anions. Mobilization of soil P by plants was estimated from P depletion in the rhizosphere compared to the bulk soil. As an overall average 26 % of the total inorganic P (P_i) depletion could be attributed to mobilization of labile P fractions (resin-P, $NaHCO_3$-P_i, and NaOH-P_i) and 29 % and 44 % to the less mobile HCl- and residual-P fractions, respectively. This suggests that complexation of Fe and Al by organic anions was involved in solubilization of soil and fertilizer P.

Introduction

Phosphorus-efficient plants may respond to low levels of P by changing their root morphology and/or root physiology. For instance, in response to P deficiency, white lupin (*Lupinus albus* L.) develops proteoid roots (GARDNER et al. 1981). Proteoid root zones have been shown to be main sites of citrate exudation (GARDNER et al. 1983, DINKELAKER et al. 1989). Exudation of organic acids into the rhizosphere soil enhances the mobilization of phosphate (HOFFLAND et al. 1989; GERKE et al. 1994). Objectives of this study were a) to quantify exudation rates of organic anions of individual proteoid roots and root tips of *Lupinus albus* plants growing in nutrient solution and in soil, b) to study factors affecting organic anion exudation-rates from the proteoid roots, and c) to investigate the effect of root exudates on soil and rock phosphate availability.

Material and Methods

Plant culture

Nutrient solution: Pregerminated seedlings of white lupin (*Lupinus albus* L., cv. Lublance) were transferred to continuously aerated nutrient solution (buffered with $CaCO_3$) supplied with 1 µM P as KH_2PO_4. Plants were grown in the nutrient solution for up to 31 days in a controlled environment chamber at a temperature of 25/20 °C in a 12/12 h day / night regime, and the light intensity of 270 µE m^{-2} s^{-1}.

Soil: The soil used was a calcareous subsoil loess from Germany. It is a sandy loam with a pH (H_2O) of 7.8, 7.3 % $CaCO_3$, and 5.4 mg $NaHCO_3$-P kg^{-1} soil. Air-dried soil passing through a 4 mm sieve was fertilized with 0.0, 0.1, 0.5 g phosphate rock (PR) kg^{-1} soil in addition to N (NO_3-N or NH_4-N), K, Mg, and Zn. Fertilized soil was placed in mini-rhizotrons at 1.35 kg m^{-3} bulk density. One 6-days old *Lupinus albus* seedling was transplanted into each rhizotron, which was watered to maintain the moisture content at 60 % (w/w) of the water holding capacity. Plants were grown in the controlled environment chamber for 42 days.

Collection of exudates

Nutrient solution: An anion exchange resin (BIORAD, AG-X8, 100 - 200 mesh, formate form) was used for the collection of exudates after being transformed to the bicarbonate form. Samples of 0.5 g resin were placed in 40 µm nylon bags. A *Lupinus albus* plant was transferred to a rectangle containing the same nutrient solution as for the pretreatment. Selected proteoid roots or root tips were sealed with vaseline in aluminum compartments containing resin bags. Exudates were collected in presence of 3 ml distilled water for 2 or 4 h from proteoid roots or root tips, respectively.

Soil: At a plant age of 40 days, exudates were collected from proteoid roots and root tips grown at the soil surface using resin bags or resin agar (resin in 0.75 % agar). A resin bag or a resin-agar block was placed on the selected proteoid root for 2 h. The root tip was separated from the soil and underlayered by a plastic foil, while the resin-agar block was placed on the root tip for 4 h. Resin bags and resin agar were covered with filter paper and sprayed every 5 to 10 minutes with distilled water.

Recovery of root exudates and their quantification

The resin-agar blocks were placed in test tubes containing distilled water, heated in a water bath, and filtered. The separated resin was washed with hot water and placed in 40 µm nylon bags. All resin bags obtained from the experiments were subjected to three consecutive extractions with 8 N formic acid, which was then evaporated to dryness. Residues were dissolved in 5 mM H_2SO_4, filtered through a 0.2 µm membrane, and organic acids concentrations were measured by HPLC (Beckmann, with aminex HPX 87 H^{Th} BIORAD column) with a mixture of analytical grade organic acids as reference. Analytical grade citric acid was used for testing the efficiency of citrate binding by the resin as well as its recovery from the resin.

Organic acids contents of the proteoid roots

After the collection of organic acids from 10 young fully developed proteoid roots, proteoid roots were separated from the root system and their fresh weight was recorded. Each proteoid root was placed in a glass tube containing 2 ml distilled water and homogenized for 5 minutes followed by ultrasonic 70/D at 30 sec cycle. The homogenate was shaken for 10 minutes, filtered through 0.2 µm membrane, and organic acids in the filtrate were measured by HPLC.

Measurement of proteoid-root length

Proteoid-root length was estimated after separating the rootlets from the main root axis according to TENNANT (1975). For plants grown in the soil the length of proteoid roots was estimated by counting number of rootlets growing at the soil surface and measuring the length of individual rootlets under a macroscope.

Characterization of rhizosphere soil

Extraction of organic acids: Samples of 0.5 g of the rhizosphere soil (proteoid soil) were shaken for 1 h with 25 ml distilled water in presence of 2 drops of chloroform. Suspensions were centrifuged and then filtered through a 0.2 µm membrane. The filtrate was passed through a cation exchange resin and organic acids were measured as described above.

Phosphate fractionation: A 5 steps sequential extraction procedure described by HEDLY et al. (1982) was used for determining the different P fractions in both rhizosphere and bulk soil.

Results

Exudation rates of organic anions

Citrate, succinate, malate, t-aconitate, 2-oxo-glutarate, and oxalate were found to be excreted from proteoid roots as well as root tips of plants grown in nutrient solution (Tab. 1) and in soil

(Tab. 2). Succinate >> citrate > malate were the most abundant organic anions in both culture systems.

Higher exudation rates indicate that the resin-agar method was much more efficient in the recovery of organic anions exuded from soil-grown roots (Tab. 2). In contrast to nutrient-solution culture (Tab. 1) a much higher organic-anion exudation-rate of proteoid roots compared to non-proteoid root-tips became apparent using the agar resin method in soil culture (Tab. 2).

Table 1: Average length and exudation rate of organic anions of proteoid roots and root tips of *Lupinus albus* grown in nutrient solution at 1 μM P for (up to) 31 days. (S.E. between brackets).

Root zone	Nr. of Measur-ements	Length [cm]	Exudation rate [pmol cm^{-1} s^{-1}]				
			Citrate	Succinate	Malate	Glutarate	Aconitate
Proteoid. Root°	43	21 (10)	0.57 (0.50)	3.16 (2.54)	0.31 (0.72)	0.10 (0.27)	0.01 (0.04)
Root tip°	11	1	0.32 (0.36)	1.65 (1.68)	0.31 (0.47)	n.d.	0.01 (0.01)

Table 2: Average length and exudation rate of organic anions from proteoid roots and root tips of *Lupinus albus* grown in soil (rhizotrons) for 41 days. (S.E. between brackets).

Root zone	Nr. of measur-ements	Length [cm]	Exudation rate [pmol cm^{-1} s^{-1}]				
			Citrate	Succinate	Malate	Oxalate	Aconitate
Proteoid. root°	7	58 (36)	0.68 (0.49)	1.17 (0.69)	0.41 (0.58)	0.24 (0.20)	0.01 (0.01)
Proteoid. root*	8	44 (21)	4.03 (2.93)	7.34 (5.19)	1.24 (0.67)	0.51 (0.29)	0.02 (0.15)
Root tip*	5	1	0.32 (0.24)	2.84 (0.97)	0.43 (0.24)	n.d.**	0.01 (0.01)

° resin-bag method * resin-agar method ** not detectable

Factors affecting the root exudation-rates of organic anions

Proteoid root age: The large variability of the organic-anion exudation-rates (Tabs. 1 and 2) can mostly be explained by collecting root exudates from proteoid roots differing in age (Fig.1) There was a considerable variation in exudation capacity of different proteoid roots developed even on the same plant root. Exudation rates of the most abundant organic anions citrate (Fig. 1a) and succinate (Fig. 1b) steeply increased with proteoid-root age attaining a maximum of 1.68 ± 0.17 and 7.69 ± 4.74 pmol cm^{-1} s^{-1} at 9 days, respectively, and then decreased dramatically.

Proteoid root organic anion contents: Succinate, citrate, and malate contents of the proteoid roots ranged from 11.8 to 68.8, 9.2 to 37.6 and 3 to 24 µmol g^{-1} fresh weight, respectively. Linear relationships existed between the proteoid-roots contents and the exudation rates of citrate (Fig. 2a) and succinate (Fig. 2b) but not of malate (not shown).

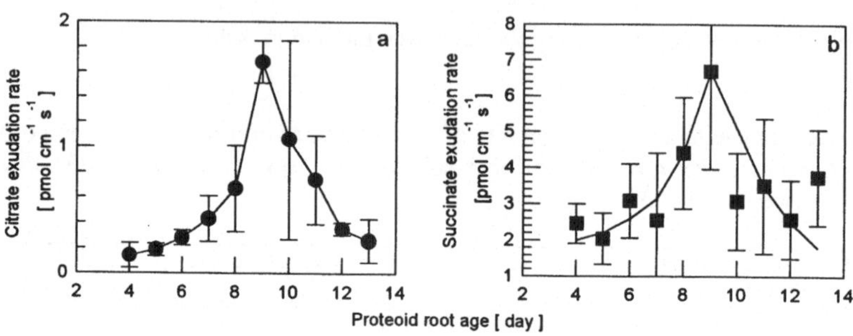

Fig. 1: Effect of proteoid root age on exudation rate of citrate (a) and succinate (b) from proteoid roots of *Lupinus albus* grown in nutrient solution of 1 µM P supply.

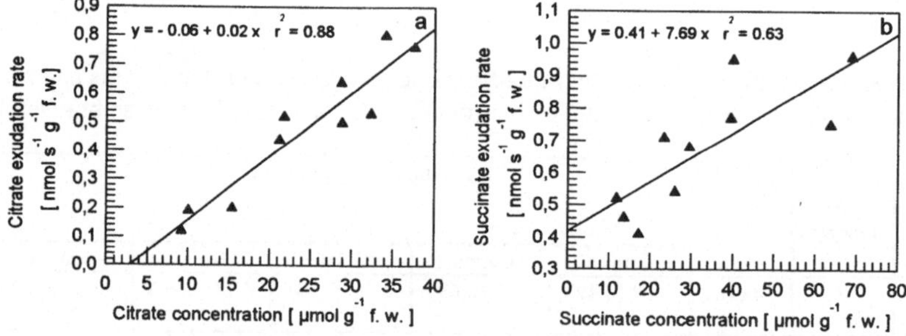

Fig. 2: Relationship between root concentration and exudation rate of citrate (a) and succinate (b) from proteoid roots of Lupinus albus grown in nutrient solution of 1 µM P supply.

Characterization of the rhizosphere soil

Organic anion accumulation: Tab. 3 shows that among the organic anions determined in the rhizosphere soil citrate was the most abundant followed by malate > oxalate >> fumarate. In contrast to the short-term experiments, succinate could never be detected.

Depletion of phosphate fractions: Mobilization of P by the plants was estimated from the depletion of different P_i fractions in the rhizosphere soil compared to the bulk soil (ΔP) (Tab. 4). In contrast to organic P fractions, which accumulated in the rhizosphere soil compared to the bulk soil (not shown) all P_i fractions were depleted in the rhizosphere. About 70 % (NO_3^-

Table 3: Average over all PR applications of root exudates extracted by water from the rhizosphere soil of *Lupinus albus.*

N form	Root exudates [µmolg^{-1} soil]			
	Oxalate	Citrate	Malate	Fummarate
$Ca(NO_3)_2$	0.26	13.51	1.25	0.02
$(NH4)_2SO_4$	0.31	14.24	1.01	0.02

Table 4: Depletion of P (ΔP), and ratio of P in the rhizosphere to P in the bulk soil (P (R/B)) for the different phosphate fractions.

P fraction	ΔP [mg kg^{-1}]		P (R/B)	
	NO_3^-	NH_4^+	NO_3^-	NH_4^+
Resin	5.13	7.73	0.34	0.25
$NaHCO_3$	10.25	5.07	0.48	0.64
NaOH	5.84	5.88	0.74	0.68
HCl	17.32	27.75	0.93	0.88
Residual	32.00	34.83	0.68	0.65
Total	70.52	81.26	0.87	0.80

nutrition) or 80 % (NH_4^+ nutrition) of the total P depletion was derived from the less mobile HCl and residual P fractions. Ammonium nutrition led to a more efficient use of especially HCl-soluble P. The ratio of P_i in the rhizosphere to that in the bulk soil (P(R/B)) reflects the importance of the depletion from various pools of rhizosphere soil P for P uptake by the plants. Resin-P was the most depleted fraction followed by $NaHCO_3$-P and surprisingly residual-P. The form of N nutrition changed the importance of the different P fractions. With NO_3^- nutrition $NaHCO_3$-P played a major role in addition to Resin-P whereas with NH_4^+ nutrition $NaHCO_3$-P was less important, but HCl-P became more depleted.

Discussion

The results show that appreciable amounts of most of organic acids synthesized in the Krebs cycle were found to be excreted from proteoid roots of *Lupinus albus* grown in P-deficient nutrient solution or soil. Enhanced dark fixation via PEPC may also contribute to organic acid synthesis in proteoid roots (JOHNSON et al. 1994). Excretion of organic anions is a special characteristic of proteoid roots of P-deficient plants since excretion rates per unit of root length were much higher than of root tips of non-cluster roots (Tab. 2) which is in agreement with results reported by MARSCHNER et al. (1987).

Succinate was the most important organic anion exuded from proteoid roots especially in nutrient solution but also in soil (Tab. 5). No succinate could be detected in the rhizosphere-soil extracts indicating especially rapid biodegradation of succinate compared to citrate, malate and oxalate.

Taking succinate concentration as an indicator of biodegradation, the high proportion of succinate in the total organic anion exudation in nutrient solution and lower proportion in soil suggests little or no biodegradation in nutrient solution but medium losses in soil during the collection of root exudates. However, modification of the concentration of organic acids in the rhizosphere either through consumption (HELAL and SAUERBECK 1989) or production (STEVENSON 1991) can only be excluded under aseptic conditions.

Table 5: Individual organic anions as percent of total organic anions exuded from proteoid roots in nutrient solution or soil or H_2O-extracts from proteoid-root rhizosphere-soil of *Lupinus albus* plants.

Organic acid	Organic anion [% of total]		
	Collected from proteoid roots		Extracted from rhizosphere soil
	Nutrient solution	Soil	
Succinate	76.1	46.7	--
Citrate	13.7	27.2	91.0
Malate	7.5	16.4	7.5
Oxalate	--	9.5	1.8
2-Oxoglutarate	2.4	--	--
T-Aconitate	0.3	0.2	--

Organic acid excretion from proteoid roots was highly dependent on the age of the roots. Excretion rates steadily increased up to day 9 after proteoid-root initiation and then rapidly declined (Fig. 1) probably due to beginning root degradation as indicated by a simultaneous change in color from white to brown. Organic anion excretion seems to be mainly controlled by their root content (Fig. 2). It appears that organic anions, especially succinate and citrate are steadily accumulated after initiation of the proteoid root formation either through enhanced dark CO_2 fixation (JOHNSON et al. 1994) or import from the shoot as suggested for P-deficient rape by HOFFLAND et al. (1992) and then released. This might be interpreted as a plant strategy to concentrate the organic anions released on a small volume of soil which will result in a more efficient extraction of sparingly soluble soil P.

Root exudates will affect P dynamics in the rhizosphere of proteoid roots through different processes. Not only organic anions but also H^+ are released which will lead to a strong acidification of the rhizosphere (MARSCHNER et al. 1987). The role of H^+ (OH^-) excretion on P mobilization is well illustrated by the comparison of NO_3^- and NH_4^+ nutrition (Tab. 4). Nitrate-fed plants which are expected to release OH^- (MARSCHNER and RÖMHELD 1983) were more efficient in the use of $NaHCO_3$-P which can be explained by desorption of P sorbed on Fe/Al oxides (GAHOONIA et al. 1992). Ammonium-fed plants derived a higher proportion of their P especially from HCl-P which can be attributed to enhanced release and solubilization of soil Ca-P.

The P mobilization in the rhizosphere of the proteoid roots cannot be explained only by soil acidification. This is indicated by the fact that residual P and not HCl-P was the most depleted P fraction (Tab. 4). This fraction will mainly consist of P firmly bound to Al and Fe oxides (HEDLEY et al. 1982). Organic anions, especially citrate has been shown to release P from this fraction through complexation of Al and Fe (GERKE 1993).

Acknowledgment

Special thanks and appreciation to Dr. Peter Maier, Institute of Plant Nutrition, University of Hannover for his support during HPLC analysis of organic acids. Financial support through GIARA 94-5 is highly acknowledged.

References

DINKELAKER, B.; RÖMHELD, V.; MARSCHNER, H.: Citric acid excretion and precipitation of calcium citrate in the rhizosphere of white lupin (*Lupinus albus* L.). Plant Cell and Env. **12**, 285-292 (1989).

GARDNER, W.K.; BARBER, D.A.; PARBERY, K.G.: The acquisition of phosphorus by *Lupinus albus* L.III. The probable mechanism by which phosphorus movement in the soil / root interface is enhanced. Plant Soil **70**, 107-124 (1983).

GARDNER, W.K.; PARBERY, K.G.; BARBER, D.A.: Proteoid root morphology and function in *Lupinus albus*. Plant Soil **60**, 143-147 (1981).

GAHOONIA, T.S.; CLAASSEN, N.; JUNGK, A.: Mobilization of phosphate in different soils by ryegrass supplied with ammonium or nitrate. Plant Soil **140**, 241–248 (1992).

GERKE, J.: Solubilization of Fe (III) from humic-Fe complexes, humic/Fe oxide mixtures and from poorly ordered Fe-oxide by organic acids-consequences for P adsorption. Z. Pflanzenern. Bd.kd. **156**, 253-257 (1993).

GERKE, J.; RÖMER, W.; JUNGK, A.: The excretion of citric and malic acids by proteoid roots of *Lupinus albus* L., effect on soil solution concentrations of phosphate, iron, and aluminium in the proteoid rhizosphere in samples of an oxisol and a luvisol. Z. Planzenernähr. Bodenk. **157**, 289-294 (1994).

HEDLY, M.J.; WHITE, R.E.; NYE, P.H.: Plant-induced changes in the rhizosphere of rape (*Brassica napus* var. *Emerald*) seedling. III Changes in L value, soil phosphate fractions and phosphatase activity. New Phtol. **91**, 45–56 (1982).

HELAL, M.H.; SAUERBECK, D.: Carbon turnover in the rhizosphere. Z. Pflanzenernähr. Bodenk. **152**, 211-216 (1989).

HOFFLAND, E.; FINDENEGG, G.R.; NELEMANS, J.A.: Solubilization of rock phosphate by rape. II. Local root exudation of organic acids as a response to P starvation. Plant Soil **113**, 161-165 (1989).

HOFFLAND, E.; BOOGAARD, R.V.; NELEMANS, J.A.; FINDENEGG, G.R.: Biosynthesis and root exudation of citric and malic acids in phosphate-starved rape plants. New Phytol. **122**, 675-680 (1992).

JOHNSON, J.F.; ALLAN, D.L.; VANCE, C.P.: Phosphorus stress-induced proteoid roots show altered metabolism in *Lupinus albus*. Plant Physiol. **104**, 657-665 (1994).

MARSCHNER, H.; RÖMHELD, V.: In vivo measurement of root-induced pH changes at the soil-root interface: Effect of plant species and nitrogen source. Z. Pflanzenphysiol. **111**, 241-251 (1983).

MARSCHNER, H.; RÖMHELD, V.; CAKMAK, I.: Root-induced changes of nutrient availability in the rhizosphere. J. Plant Nutrition **10**, 9-16 (1987).

MARSCHNER, H.; RÖMHELD, V.; HORST, W.J.; MARTIN, P.: Root induced changes in the rhizosphere: Importance for the mineral nutrition of plants. Z. Pflanzenern. Bodenk. **149**, 441-456 (1986).

STEVENSON, F.J.: Organic matter-micronutrients reactions in soil. In MORTREDT, J. (ed.). Micronutrients in Agriculture 2nd ed. SSSA Book series, no. **4**, P 145-186. Madison W I. (1991).

TENNANT, D.: A test of a modified line intersect method of estimating root length. J. Ecol. **63**, 995-1001 (1975).

Verzeichnis der Teilnehmer

Prof. Dr. A. Amberger, Technische Universität München, Lehrstuhl für Pflanzenernährung - 85350 Freising/Weihenstephan

Dr. Ch. Baum, Technische Universität Dresden, Fakultät für Forst-, Geo- und Hydrowissenschaften, Institut für Bodenkunde und Standortslehre, Pienner Str. 07 - 01735 Tharandt

Dr. K. Blankenau, Hydro Agri Deutschland GmbH, Institut für Pflanzenernährung und Umweltforschung Hanninghof, Postfach 1464 - 48235 Dülmen

F. Böhme, Umweltforschungszentrum Leipzig-Halle GmbH, Sektion Bodenforschung, Hallesche Straße - 06246 Bad Lauchstädt

Ž. Buljovčić, Universität Hohenheim, Institut für Pflanzenernährung, Fruwirthstr. 20 - 70593 Stuttgart

Dr. P. Ende, Zentrum für Agrarlandschafts- und Landnutzungsforschung (ZALF) e.V., Institut für Rhizosphärenforschung und Pflanzenernährung, Eberswalder Str. 84 - 15374 Müncheberg

Dr. A. Esch, Justus-Liebig-Universität Gießen, Institut für Pflanzenernährung, Südanlage 6 - 35390 Gießen

Dr. A. Gransee, Martin-Luther-Universität Halle-Wittenberg, Landwirtschaftliche Fakultät, Institut für Bodenkunde und Pflanzenernährung, Adam-Kuckhoff-Str. 17 b - 06108 Halle (Saale)

Dr. R. Grosch, Institut für Gemüse- und Zierpflanzenbau Großbeeren/Erfurt e.V., Theodor-Echtermeyer-Weg 1 - 14979 Großbeeren

M. Hartmann, Ernst-Moritz-Arndt-Universität Greifswald, Botanisches Institut und Botanischer Garten, Grimmer Str. 88 - 17487 Greifswald

H. Hawkins, Universität Hohenheim, Institut für Pflanzenernährung, Fruwirthstr. 20 - 70593 Stuttgart

Prof. Dr. Ch. Hecht-Buchholz, Humboldt-Universität zu Berlin, Fachbereich Agrar- und Gartenbauwissenschaften, Institut für Grundlagen der Pflanzenbauwissenschaften Fachgebiet Pflanzenernährung, Lentzeallee 55-57 - 14195 Berlin

Ch. Jung, Eidgenössische Technische Hochschule Zürich, Institut für Terrestrische Ökologie, Grabenstraße 3 - CH - 8952 Schlieren

Dr. M. Kamh, Universität Hannover, Institut für Pflanzenernährung, Herrenhäuserstr. 2 - 30419 Hannover

M. Kayser, Martin-Luther-Universität Halle-Wittenberg, Landwirtschaftliche Fakultät, Institut für Bodenkunde und Pflanzenernährung, Weidenplan 14 - 06108 Halle (Saale)

H. Keller, Georg-August-Universität Göttingen, Institut für Agrikulturchemie, von-Siebold-Str. 6 - 37075 Göttingen

Dr. E.-M. Klimanek, Umweltforschungszentrum Leipzig-Halle GmbH, Sektion Bodenforschung, Hallesche Str. 44 - 06246 Bad Lauchstädt

A. Klocke, Max-Planck-Institut für Molekulare Pflanzenphysiologie, 14476 Golm

U. Knauff, Universität Bonn, Agrikulturchemisches Institut, Meckenheimer Allee 176 - 53115 Bonn

Dr. Kosegarten, Justus-Liebig-Universität Gießen, Institut für Pflanzenernährung, Südanlage 6 - 35390 Gießen

Prof. Dr. M. Körschens, Umweltforschungszentrum Leipzig-Halle GmbH, Sektion Bodenforschung, Hallesche Str. 44 - 06246 Bad Lauchstädt

U. Krakau, Bundesforschungsanstalt für Forst- und Holzwirtschaft, Institut für Forstökologie und Walderfassung, Alfred-Möller-Str. 1 - 16225 Eberswalde

J. Lehmann, Umweltforschungszentrum Leipzig-Halle GmbH, Sektion Bodenforschung, Hallesche Str. 44 - 06246 Bad Lauchstädt

B. Leick, Universität Hohenheim, Institut für Pflanzenernährung, Fruwirthstr. 20 - 70593 Stuttgart

G. Ležovič, Martin-Luther-Universität Halle-Wittenberg, Landwirtschaftliche Fakultät, Institut für Bodenkunde und Pflanzenernährung, Adam-Kuckhoff-Str. 17 b - 06108 Halle

Dr. D. Lüttschwager, Zentrum für Agrarlandschafts- und Landnutzungsforschung (ZALF) e.V., Institut für Rhizosphärenforschung und Pflanzenernährung, Eberswalder Str. 84 - 15374 Müncheberg

Prof. Dr. W. Merbach, Zentrum für Agrarlandschafts- und Landnutzungsforschung (ZALF) e.V., Institut für Rhizosphärenforschung und Pflanzenernährung, Eberswalder Str. 84 - 15374 Müncheberg

H. Moormann, Umweltforschungszentrum Leipzig-Halle GmbH, Sektion Sanierungsforschung, Permoserstr. 15 - 04318 Leipzig

U. Münchmeyer, Zentrum für Agrarlandschafts- und Landnutzungsforschung (ZALF) e.V., Institut für Rhizosphärenforschung und Pflanzenernährung, Eberswalder Str. 84 - 15374 Müncheberg

Dr. B. Münzenberger, Zentrum für Agrarlandschafts- und Landnutzungsforschung (ZALF) e.V., Institut für Mikrobielle Ökologie und Bodenbiologie, AG Eberswalde, Dr.-Zinn-Weg 18 - 16225 Eberswalde

Dr. G. Neumann, Universität Hohenheim, Institut für Pflanzenernährung, Fruwirthstr. 20 - 70593 Stuttgart

A. Neupert, Martin-Luther-Universität Halle-Wittenberg, Landwirtschaftliche Fakultät, Institut für Bodenkunde und Pflanzenernährung, Weidenplan 14 - 06108 Halle (Saale)

J. Plugge, Umweltforschungszentrum Leipzig-Halle GmbH, Sektion Sanierungsforschung, Permoserstr. 15 - 04318 Leipzig

R. Remus, Zentrum für Agrarlandschafts- und Landnutzungsforschung (ZALF) e. V., Institut für Rhizosphärenforschung und Pflanzenernährung, Eberswalder Str. 84 - 15374 Müncheberg

Prof. Dr. W. Römer, Georg-August-Universität Göttingen, Institut für Agrikulturchemie, von-Siebold-Str. 6 - 37075 Göttingen

E. Rroco, Justus-Liebig-Universität Gießen, Institut für Pflanzenernährung, Südanlage 6 - 35390 Gießen

Dr. S. Ruppel, Institut für Gemüse- und Zierpflanzenbau Großbeeren/Erfurt e. V., Theodor-Echtermeyer-Weg 1 - 14979 Großbeeren

Dr. R. J. Schneider, Rheinische Friedrich-Wilhelms-Universität Bonn, Agrikulturchemisches Institut, Meckenheimer Allee 176 - 53115 Bonn

C. Schulze, Universität Hohenheim, Institut für Pflanzenernährung, Fruwirthstr. 20 - 70593 Stuttgart

Dr. J. Schulze, Zentrum für Agrarlandschafts- und Landnutzungsforschung (ZALF) e. V., Institut für Rhizosphärenforschung und Pflanzenernährung, Eberswalder Str- 84 - 15374 Müncheberg

PD Dr. D. Steffens, Justus-Liebig-Universität Gießen, Institut für Pflanzenernährung, Südanlage 6 - 35390 Gießen

Dr. E. Steinlechner, Joanneum Research Forschungsgesellschaft mbH, Institut für Umweltgeologie und Ökosystemforschung, Elisabethstr. 16-18/1 - A - 8010 Graz

U. Stetter, Technische Universität Dresden, Fakultät für Forst-, Geo- und Hydrowissenschaften, Institut für Bodenkunde und Standortslehre, Pienner Str. 07 - 01735 Tharandt

M. Stolz, Max-Planck-Institut für Molekulare Pflanzenphysiologie, 14476 Golm

O. Strasser, Universität Hohenheim, Institut für Pflanzenernährung, Fruwirthstr. 20 - 70593 Stuttgart

A. Ullrich, Zentrum für Agrarlandschafts- und Landnutzungsforschung (ZALF) e.V., Institut für Mikrobielle Ökologie und Bodenbiologie, AG Eberswalde, Dr.-Zinn-Weg 18 - 16225 Eberswalde

P. Walch-Liu, Universität Hohenheim, Institut für Pflanzenernährung, Fruwirthstr. 20 - 70593 Stuttgart

L. Wascher, Zentrum für Agrarlandschafts- und Landnutzungsforschung (ZALF) e. V., Institut für Rhizosphärenforschung und Pflanzenernährung, Eberswalder Str. 84 - 15374 Müncheberg

Dr. H. Wand, Sächsisches Institut für Angewandte Biotechnologie (SIAB), Permoserstr. 15 - 04318 Leipzig

J. Wiese, Eberhard-Karls-Universität Tübingen, Institut für Botanik, Lehrstuhl Physiologische Ökologie der Pflanzen, Auf der Morgenstelle 1 - 72076 Tübingen

J. Wöllecke, Zentrum für Agrarlandschafts- und Landnutzungsforschung (ZALF) e.V., Institut für Mikrobielle Ökologie und Bodenbiologie, AG Eberswalde, Dr.-Zinn-Weg 18 - 16225 Eberswalde

A. Zielke, Landwirtschaftliche Untersuchungs- und Forschungsanstalt (LUFA) Augustenberg, Neßlerstr. 23 - 76227 Karlsruhe

Autorenregister

Amer, F. 238
Augustin, J. 13, 21

Blankenau, K. 37
Buljovčić, Ž. 150

Castaneda-Ortiz, N 143
Chůde, V.O. 167

Ende, H.-P. 95
Engels, C. 29, 73, 150
Esch, A. 87

Forkert, J. 95
Frossard, E. 181
Funk, F. 181

George, E. 109, 221
Gerke, J. 137, 143
Grosch, R. 65

Hampp, R. 123
Hawkins, H.-J. 109
Horst, W. J. 167, 238
Hüttl, R. F. 95, 115

Jung, C. 181

Kamh, M. 167, 238
Keller, H. 187
Knauff, U. 196
Koppisch, D. 13
Körschens, M. 45
Kosegarten, H. 87
Krakau, U. 57

Latus, C. 53
Leick, B. 29
Ležović, G. 230
Lüttschwager, D. 95

Mächler, F. 181
Mengel, K. 205
Merbach, W. 13, 53, 126
Moormann, H. 158
Mostafa, H. 238
Münchmeyer, U. 13
Münzenberger, B. 115

Nehls, U. 123
Neumann, G. 221

Patzke, R. 137

Remus, R. 126
Römer, W. 137, 143, 187
Römheld, V. 80, 109, 221
Rroco, E. 205
Ruppel, S. 21, 126
Rust, S. 95

Scherer, H. W. 196
Schneider, R. J. 213
Schulze, J. 103
Schwarz, D. 65
Steffens, D. 178, 205
Sticher, H. 181
Strasser, O. 80
Succow, M. 13

Ullrich, A. 115

Walch-Liu, P. 73
Wand, H. 158
Wiese, J. 123
Wulf, M. 95
Wurbs, A. 53

Zarhloul, K. 178

Sachregister

Ammoniakemission 29
Ammoniumernährung 73, 87, 109
Ammoniumsulfat 37
Apoplast 80, 87
Arylsulfatase-Aktivität 196
Austauschvermögen, Kalium 178

Bakteroide 103
Bikarbonat 87
Blattflächenindex 95
Blaubeere 57
Bodenextraktion 213
Bodenkultur 80
Bodentyp 57
Bodenwassergehalt 150
Braunerde 57
Braunkohlekippen 115

^{14}C 230
Cadmium 187
C/N-Verhältnis 21
„Closed-chamber"Methode 29
CO_2-Dunkelfixierung 103

DAS-ELISA 137
Deckfrüchte 167
Distickstoffdioxid 29
DNA-Klone 123
Drahtschmiele 57
Düngerwirkung 167

Eisen 80
Eisenaufnahme 80
Eisenmangel 80
Enterobakterien 126
Exsudation 137, 178, 181, 187, 213, 230

Feldversuche 45
Fluoresceinboronsäure 87
Flüssigmist 29
Fremdstoffabbau 158
Fumigationsmethoden 21

Gefäßversuche 37
Gelblupine 143
Gelbsenf 196
Gerste 80
Gräser 95
Glutathion 213
Glycin 109

Helophyten 158
Herbizide 213
Huminstoffe 137
Humusgehalt 196
Hydroponik 65, 158, 181
Hyphenlänge 109

Kaliumaneignung 178
Kaliumfixierung 178
Kartoffel 73
Kichererbse 143
Kiefer 115
Kiefernökosysteme 57, 95
Klebsiella pneumoniae 126
Kohlenstoffdynamik 45
Kohlenstoffskelette 103
Konjugationsreaktion 213
Kupfer 181
Kupferaufnahme 137
Kupferkomplexe 137
Kupfernitrat 137
Kupferzitrat 137

Löslichkeit, Metalle 187
Lößschwarzerde 45
Luzerne 103

Mais 37, 87, 150
Metallkomplexierung 137
Mikrobenbesiedlung 126
Mikrobeneffekte 158
Mikrobenimpfung 126
mikrobielle Biomasse 21
Mikrometerologie 29
Modellversuche 45
Mykorrhiza-arbusculäre 109
Mykorrhiza-Ekto 115, 123

N_2O 29
^{15}N 21, 37, 53, 103, 109, 157, 205

Nadelanalyse 95
Nährlösungskultur 65
Niedermoor 13
Nitraternährung 73, 87, 109

Ölrettich 53
Ontogenesestadien 205

Parabraunerde 80
Pantoea agglomerans 126
Pathogene 65
PCR-Amplifikation 123
Pflanzenschutzmittel 213
Pflanzenverfügbarkeit, Eisen 80
Pflanzenverfügbarkeit, Phosphat 143, 167
phenolische Verbindungen 158
Phosphataneignung 143
Phosphaternährung 187
Phosphatmangel 143, 187, 221
Phosphatmobilisierung 167, 230, 238
Phosphoenolpyruvatcarboxylase 103
pH-Wert 73,87,187,196
Podsol 57
Proteoidwurzeln 221, 238

Raps 196
Reis 73
Rekultivierungsflächen 115
Rhizosphäre 80,87,126,196 213,221,230
Rohhumus 57
Rohrglanzgras 158
Rotklee 137

Sand 53
Sandrohr 57
Sauerstoffdiffusion 103
Säureexsudation 181,187,221, 238
Schilf 158
Schwefelbindung 196
Schwermetalle 187
Seggen 158
Sonnenblumen 181
Spinat 187
Split-root-Technik 205
Stickstoff 13
Stickstoffaufnahme 109, 150
Stickstoffbestimmung 21
Stickstoffdynamik 45
Stickstoffeintrag 95
Stickstoffernährung 73
Stickstofffreisetzung 205
Stickstoffimmobilisierung 21
Stickstoffixierung 103
Stickstoffmineralisierung 13
Stickstoffumsatz 29
Stickstoffverlagerung 53

Tabak 73
Tomate 65, 80
Tonminerale 178
Transpiration 95
Triazine 213

Vegetationstypen 57, 95

Waldreitgras 57
Waldstandorte 13, 57, 95
Wasserverbrauch 95
Weidelgras 137, 196
Weiße Lupine 178,221, 238
Weizen 109,126, 178 196, 205
Wiesenstandorte 13
Windtunnelmethode 29

Winterzwischenfrüchte 53
Wurzelapoplast 80, 87
Wurzelexsudation 137,178,181, 187,230,238
Wurzelhaarzone 87
Wurzelknöllchen 103
Wurzelkonkurrenz 95
Wurzelmorphologie 65, 73
Wurzelstruktur 57
Wurzelwachstum 73, 150

Xenobiotika 213
Xylemflußmessung 95
Zellwand 87
Zink 187
Zuckertransport 123

Stoyan/Stoyan/
Jansen

Umweltstatistik

Statistische Verarbeitung und Analyse von Umweltdaten

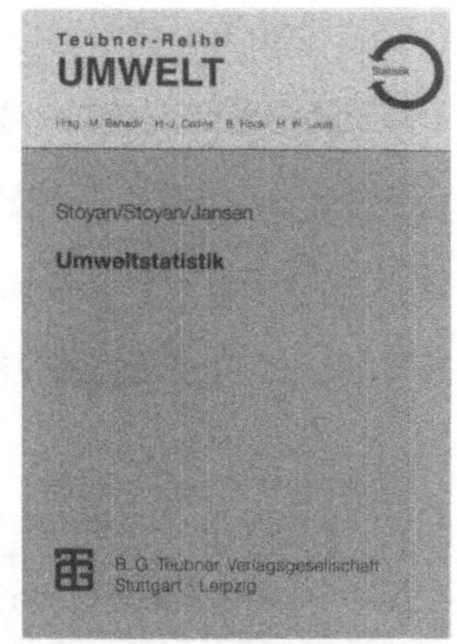

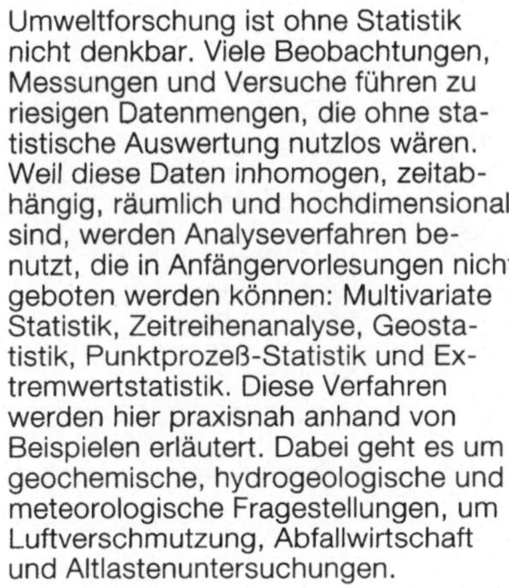

Umweltforschung ist ohne Statistik nicht denkbar. Viele Beobachtungen, Messungen und Versuche führen zu riesigen Datenmengen, die ohne statistische Auswertung nutzlos wären. Weil diese Daten inhomogen, zeitabhängig, räumlich und hochdimensional sind, werden Analyseverfahren benutzt, die in Anfängervorlesungen nicht geboten werden können: Multivariate Statistik, Zeitreihenanalyse, Geostatistik, Punktprozeß-Statistik und Extremwertstatistik. Diese Verfahren werden hier praxisnah anhand von Beispielen erläutert. Dabei geht es um geochemische, hydrogeologische und meteorologische Fragestellungen, um Luftverschmutzung, Abfallwirtschaft und Altlastenuntersuchungen.

Von Prof. Dr.
Dietrich Stoyan
Helga Stoyan
und Dr.
Uwe Jansen
Technische Universität
Bergakademie Freiberg

1997. 348 Seiten
mit 103 Bildern.
16,2 x 22,9 cm.
Kart. DM 64,80
ÖS 473,– / SFr 58,–
ISBN 3-8154-3526-9

(Teubner-Reihe UMWELT)

Preisänderungen vorbehalten.

B. G. Teubner Stuttgart · Leipzig